ENCYCLOPÉDIE-RORET.

STATIQUE

ET

HYDROSTATIQUE,

Par A. D. VERGNAUD.

MANUELS-RORET.

NOUVEAU MANUEL

DE

MÉCANIQUE

APPLIQUÉE A L'INDUSTRIE.

PREMIÈRE PARTIE.

STATIQUE et HYDROSTATIQUE

D'APRÈS MOSELEY.

PAR A. D. Vergnaud,

Ancien Élève de l'école polytechnique, Capitaine d'artillerie,
Membre de la Légion-d'Honneur.

Ouvrage orné de figures.

PARIS,

A LA LIBRAIRIE ENCYCLOPÉDIQUE DE RORET,

RUE HAUTEFEUILLE, N° 10 BIS.

1838.

PRÉFACE.

Le volume de mécanique théorique par M. Terquem don.
nant à ceux qui veulent approfondir la partie mathématique
de la science toutes les explications désirables, j'y renvoie
le lecteur afin d'éviter des répétitions et une discussion fas-
tidieuse.

Ici l'auteur a voulu surtout se faire comprendre des indus-
triels; ce volume contient la statique et l'hydrostatique,
c'est-à-dire toute la théorie de *l'équilibre*. C'est un ouvrage
à l'usage de ceux qui ne savent pas les mathématiques, ou
qui goûtent peu la sécheresse d'une lecture purement mathématique. Les *principes* théoriques de la statique sont établis
dans les trois premiers chapitres; les autres chapitres renferment quelque chose de plus que la simple application pratique de ces principes.

Malheureusement il est impossible de distribuer un ouvrage de science de manière à ce que les commencemens
en soient ce qu'il y a de plus aisé, et les trois premiers chapitres paraîtront peut-être au lecteur plus difficiles que tout
le reste de l'ouvrage. Cependant une parfaite connaissance
des principes élémentaires que renferment ces trois chapitres est une introduction *nécessaire* à toute partie pratique
de la science de la mécanique.

La considération du *poids* entre dans toute question pratique d'équilibre, car la masse tenue en équilibre, quelles que
soient d'ailleurs les forces appliquées, est nécessairement
soumise à l'action de la force de gravité.

Le premier chapitre de cet ouvrage traite donc de l'in-

Mécanique industrielle, 1re *part.*   *

fluence du poids agissant sur chaque portion de la masse d'un corps, dans les conditions de son équilibre, et des propriétés de son centre de gravité par lequel on peut supposer qu'agit un poids quelconque dans toutes les positions du corps.

Il n'y a guère de cas d'équilibre où l'on ne doive compter, parmi les forces composantes, deux ou plusieurs résistances *des surfaces du corps en contact.* La question de ces résistances forme le sujet du cinquième chapitre, qui s'y trouve traité d'une manière entièrement *neuve.*

On y fait voir que la force appliquée à la surface d'un corps par l'intervention de la surface d'un autre corps, est détruite, quelque grande qu'elle soit, pourvu que sa direction s'établisse *en dedans* d'un certain cône droit, ayant son sommet au point de contact, et son axe perpendiculaire aux surfaces qui s'y touchent; mais que cette force *n'est pas* détruite, quelque petite qu'elle soit, pourvu que sa direction s'établisse *en dehors* de ce cône.

C'est à l'aide de cette propriété qu'on peut tenir compte du frottement, comme on l'appelle d'ordinaire; — mais le frottement n'est, en réalité, pas autre chose que la différence entre la résistance d'une surface telle que la nature la présente dans une direction quelconque, et la résistance *hypothétique* suivant une direction normale seulement; hypothèse introduite dans l'enfance de la statique pour en faciliter les premiers corollaires, et que l'on a conservée fort étrangement comme un principe d'équilibre.

La nature et les propriétés des forces, d'où résulte ordinairement l'équilibre des corps matériels, étant établies, les huit chapitres suivans en offrent l'application au plan incliné, au coin, au levier, à la roue avec son essieu, à la vis avec son écrou, et à la poulie, que l'on désigne sous le nom général de machines.

Les quatorzième et quinzième chapitres comprennent la théorie de l'équilibre des systèmes de forme variable. On y fait voir que les conditions d'équilibre d'un système rigide sont *nécessaires*, mais non pas *suffisantes* pour l'équilibre du même système, quand il peut admettre une variation de forme. On déduit de ce principe certaines conditions d'équilibre des polygones, des chassis de tringles, cordes et chaînes; enfin l'équilibre des corps en contact, formant une arche.

Le seizième chapitre renferme la discussion de la théorie du docteur Young sur la force des matériaux, avec une table des mesures d'élasticité et d'extension.

On trouvera, dans le dix-huitième chapitre, la célèbre démonstration du principe des forces virtuelles, par Lagrange, mise à la portée de l'intelligence de tous les lecteurs.

Le dix-neuvième chapitre comprend la théorie des résistances et une démonstration du nouveau principe de dernière résistance, ce qui complète les théories de la statique.

La théorie de l'hydrostatique, ou l'équilibre des corps fluides, offre en dernier lieu l'équilibre d'un système de force variable. Chaque portion d'une telle masse fluide en équilibre est sujette aux mêmes conditions que si elle était solide, et en outre à celles qui résultent de sa fluidité. C'est sur ce principe que repose toute la théorie de l'hydrostatique, dont le premier chapitre renferme la discussion du principe de la distribution égale de la pression fluide; dans le second se trouvent les conditions de l'équilibre d'un fluide pesant; dans le troisième, la pression oblique d'un fluide pesant, les formes des chaussées, le centre de pression, etc.

Le quatrième chapitre traite de l'équilibre des corps flottans; le cinquième, de la pesanteur spécifique et des instrumens en usage pour la déterminer.

Le dernier chapitre traite de la science pneumatique ou de l'équilibre des fluides élastiques, avec les instrumens hydrauliques qui en dépendent.

On a d'ailleurs essayé partout d'appliquer les principes exacts de la science à des questions d'application pratique dans les arts, et d'en mettre la discussion à la portée de la classe intelligente et utile des ouvriers et des manufacturiers.

TABLE

PAR ORDRE DE MATIÈRES.

Préface: **Pages.**
                                                                               v
Introduction.   1

STATIQUE.

CHAPITRE Ier — Définition de la force. — 2. Sa direction. — 3. Son effet, le même en quelque point de sa direction qu'on l'applique. — 4. Equilibre de forces. — 5. Egalité de forces. — 8, 9. Unité de forces. — 10. Mesure de forces. — 14. Représentation de forces, en quantité et en direction, par des lignes. — 17, 18. Parallélogramme des forces. — 19. Forces résultantes et composantes. — 20. Résolution et composition de forces. — 21, 22. Equilibre de trois forces agissant sur une masse solide. — 25. Application du parallélogramme des forces.   21

CHAPITRE II. — 52 Equilibre d'un nombre quelconque de forces appliquées à un point. — 53. Polygone des forces. — 54. Exemple du polygone des forces.   34

CHAPITRE III. — Equilibre d'un nombre quelconque de forces, appliquées à différens points d'un corps, mais agissant toutes dans un même plan.   56

CHAPITRE IV. — 47. Equilibre des forces parallèles. — 49. Si elles conservent toujours leur PARALLÉLISME dans toutes les positions du corps auquel elles sont appliquées, leur résultante passe toujours par le MÊME POINT du système. — 51. Centre de gravité. — 54. Méthode expérimentale pour le déterminer. — 55, 57. Exemples de centre de gravité.   42

CHAPITRE V. Résistance d'une surface non exclusivement suivant une direction perpendiculaire à cette surface. — Frottement. — Angle limite de résistance. — Exemples.   52

CHAPITRE VI. — Plan incliné. — 79. Equilibre d'une masse placée sur un plan incliné et qui n'est supportée par rien autre que la résistance du plan. — 80. Equilibre d'une masse supportée en partie par une autre force agissant suivant une direction quelconque. — 81. La meilleure direction de cette force pour qu'elle soit sur le point de donner du mouvement à la masse supérieure. — 85. Equilibre d'un cylindre sur un plan incliné, indépendant du frottement. — La roue de voiture.   58

CHAPITRE VII. — Plan incliné mobile. — Circonstances dans lesquelles il est sur le point de glisser sur une masse qui est pressée contre lui par des forces données. — 87 Le coin. — 88 Son
angle ne doit pas excéder l'angle limite de résistance. — 89.
Circonstances dans lesquelles le coin ne peut être enlevé par
aucune pression de la masse dans laquelle il est enfoncé par son
dos. — Exemple de l'emploi du coin.   61

CHAPITRE VIII. — Levier. — 95 Condition de son équilibre. —
96. Réaction de son point d'appui. — 97. Applications du levier. — 99. Effet du poids du levier. — 100. Balance romaine.
— 101. Peson. — 102 Balance danoise. — 103. Balance ordinaire. — 104. Balance dont on se sert pour déterminer l'étalon
de poids. — 105. Balance à levier courbé. — 106. Leviers composés. — 107. Machine à peser ou bascule. — 108. Point d'appui d'un levier. — 109 Axe d'un levier. — 110 Roue de voiture.   67

CHAPITRE IX. — 111. Irrégularités dans l'action de la force appliquée
à l'extrémité d'un levier, dont la direction passe toujours par
le même point. — Moyen d'y remédier. — 112. La roue et son
essieu. — 114. Modification de la roue et de l'essieu, de manière
que la puissance puisse s'accroître indéfiniment. — 116. Le
Treuil. — 117. Le Cabestan. — 118. Roues marche-pieds. —
120. Roues mues par des chevaux qui marchent dessus. — 121.
Fusées.   83

CHAPITRE X. — 122. Système de Roues dentées, modification de
leviers composés. — 124. Conditions d'équilibre d'un système
de roues dentées. — 125. Le frottement va en diminuant quand
on diminue la grandeur des dents.   89

CHAPITRE XI. — 127 La manivelle. — 129 L'excentrique. — 130
Le levier de la presse Stanhope. — 131. Le renvoi de mouvement.   95

CHAPITRE XII. — Théorie de la vis. — Vis de rappel. — Vis de
micromètre. — Vis sans fin. — Vis conique. — Vis Hunter.   97

CHAPITRE XIII. — 141. Flexibilité. — 142. Tension. — 143. Frottement d'une corde. — 144. Poulie. — 145. Simple poulie
fixe. — 147. Simple poulie mobile. — 148. Moufle espagnol.
— 150 Premier système de poulies. — 151 Second système de
poulies. — 152. Combinaison des deux systèmes. — 156. Poulie Sméaton. — 157. Poulie White.   101

CHAPITRE XIV. — 158. Les conditions d'un système rigide sont
nécessaires, mais non suffisantes à l'équilibre d'un système de
forme variable. — 162. Le polygone de verges suspendues. —
164. La chaînette. — 169. Le polygone de verges debout. —
173. Assemblage de verges ou de cordes. — 176. Rigidité des
bâtis de charpente. — 179. Arches en bois.   113

Chapitre XV. — 181. Equilibre de corps solides en contact. — 184. L'Arche. — 186. La ligne de pression. — 189. Les points de rupture. --- 191. La chute de l'arche. — 192. Tassement de l'arche. — 193 Voûte et dôme. — 194. Histoire de l'arche. 123

Chapitre XVI. —197. Elasticité. — 199 Mode de détermination de la loi d'élasticité, par la torsion. --- 201. Expériences prouvant l'existence de l'élasticité du plomb, et sa loi. — 203. Ductilité. — 204 Altération permanente de structure interne. — 207. Etendue suivant laquelle la propriété de ductilité peut être développée. --- 208 Mesure de l'élasticité ; module d'élasticité. --- 209 Compression directe ou extension ; la force perturbatrice doit être appliquée au centre de gravité de la section. — 210 Compression oblique ou extension. — 211 Axe neutre et surface neutre. 135

Chapitre XVII. —218 Stabilité des masses dont les bases sont des surfaces planes. --- 219 Stabilité quand les bases sont des surfaces courbes. — 220 Quand la surface sur laquelle pose la barre est une surface courbe. — 221 Sur des surfaces de non repos. 154

Chapitre XVIII. --- 226 Principe des vitesses virtuelles. 160

Chapitre XIX. 233 Difficulté de déterminer mécaniquement la valeur d'une résistance statique. — 234 Théorie des résistances pour un seul point résistant ; — 235 pour deux points résistans; 236 pour trois points résistans. —238 Principe de dernière résistance. 167

HYDROSTATIQUE.

Chapitre Ier — 241 Définition d'un fluide. — 243 Distribution égale de pression fluide. — 245 Presse hydrostatique. --- 247 La pression d'un fluide sur un corps solide est perpendiculaire à sa surface. —248 Composition et décomposition de la pression fluide. 174

Chapitre II. — Equilibre d'un fluide pesant. 184

Chapitre III. —263 Pression oblique d'un fluide pesant. --- 264 Formes des vases contenant ce fluide. — 266 Formes des bâtardeaux et vannes. --- 268 Centre de pression. --- 269 Valeur de toute la pression sur une surface donnée. —272 Composition et décomposition de la pression d'un fluide pesant. —275 Les pressions horizontales sur un corps immergé dans un fluide se détruisent l'une l'autre. —274 Valeur de la pression horizontale. —279 Effet produit par l'ouverture d'une partie des parois d'un vase contenant un fluide. --- 281 Moulin à foulons. —282 Mouvement des fusées. 194

Pages.

CHAPITRE IV.--- 285 Le poids d'un corps flottant est égal à celui
du fluide qu'il déplace. ---284 Son centre de gravité et celui de
la partie immergée sont dans la même verticale. --- 290 Equilibre d'un prisme triangulaire ; --- 291 d'une pyramide. — 292
Stabilité des corps flottans; équilibre stable, non stable, et mixte.
--- 296 Analogie remarquable entre les conditions de l'équilibre d'un corps flottant et celles d'un corps supporté par un
plan poli.   211

CHAPITRE V.— 297 Gravité ou pesanteur spécifique. —298 Unité
de pesanteur spécifique. ---299 Règle générale pour la déterminer. — 300 Méthode pour trouver les pesanteurs spécifiques
des corps solides.—303 Balance hydrostatique.— 304 Méthode
pour trouver la pesanteur spécifique des fluides. — 305 Hydromètre. — 306 Hydromètre de Sike. --- 307 Aéromètre. ---308
Hydromètre de Fahrenheit. --- 309 de Nicholson. —Table de
pesanteurs spécifiques.   223

PNEUMATIQUE.

CHAPITRE 1er. — 311 Atmosphère. — 317 Baromètre. — 325
Syphon.   248

CHAPITRE II. — 328 Elasticité de l'air prouvée par expérience.
— 330 Son élasticité proportionnelle à sa densité. --- 331 Le
condensateur. — 332 La jauge. —335 Le fusil à vent.—
334 La pompe d'épuisement. — 337 La pompe à air, machine
pneumatique. — 338 Expérience avec la pompe à air. - -
342 Pompe aspirante.—343 Pompe levante. — 344 Pompe foulante. —347 Pompe à feu.   272

APPENDICE.

289

INTRODUCTION

A L'ÉTUDE DES SCIENCES PHYSIQUES.

———

Il est essentiel au développement de l'énergie des principes de l'intelligence qui repose en nous, qu'une communication s'établisse entre cette intelligence et les existences
matérielles extérieures. L'esprit ou l'âme immortelle est,
dans notre état habituel, tellement dépendante de ses liens
matériels, qu'elle serait incapable de manifester sa puissance,
si elle n'était d'abord exercée, et en quelque sorte discipli-
née par cette communication. Sans *données* aucunes, il n'y
aurait *aucune* raison ; aucune mémoire, s'il n'y avait rien à
retenir ; aucune imagination, s'il n'y avait aucune réalité.
L'homme doué de tous les attributs de l'humanité pourrait ne posséder aucune de ses énergies. Sa forme pourrait
réunir tous les élémens de pouvoir et de beauté ; le sang vi-
tal y pourrait circuler ; l'âme y pourrait occuper sa place
habituelle ; les sens, ses ministres, pourraient se trouver ran-
gés autour d'elle, prêts à exécuter ses ordres ; mais s'il n'y
avait pas d'objets extérieurs pour occuper ces sens, ou bien
si le principe sensitif restait soit dans l'inaction, soit dans
l'incapacité de fonctionner, alors le tout ne présenterait que
l'emblème d'un repos semblable à la mort, d'un sommeil perpétuel et sans rêve.

L'homme est pourvu, par ses organes des sens, de moyens
d'une application illimitée et de l'adresse la plus exquise pour
rétablir toute espèce de communication entre son intelligence
et les objets extérieurs.

La main, par exemple, est capable d'un mouvement soi-
gneux en un point quelconque ; elle peut varier la quantité
et la direction de ce mouvement ainsi que celles de sa pression de toutes les manières possibles ; l'habitude apprend à
mesurer ce pouvoir et cette direction, ainsi qu'à s'en rendre
compte dans ses moindres détails. L'adresse manuelle acquise par les peintres, les sculpteurs, et les ouvriers en tous

genres, n'est rien autre chose que l'application de la connaissance des effets des différens développemens de la force
du mécanisme de la main soigneusement mesurée dans ses
plus petites phases, tant pour la quantité que pour la direction et conservée dans la mémoire avec tous ses résultats. Il
est au-delà du pouvoir de l'imagination de concevoir la variété et la complexité de ses opérations. L'une des plus simples est celle d'écrire; pourtant dans la formation de chaque
caractère tracé, il y a certain développement délicat de
force, variant de quantité et de direction, dont la main pèse
la quantité, mesure la direction, dont la mémoire se *sou-
vient*, et qu'on peut reproduire même sans l'aide des yeux.

La main sert de plus, comme une éprouvette, pour mesurer les degrés de dureté ou de mollesse des corps, et le poli
de leur surface; comme une balance, pour comparer leur
poids; comme un thermomètre, pour indiquer leur température.

L'oreille apprécie les mouvemens des plus faibles molécules de cette forme de matière (l'air), qui est l'une des plus
subtiles; les vibrations régulières de l'atmosphère, quand
elles sont mues par diverses vitesses, et produisent des sons
distincts. L'œil note aussi les mouvemens des molécules
plus délicates encore de la lumière, indiquant leurs diverses
relations en variétés de couleurs.

Quelle délicatesse doit avoir ce mécanisme qui nous rend
capables de mesurer la force des impulsions d'un corps si léger que l'on a peine à le concevoir, et si peu résistant qu'on
ne peut le saisir; ces impulsions d'atomes incomparablement moindres que la particule la plus ténue de matière
dont nous puissions reconnaître l'existence.

Exquis comme le sont les sens de l'ouïe et de la vue, qui
osera dire qu'il y ait rien de superflu dans leur organisation?

Sans cette parfaite sympathie ainsi établie entre nos organes de sensation et les fluides subtils d'air et de lumière
qui parcourent l'espace dans lequel nous existons, tout ce
que nous voyons de forme distincte et tout ce que nous en-
tendons de sons modulés, eût été perdu pour nous. Avec un
mécanisme moins parfait de l'œil, peut-être aurions-nous
pu avoir la perception de la lumière, mais nous n'eussions
eu celle d'aucune des variétés de forme et de couleur qui

nous permet d'apprécier les objets que nous regardons. Avec un mécanisme moins parfait de l'oreille, peut-être aurions-nous pu ne pas être tout-à-fait privés de l'ouïe, mais toute distinction de variétés rapides et passagères du son articulé fût devenue impossible, et nous n'eussions pu comprendre la mesure et l'harmonie.

L'homme a non-seulement les moyens d'établir cette communication essentielle à tout ce qui constitue son active existence, mais il est irrésistiblement entraîné à faire usage de ces moyens et à lier cette communication; car les circonstances dans lesquelles il se trouve placé le forcent nécessairement à désirer les connaissances qu'il a les moyens d'acquérir.

L'homme est constitué de manière à ne jamais éprouver une entière satisfaction de la chose qu'il peut obtenir. Non-seulement il est doué de sens qui lui permettent de distinguer les plus faibles différences des objets extérieurs, mais chacune des perceptions qu'il obtient ainsi est accompagnée d'une émotion également délicate et variée de plaisir ou de peine. Complètement *sensitif*, il se trouve sans cesse pressé par des besoins et sujet à des calamités que rien, dans le monde qu'il habite, ne s'offre de *soi-même* pour satisfaire ou pour détourner; jamais il n'est sans l'espoir de quelque jouissance ou sans la crainte de quelque souffrance.

Ce délaissement *apparent* de l'homme est le grand élément de sa supériorité intellectuelle et physique, surtout en ce qu'elle le force à acquérir ces *connaissances* dans lesquelles il trouve le secret de pourvoir à ses besoins.

La nature a réparti le bien-être des animaux inférieurs dans les limites des besoins peu nombreux auxquels ils sont appelés à pourvoir d'eux-mêmes; elle a dès-lors borné leurs moyens de perception des objets extérieurs à ceux qui leur sont nécessaires pour satisfaire à leurs besoins ainsi limités.

L'homme est une créature dont les désirs et les besoins sont *sans bornes*; dès-lors sa force et son intelligence s'étendent d'autant plus que ses besoins et ses désirs en exigent un développement infini.

Sans cesse entraîné par de nouvelles sensations, qui s'enregistrent d'une manière plus ou moins permanente dans sa mémoire, en devenant ainsi des élémens de connaissances, on peut le nommer *un animal apprenant*, pour le distinguer de tous les autres animaux. N'eût-il possédé aucun autre avantage distinctif que celui d'organes infiniment plus convenables que ceux de toute autre classe d'animaux, à porter son esprit aux perceptions nettes et précises du monde matériel dans toutes ses modifications, jointes à de vives émotions de plaisir et de peine, avec des désirs illimités de rechercher les unes et de fuir les autres? Ainsi constitué, eût-il été placé, comme nous le trouvons, dans un monde où rien n'eût suppléé sa main pour l'accomplissement de ses désirs? le désir et le chagrin fussent-ils rapportés à la *connaissance* de quelque classe d'existences matérielles servant à satisfaire ce désir ou à éviter ce chagrin? n'y eût-il pas d'autres attributs plus élevés de l'humanité? il est presqu'impossible d'assigner une limite à la supériorité qu'il eût acquise rien qu'avec ces aides dans l'échelle des êtres animés.

Là se montrent avec évidence la sagesse et la bonté qui, même dans le besoin et la souffrance, ont été données à l'homme et calculées de manière à le réconcilier dans ses désappointemens avec ce qu'il a plu au ciel de placer autour de lui — l'impatience des désirs qui fermentent dans son sein, et son délaissement *apparent*, dans la création, — qui sont les élémens de ce qui constitue sa prééminence.

Avec une puissance toujours créatrice pour les existences matérielles qui sont autour de lui; — avec la connaissance, le secret de l'emploi de ce pouvoir; — avec des sens merveilleusement adaptés pour acquérir cette connaissance; — et avec la nécessité qui le pousse à cette acquisition; — combinons la faculté divine de *raison*, ce principe de vie pour tout, et nous trouverons que l'homme est un être créé pour dominer dans ce bas monde. « Tu l'as fait, ô Dieu, un peu au-dessous des anges, et tu l'as couronné de gloire et d'honneur; tu l'as fait pour commander à des œuvres de tes mains. »

Ainsi armé pour combattre le mal physique qui l'environne, combien est complet son triomphe! il se bâtit une demeure dans laquelle, à l'abri des tempêtes, il se fait une chaleur artificielle qui le rend à peine sensible à la variété des saisons. Il dépouille un animal de sa toison pour se couvrir; il sacrifie la vie d'un autre animal pour se nourrir; il en emploie un troisième à porter ses membres dans un doux repos. Par son adresse il multiplie la variété des fruits de la terre ; ses bornes naturelles ne l'arrêtent pas, les irrégularités de sa surface s'aplanissent sous ses pas, et il attelle les vents à son char pour traverser les mers. Aucune distance n'éloigne les provisions de sa portée. Au point où est la civilisation, il est douteux qu'il se trouve un seul individu assez délaissé et assez malheureux pour que les cinq parties du monde ne soient pas mises journellement à contribution pour fournir à ses besoins ou à son bien-être.

Quand sa propre force ne lui suffit pas pour atteindre les objets de ses désirs, il s'empare des forces de la matière, et dans leur énergie brutale il les emploie à suppléer à sa faiblesse.

Il peut accumuler le poids ou l'attraction de la matière inerte autant qu'il le veut, et diriger ses opérations combinées sur un point quelconque ; ce pouvoir inhérent aux fluides, il le transporte partout où il lui convient, il le dissémine dans l'espace et l'emploie à produire les plus petits ou les plus grands effets ; à chasser le moindre grain de poussière, comme à donner le mouvement aux plus vastes mécanismes.

Il range également sous son empire cette force de répulsion qui envahit la matière aussi généralement que l'attraction, et que nous appelons chaleur. Il peut en priver les substances minérales dont les atomes sont les limites ; il peut l'accumuler dans d'autres dont les parties sont maintenues par des forces incomparablement plus grandes que celles que nous pouvons apprécier, de manière à vaincre ces forces et à désunir ces parties. Il peut, par exemple, l'introduire dans les pores du diamant, détruire le pouvoir de cohésion qui constitue la plus grande dureté des corps matériels, et les réduire en gaz. Par sa combinaison avec les fluides, sous forme de vapeur, il peut accumuler et concentrer cette répulsion tant qu'il le veut, en la transportant sur le point qu'il lui convient de priver de son énergie.

Son autorité n'est pas moindre sur les puissances qu'il a acquises. A l'aide de machines il peut varier leur quantité et leur direction en tous sens ; les concentrer pour produire des forces agissant sur le plus grand espace, comme les rassembler sur un point où elles agissent avec d'autant plus d'énergie que l'espace est moindre. Il peut encore les étendre de manière à ne produire qu'une faible action sur un grand espace. Cette même quantité de force qui, avec une légèreté et une rapidité incroyables, forme la pointe d'une aiguille, peut, sous une autre forme, soulever lentement le marteau d'une forge. Il peut, imitant les fluides, verser cette *force* d'un corps dans un autre, y en accumuler des flots et précipiter leur énergie de manière à s'en débarrasser. Combien elle est puissante cette force agissant dans une grande manufacture, où, partant d'un centre, elle coule dans de vastes canaux, se répand dans les plus minces conduits, et fournit à chaque ouvrier la source d'un pouvoir proportionné à ses besoins. Ce n'est pas d'ailleurs par sa nature physique seule que l'homme se trouve à la tête de la création. Sa nature morale et religieuse lui donne un privilége éminent dans la communication qu'il lui est permis d'avoir avec le Très-Haut dans ses œuvres. Mais pendant que la connaissance des vérités des sciences naturelles lui procure les moyens d'augmenter son bien-être temporel, l'étude aurait-elle sur lui la pernicieuse influence de détourner ses regards du bien-être éternel et des secrets d'immortalité qu'il ne pourra jamais pénétrer? Non, certes, il n'en est pas ainsi. Les principes des sciences physiques, envisagés convenablement, le mènent à la croyance des vérités les plus importantes de la *révélation*, et de la puissance infinie de Dieu; « car les attributs de la divinité, *invisibles* depuis la création du monde, lui sont révélés par tout ce que son pouvoir éternel seul a pu créer. »

Le raisonnement suivant est l'un de ceux par lesquels on peut arriver à cette grande vérité de la révélation.

C'est une opération précoce de l'esprit, quand il se tourne vers la considération de ses propres perceptions, de faire une distinction entre celles qui dérivent continuellement les *mêmes* des sens dirigés vers les mêmes objets, et celles qui sont momentanées de leur nature, ou du moins passagères. Les premières se classent comme *propriétés* ou *qualités*; les secondes comme *faits* ou *actions*. Il est quelques-uns de ces faits ou actes, parmi les perceptions primitives de chacun, qui restent soumis à son propre vouloir, en sorte qu'il dépend de lui de produire ou non leur existence. Il se désigne lui-même agissant ainsi une *cause*, et il nomme *effet* la chose faite ou le fait. Ensuite, parmi les faits ou actes eux-mêmes, pour lesquels il établit alors un rapport de cause, il trace une dépendance semblable, en sorte qu'un fait se lie à un autre ou à d'autres par des rapports essentiels à son existence. Ces rapports nécessaires se nomment encore *cause* et *effet*, et la seule différence, c'est que l'une est volontaire, et l'autre une conséquence nécessaire.

On donne le nom d'*effets* à cette classe de faits qui sont dépendans ; et celui de *causes* à ceux dont ils dépendent. Quand les actes dont l'homme est lui-même la cause immédiate, deviennent à leur tour les causes d'autres actes, ces derniers sont dits établis en rapport des causes *secondaires*, et lui-même provient d'une cause *première*. Les causes secondaires, à leur tour, en produisent d'autres, et ainsi de suite ; ce qui établit le tout en rapport avec la cause première.

Revenons maintenant des faits qui sont ainsi liés avec la propre volonté, à ceux qui en sont indépendans ; une semblable série s'établit. C'est une chaîne perpétuelle de cause et d'effet visible dans toute la nature. Quelque part que l'on dirige son investigation, on trouve des causes qui ne sont que les effets d'autres causes qui s'y rattachent par une chaîne continuelle. Est-il donc étrange que, pour compléter l'analogie, l'homme cherche à remonter à une *cause première*? cause première à laquelle se rattache la série des conséquences, de même qu'il établit celle qu'il a créée par sa propre volonté.

Quoique la recherche d'une cause première parmi les êtres dont l'existence lui est connue par l'intermédiaire des sensations, soit vaine, cependant, en remontant la chaîne des causes, il a une distincte conviction de se rapprocher de la cause première. Le nombre des faits qu'il voit établis en rapport de causes avec le reste, diminue continuellement jusqu'à ce qu'enfin il arrive à certains d'entr'eux, au-delà desquels ses sens refusent à le porter ; et ceux-là lui semblent établis les premiers ou dérivent le plus immédiatement de la cause première. On peut les classer sous les noms de *temps, espace, matière* et *force*. La considération de ces faits, dans toutes leurs relations, et à travers toute la série des effets qui résultent de leur combinaison, constitue les SCIENCES NATURELLES ou PHYSIQUES.

La science de la *mécanique*, qui peut-être les comprend toutes, a été limitée à ces principes généraux qui régissent les opérations de force, en combinaison avec la matière, quelle que soit la nature de cette force. Les sciences naturelles comprennent en outre l'investigation et la discussion des forces elles-mêmes, de leur nature et de leurs propriétés distinctives.

Le temps et l'espace sont, de leur nature, *un* et indivisible. Nous ne pouvons concevoir aucune séparation de leurs parties, telle que, dans leur intervalle, il n'y ait *ni* temps, *ni* espace. L'esprit les admet promptement comme des effets premiers et des causes secondaires. Il y a de nombreuses variétés déjà connues de matière et de force; mais il peut en rester d'autres à découvrir.

Il est impossible de ranger, avec confiance, toutes ces variétés dans *la* classe des effets premiers. Le nombre des existences que l'on croyait d'abord établies en rapport immédiat avec la cause première, a continuellement diminué à mesure que la, science a avancé ; les savans ayant, dans chaque siècle, contribué à établir une dépendance entre les causes que le siècle précédent regardait comme secondaires et indépendantes.

Ainsi tout conduit à cette conclusion, que le nombre réel des existences secondaires est excessivement petit.

Ne peut-on regarder cela comme semblable au mode d'opérer d'un *seul* agent? Pourquoi cette apparente économie dans l'énergie créatrice? Pourquoi ces traces de simplicité d'effort? N'est-ce pas précisément ainsi que nous voyons s'exercer notre propre énergie autant qu'elle peut s'étendre dans la petite sphère d'opération qui lui est allouée? Supposant que notre sagesse soit *limitée*, tandis que nos connaissances et notre pouvoir deviennent *infinis*, notre nature ne changeant d'ailleurs à aucun autre égard, ne chercherions-nous pas à économiser nos efforts, en vertu de cette loi de nature qui nous pousse sans cesse maintenant à une semblable économie?

Ne sommes-nous pas alors conduits à cette conclusion, que ce petit nombre d'existences primaires, douées d'un pouvoir de reproduction infinie, sortent des mains d'un être, avec qui notre propre nature, quoiqu'elle en soit infiniment loin, a quelques traits distincts de ressemblance? La vérité qu'indique ici la raison est confirmée par la révélation.

« Dieu a fait l'homme à son image; c'est à l'image de Dieu qu'il l'a créé. »

En considérant les rapports de temps, d'espace, de matière et de force, une des premières choses qui nous frappent, c'est l'uniformité de ces rapports; et elle est telle que la même cause, dans les mêmes circonstances, produit ujours le même effet. Cette uniformité constitue une LOI; et chaque rapport particulier de cause et d'effet, ainsi uniforme, est une LOI DE NATURE. Il est évident que l'étude des sciences naturelles est uniquement celle de ces lois; on peut les définir comme ayant pour objet *de tracer la chaîne des causes et des effets dans les choses naturelles*, et de *déterminer* les lois de leurs rapports.

Il y a différens ordres de *lois* naturelles, comme il y a différens ordres de *causes*. Les lois primitives, ou principes, sont placées avec les causes premières, *au-delà* de notre sphère de sensation. Le mot principe n'est d'ailleurs que *relatif*; chaque *cause* étant désignée comme un principe par rapport aux causes qui en dérivent suivant la chaîne des conséquences.

Quant aux actions qui sont les sujets immédiats de notre volonté, chacun s'aperçoit qu'il a le pouvoir de les modifier et de les varier à la fois, avec la conséquence de cause et d'effet qui dérive de chacune à chaque degré compréhensible, et qu'il a aussi le pouvoir d'ajuster cet effort, comme cause première, de manière à produire un certain effet éloigné, et ni plus ni moins que cet effet. On nomme *dessein* cette intention d'adapter à une cause première toutes les causes secondaires.

C'est le pouvoir de *dessein*, ou *l'imagination*, qui distingue le rapport de cause et d'effet, dans les êtres animés et intelligens. Partout où nous voyons tracé ce rapport de cause et d'effet, résultant d'un dessein conçu, nous en pouvons conclure l'existence et l'opération d'un être intelligent.

Maintenant ce dessein est MANIFESTE dans toute la nature. Chaque brin d'herbe, chaque bourgeon, chaque feuille, chaque fleur que le vent répand autour de nous, chacun de ces êtres organisés et qui fourmillent partout, montre un dessein dans l'opération de cette cause première à laquelle il doit son existence; c'est ainsi que tout proclame l'existence d'un créateur vivant et intelligent.

Cet argument du dessein est devenu familier à tout le monde par l'ouvrage admirable de *Puby*; il est sans réplique.

Si l'homme revient de la contemplation des œuvres de Dieu dans l'univers, à la considération de son *propre* pouvoir, il s'aperçoit qu'il peut le rendre applicable à la production de certains effets éloignés, et même qu'il peut s'étendre à d'autres pouvoirs *extérieurs*, sur l'action desquels il n'agit pas directement, en les rendant applicables à la même fin. Mais il ne peut en rien modifier ces pouvoirs, car cela est impossible, — le mode ou la loi de leur action étant réglée par la volonté de la grande cause première; — seulement il peut les *appliquer*. Ainsi il peut s'emparer de la force de gravitation, ou du poids d'une pierre, pour produire une pression ou impact; l'action de la *pierre* est la même; mais dans le premier cas, l'impulsion de gravitation qui est reçue continuellement, est *continuellement* détruite, tandis que dans le second l'énergie accumulée qui en résultait est détruite par le choc. L'homme a de plus le pouvoir de joindre l'action de ces causes naturelles l'une à l'autre. Par exemple, il peut placer la matière sous l'action d'une force; il peut l'assujettir à toutes les variétés d'influence du temps et de l'espace. Il peut conduire l'opération de ces combinaisons l'une sur l'autre à tous les degrés possibles.

S'il tourne maintenant ses regards vers le monde, il s'aperçoit qu'il doit y avoir eu pour cette nature quelque opération semblable à celle dont il se trouve capable lui-même. Tout ce qui existe maintenant, peut avoir existé; chaque particule de matière, de force, d'espace, occupée par le même temps, sujette aux mêmes lois, si elle n'eût pas été conduite par l'opération ou l'influence d'une autre, fût restée dans le même état de choses, et alors quel chaos au-delà du pouvoir même de notre imagination. Tout fut resté sans forme et sans vide, plein d'élémens en désordre et exposé à un changement perpétuel.

Ici se retrouve la trace évidente de l'opération d'une cause première, entraînant avec elle tout ce que nous avons appelé causes secondes, et appliquant leur action combinée suivant les lois qu'elle leur avait d'abord imposées, suivant un mode d'opérer auquel l'homme retrouve quelque chose de

semblable dans son propre pouvoir, mais à un degré infiniment moindre.

Il y a encore une autre preuve de l'existence de la divinité, strictement tirée de considérations scientifiques et fondée sur les vrais principes de la science, si frappante et
généralement si peu connue qu'elle ne peut se trouver déplacée *ici*, quoiqu'il faille prier le lecteur de redoubler d'attention pour saisir un argument qui n'est pas sans difficultés.

La force, considérée comme un *principe* ou *cause* de mouvement, réside *en permanence* dans chaque particule de matière, animée ou non, sujette à une loi invariable et CON-
STAMMENT en action. Dans les êtres *animés* il y a de plus
une portion de cette force soumise à la direction implicite
de la volonté; *active* dans un temps, *inerte* dans un autre.
Maintenant les effets de ce principe de force, en communiquant le mouvement à des corps capables de se mouvoir librement dans l'espace, *diffèrent*, suivant que la cause de
leur action est *constante* ou *intermittente*. Dans les deux cas,
la vitesse communiquée par chaque impulsion est *gardée*;
mais dans l'un des cas les impulsions sont continuellement
répétées, et la vitesse résultant de chacune est accumulée dans
le corps se mouvant; tandis que dans l'autre cas, il n'est pas
nécessaire que l'impulsion soit répétée, et la vitesse résultante, s'il n'y a pas cette répétition, est uniforme. Si donc
nous pouvions tracer, dans la nature, l'existence d'un libre
mouvement *non accéléré*, nous serions sûrs qu'il ne peut être
résulté de l'opération d'aucune des forces *permanentes* agissant sur la matière, et qu'il doit dériver d'un principe qui
n'est plus apparent en elle, semblable à celui que nous trouvons ne résider que dans les êtres animés.

Or ce mouvement *existe*: dans le système de l'univers,
nous voyons des mouvemens que la force *existante* de la *gravité* est insuffisante à produire seule; nous trouvons des effets qui ne peuvent être que le résultat de l'opération d'un
principe dont l'action a cessé; une force impulsive, semblable à celle que nous sentons placée sous la direction de
notre propre volonté. S'il n'y avait une autre cause en action,
les planètes dirigeraient leur course vers le soleil, et toute

matière, à la longue, s'absorberait dans sa substance.

Il n'y a pas de force agissant *actuellement* pour attirer les planètes obliquement dans l'espace, car, s'il y en a une qui agisse *actuellement*, elle a dû agir de toute éternité et dès-lors être une force permanente L'orbite et la quantité de mouvement de chaque planète seraient alors autres qu'elles ne sont, ainsi qu'on le peut démontrer. C'est donc une preuve qu'à quelque période prévue, il y a eu sur elles action d'un pouvoir impulsif, par lequel elles ont été lancées dans l'espace suivant une direction autre que celle qu'aurait déterminée l'attraction qui leur est inhérente. « Nous comprenons ainsi que les mondes ont été formés par la parole de Dieu, en sorte que les choses que nous voyons n'ont pas été faites des choses seules qui sont restées apparentes. *Heb. ii. 3.* » On sait ainsi que lorsque l'univers a pris sa position dans l'espace, il a fallu qu'il y eût un être doué d'un pouvoir semblable à celui que nous trouvons ne résider que dans les êtres animés et que nous appelons la vie. On sait donc « qu'il y eut une main qui forma les cieux et un esprit qui commanda aux habitans dont elle les peupla. »

Non-seulement d'ailleurs les planètes tournent autour du soleil, mais encore autour d'elles-mêmes sur leurs axes, produisant ainsi les alternatives du jour et de la nuit ; et ces axes sont inclinés suivant certains angles par rapport aux plans de leurs révolutions, ce qui produit la variété des saisons. Or pour effectuer tout cela, comme nous voyons que tout cela l'est, il faut qu'une impulsion primitive ait été donnée avec une certaine force, dans une certaine direction et en certain point de la surface de chaque planète. Il y a donc eu dessein, et quand nous considérons que toute la nature animée est disposée pour ces alternatives de lumière et de chaleur ; — le brin d'herbe, le bourgeon, la fleur et le fruit dans les végétaux ; le vêtement, naturel pour la plupart des animaux, avec l'énergie et la durée des principes de la vie ; — pouvons-nous hésiter à admettre ce dessein, comme l'émanation d'une sagesse infinie ?

On peut objecter que ce sont là des évidences de l'opération d'une puissance créatrice, mais d'une puissance agissant en conformité des lois de la force préexistante, et il reste à prouver l'existence de l'être dont elles tirent leur origine.

La science va nous fournir une réponse directe à cet argument. Quoique le principe de la force nous soit caché avec un mystère que la nature n'apporte pas toujours dans ses autres opérations, nous pouvons cependant apercevoir et distinguer une intention infinie dans les lois qui le régissent, et l'intention est la preuve indubitable d'une sagesse créatrice.

On peut observer dans la nature l'étonnante économie de ce principe de force. Les animaux, dans lesquels il se trouve soumis à la volonté, ont le sentiment ou l'instinct de cette économie par la sensation de lassitude ou d'épuisement. La sagesse infinie a mis, dans chaque particule de matière, cette économie dirigée vers le même but. On trouve dans les ani maux de la classe inférieure, qui sont nécessairement faibles et sujets à l'erreur, des efforts perpétuels tendant à *cette* économie, qui est parfaite dans les classes supérieures. Dans la nature inorganique, tout se fait avec la moindre action possible ; aucun développement de force, tant petit soit il, ne se fait en pure perte.

La nature du principe dont nous voulons parler, sera peut-être mieux comprise par l'exemple suivant. Si je désire monter une colline ou la descendre, ou passer d'un point de cette colline à une autre, avec le moindre emploi de force musculaire, ou la moindre dépense de force, une simple considération me précisera le pas à faire, conformément à la forme et aux pentes différentes de la colline ; d'après la nature de mon énergie musculaire, et d'après d'autres données, dont j'aurais peine à me rendre compte, et qui, si elles m'étaient connues, seraient à peine suffisantes pour diriger mon intelligence vers une conclusion positive. Dans cette occurrence, les chances sont infiniment grandes cependant pour que je prenne plutôt le mauvais chemin que le bon. Or maintenant si j'avais à lancer une pierre en haut de la colline, ou obliquement sur ses flancs, ou à la rouler en bas, quels que soient les obstacles opposés à son mouvement, qu'ils proviennent de frottement, de résistance ou d'autres causes, constantes ou accidentelles, toujours est-il que la pierre, quand elle sera abandonnée à elle-même, suivra toujours la marche qui lui présentera la moindre dépense possible de ses efforts ; et si sa marche était tracée, ses efforts seraient toujours les moindres pour cette marche. Ce principe extraordinairement simple s'appelle celui de moindre action; son existence et sa prépondérance universelle sont susceptibles d'une démonstration mathématique complète.

Chaque particule de poussière soufflé dans l'air, chaque particule de matière de cet air lui-même, ont leurs mouvemens soumis à ce principe. Chaque rayon de lumière qui passe d'un milieu dans un autre, dévie de sa course rectiligne, pour choisir celle de la moindre action possible; et par une raison semblable, en traversant l'atmosphère, il suit une courbe particulière jusqu'à l'œil. Les grandes planètes aussi, qui tracent *toujours* leur circuit dans les royaumes de l'espace, que nous appelons notre système ; les comètes dont la course est tracée bien au-delà ; *tous* ces astres se meuvent de même, de manière à *économiser* les forces développées dans leurs cours.

Or, ces forces qui sont *non* développées par les êtres vivans, sont implantées dans les substances où elles résident, par la main de Dieu, et soumises aux lois qu'il leur a imposées dès le commencement. Il a plu au Tout-Puissant, que les œuvres de *ses* mains restassent d'accord avec ce principe de moindre effort qu'il a aussi implanté en *nous* comme un principe de notre nature et qui, suivant l'impulsion, se développe toujours plus ou moins, dans nos faibles efforts. La seule différence, c'est qu'en lui ce principe agit en conformité de sa sagesse infinie, et qu'en conséquence, son opération est *parfaite*, tandis qu'en nous il ne se manifeste que dans les bornes de nos connaissances et de notre faible jugement dont il partage les imperfections, dans son développement.

Dans la disposition de ces efforts pour produire l'effet voulu avec la moindre dépense de force, on reconnaît de nouveau que (suivant la grande vérité de la révélation) l'homme est créé à l'image de Dieu et qu'il conserve sa ressemblance. Le principe de force inhérent à chaque particule de matière n'est qu'une émanation directe de la divinité, agissant *là* continuellement et à chaque instant. La scrupuleuse économie de force, l'étonnante réserve qu'y a mise la nature, conduit certes à cette conclusion.

L'homme fut créé à l'image de Dieu, et l'on voit qu'il est en possession d'un pouvoir presque absolu sur toutes les existences matérielles qui l'entourent; dans l'exercice d'une intelligence dont aucun effort ne semble épuiser les ressources, — et dans la manière dont il exerce ce pouvoir et cette intelligence, — on retrouve les traces de son origine céleste et de cette image suivant laquelle il fut créé.

Ces réflexions ne suggèrent-elles pas en même temps le *contraste* de sa condition morale? La description de son rang majestueux dans la création, l'étendue de sa puissance physique, des ressources de son intelligence, sa ressemblance, quant à sa nature physique, avec Dieu qui l'a créé, se présentent aussi forcément à l'esprit que la dégradation de sa nature morale, et sa chute qui l'a éloigné de cette parfaite image à laquelle on peut raisonnablement conclure qu'il avait été d'abord créé pour ressembler aussi bien au physique qu'au moral.

On retrouve ici, dans les raisonnemens des sciences naturelles, la grande vérité de la révélation.

Nous nous sommes appesantis sur cette tendance directe et nécessaire de l'étude des sciences naturelles, à raffermir la pensée des vérités premières et fondamentales de la révélation, parce qu'on lui attribue une tendance contraire.

Si ce n'était une impiété de discuter les manifestations de la sagesse et de la bonté infinie dans les choses créées, autrement qu'avec des sentimens de reconnaissance et d'une profonde humilité envers le créateur, on pourrait dire que c'est une affectation ou une folie. Il est impossible de s'occuper d'un cours d'instruction complet, ayant pour objet de développer les rapports de la cause à l'effet dans ces portions de la série des choses naturelles qui tombe sous nos sens, sans faire ressortir leur dépendance de la cause première qui est au-delà. Pour être apprises correctement, les vérités des sciences naturelles doivent être apprises avec un retour direct et fréquent vers la sagesse et la bonté de l'auteur de la nature. Les études des sciences naturelles et de la théologie naturelle ne font qu'un si elles sont bien dirigées; et la vraie science n'est qu'une adoration perpétuelle de Dieu « dans le firmament de son pouvoir. »

On a dit que nous étions suffisamment assurés de l'existence et des attributs de la divinité, par cette révélation qu'il lui avait plu de faire d'elle-même dans son verbe; et que, lors même qu'il n'en eût pas été ainsi, les preuves en sont *manifestes* et *partout;* qu'il n'y a pour cela besoin ni d'étude, ni de science. Mais hélas! quoiqu'il soit vrai que la terre

est « pleine de la bonté de Dieu, » et que son existence, sa sagesse et sa puissance aient laissé leurs traces partout, cependant, faibles et sujets à l'erreur comme nous le sommes,
c'est la surabondance même de ces preuves qui tend à nous
y rendre insensibles. Car la science nous découvre, à ce sujet, de *nouvelles* vues infiniment plus frappantes que celles
qui sont ouvertes à une intelligence inculte ; vues bien faites
pour imposer la reconnaissance au plus insensible et courber
dans l'adoration l'esprit du plus opiniâtre.

On a essayé de montrer les avantages physiques que
l'homme tire de la connaissance des lois qui régissent le rapport de la cause à l'effet, dans la nature inanimée. Probablement on y croira par cette assertion seule que la connaissance nécessaire à nous procurer ces avantages ne demande
pas d'étude et ne constitue pas une science ; que tous peuvent
y atteindre et y atteignent nécessairement ; que toutes les connaissances des choses naturelles qui nous sont réellement
utiles dans la pratique, sont données à chaque homme par
son expérience.

Il est vrai qu'il existe un vaste fonds de connaissances qui
nous sont données à tous en commun et pour lesquelles la
nature elle-même est notre institutrice ; mais en comparaison
avec les connaissances extraordinaires et factices acquises par
quelques êtres supérieurs, ce fonds n'est probablement
qu'un grain de sable dans la balance. Par exemple, la somme
de toutes les connaissances qu'un sauvage doit acquérir avant
de rassembler les matériaux de sa hutte ou de creuser son
canot, est plus grande peut-être que celle des connaissances
ajoutées pour changer la hutte en maison, et le canot en
vaisseau. Mais il est également vrai que cette *commune*
connaissance s'est depuis long-temps épuisée dans notre aise
commune. Si nous voulons *ajouter* au bien-être de la société,
il nous faut *savoir davantage.* C'est une erreur fort accrédi-
tée que de supposer que les inventions qui récemment ont
augmenté notre bien-être physique ont été les résultats du
hasard ou des spéculations d'hommes étrangers à la science ;
mais c'est une grande erreur, car le contraire a eu lieu. Il
existe à peine une découverte mécanique moderne de quelqu'importance, qui ne soit pas essentiellement d'une nature
scientifique et reposant sur des principes généralement peu

connus, ou qu'on ne peut acquérir sans des recherches considérables.

Si l'on objecte que des inventeurs célèbres n'ont été, sous aucun rapport, que peu au-delà des simples principes, on peut répondre que c'est parce que des applications de la science aux arts qui constituent leurs inventions n'exigeaient pas au-delà de ces principes, et non parce qu'il n'y avait pas d'autres applications plus importantes à tirer de la science.

Les sciences, dans toutes leurs branches, sont riches en connaissances applicables aux besoins de la société. Ce n'est qu'en joignant la pratique aux vues profondes de la théorie que les hommes d'expérience peuvent employer toutes leurs ressources au bien public, et c'est d'ailleurs une union extrêmement rare. Les arts sont toujours inclus dans la science; mais l'homme de pratique s'imagine qu'il y a pour atteindre à des connaissances scientifiques plus de difficultés qu'il n'y en a réellement, et se console en déprisant les avantages qu'*il* a retirés de la science. L'homme de la théorie s'enveloppe dans l'orgueil des abstractions et ne veut. pas se donner la peine de descendre à la difficulté de la pratique. Sa vocation est de découvrir, d'avancer la science et d'en étendre le domaine; il laisse à d'autres le soin de suivre ses pas et de faire les applications. Ce sont ces considérations qui nous ont suggéré le plan de notre ouvrage.

Ainsi cet ouvrage a pour but de faire connaître aux hommes de pratique et à tous ceux que cela concerne (et quels sont ceux que la mécanique ne concerne pas?) les grands principes de la science pour déterminer les conditions de l'équilibre et du mouvement des corps solides, soumis aux opérations de la force dans toutes ses modifications. Autant que possible nous procéderons par des expériences directes, ou par des raisonnemens élémentaires, fondés sur l'expérience directement.

Je suis convaincu que l'on peut ainsi communiquer à ceux qui n'ont pas de notions mathématiques acquises par des études précédentes, les connaissances mécaniques les plus profondes et les plus utiles. Celles des connaissances scientifiques que je regarde comme les plus précieuses, et je pense qu'il est très-désirable que toutes les vérités de la science qui comportent une application aux besoins de la vie et au bien-être soient répandues, peuvent être ainsi et *profondé-*

ment communiquées, c'est-à-dire par démonstration, sans recourir à des principes abstraits. Mais je dois prévenir que je ne puis offrir une connaissance quelconque de l'objet que je vais traiter, à celui qui n'est pas doué d'une certaine dose d'aptitude intellectuelle, qui n'a pas un certain esprit d'enquête, — une disposition à saisir ce à quoi il s'applique, et quelque habileté à se rendre compte de sa pensée.

Il n'y a aucune méthode d'enseignement profitable, sans une attention continuelle et constante de la part de l'élève ; aucune étude n'est *profonde*, si elle n'est dirigée par l'enchaînement des idées, et utile si l'on ne peut l'appliquer à la pratique des arts. La science n'a affaire qu'avec *l'entendement ;* une connaissance est faussement et ridiculement appelée *scientifique* quand elle n'est qu'une *affaire de mémoire*, sans aucun autre appui ; elle n'est alors l'acquisition *d'aucune* science, et communément elle est la compagne d'une grande présomption à *tout savoir*.

C'est une connaissance superficielle qui n'a d'autre avantage que celui de permettre aux gens du monde de l'exploiter assez adroitement pour se faire ranger parmi les savans, sans avoir aucun droit à ce titre honorable, et pour en tirer vanité.

L'influence de l'étude des sciences physiques, considérée comme l'une des branches de l'éducation générale, sur le caractère des élèves, est de leur inspirer un ardent amour de la vérité, quelque part qu'ils puissent la rencontrer ; un désir ardent de la suivre partout, et un mépris insurmontable pour le sophisme et le paradoxe prétentieux. A force de s'appliquer constamment à la recherche de la vérité, on arrive à s'éprendre, d'un ardent amour pour tout ce qui est pensée réelle. Les efforts employés à cette recherche ne tardent pas à recevoir leur récompense ; on découvre la vérité, on se pénètre de sa beauté, on la regarde comme le diamant le plus précieux, et de suite on acquiert des idées correctes sur les moyens de développer, avec une perception intuitive de ce qui peut être fondé ou ne l'être pas.

Quand une fois l'esprit naïf de la jeunesse est pénétré de ses propres ressources et de l'humilité qui toujours est le résultat de cette appréciation ; quand il a acquis cette haine

profonde de la présomption et du mensonge, cet amour in-
domptable de la vérité, cette passion à la découvrir, et cette
patience invariable à séparer le vrai du faux, ce que la science
ne manque jamais de donner plus ou moins ; comment un
jeune homme marchera-t-il dorénavant dans les affaires de
la vie? Il manquera de cette promptitude d'esprit irréflé-
chie qui souvent, il est vrai, reste la compagne d'une vive
intelligence, mais qui n'a d'autre utilité qu'un succès pas-
sager de société. La science ne peut donner l'esprit, mais il
n'est aucune des hautes et honorables affaires de la vie,
pour laquelle ne soit plus que préparée une intelligence
formée par la discipline de l'étude.

STATIQUE.

CHAPITRE PREMIER.

1. *Définition de la force.* — 2. *Sa direction.* — 3. *Son effet, le même en quelque point de sa direction qu'on l'applique.* — 4. *Equilibre de forces.* — 5. *Egalité de forces.* — 8, 9. *Unité de force.* — 10. *Mesure de forces.* — 14. *Représentation de forces, en quantité et en direction, par des lignes.* — 17, 18. — *Parallélogramme des forces.* — 19. *Forces résultantes et composantes.* — 20. *Résolution et composition de forces.* — 21, 22. *Equilibre de trois forces agissant sur une masse solide.* — 23. *Applications du parallélogramme des forces.*

1. La force est ce qui tend à causer ou à détruire le mouvement.

2. La direction d'une force est, dans ce qui tend à causer ou à détruire le mouvement, au point où elle est appliquée.

3. L'expérience a montré que l'effet d'une force agissant dans une direction donnée sur une masse solide, est le même à *quelque point* qu'elle soit appliquée, pourvu que ce point soit dans la direction de cette force.

Ainsi (*fig. 1*), si des forces agissent suivant les directions $P_1 \, p_1$, $P_2 \, p_2$, $P_3 \, p_3$, sur une masse solide A B C, toutes ces forces produiront le même effet, en quelque point des lignes $P_1 \, p_1$, $P_2 \, p_2$, $P_3 \, p_3$, ou de leurs prolongemens, qu'elles soient appliquées. Par exemple, elles produiront le même effet que si elles étaient appliquées au point O, pourvu que les trois lignes se coupent au point O, comme dans la figure.

4. Quand plusieurs forces appliquées à un corps détruisent,

l'une par l'autre, la tendance qu'elles ont à lui communiquer le mouvement, et que ce corps reste ainsi en repos, on dit que les forces sont en équilibre.

5. Quand un corps est maintenu en repos par deux forces, on dit que ces forces sont égales l'une à l'autre (1).

6. L'expérience a montré que *deux forces* ne peuvent maintenir un corps en repos, à moins qu'elles n'agissent dans des directions opposées et suivant une même ligne droite.

7. Si, au lieu d'appliquer les deux forces qui sont ainsi égales dans des directions opposées, on les applique toutes deux suivant la *même* direction, la force qui doit être appliquée dans une direction opposée pour soutenir l'effort des *deux* autres, est dite le double de chacune d'elles. Si l'on prend une troisième force, égale à l'une des deux premières, et qu'on les applique toutes trois dans la même direction, la force qui doit être appliquée dans une direction opposée pour soutenir l'effort des trois autres, est dite le triple de chacune d'elles, et ainsi de suite pour un nombre quelconque de forces.

8. Ainsi, dès qu'on a fixé une force et qu'on sait combien de forces égales sont nécessaires, pour qu'appliquées en direction opposée elles supportent l'effort d'une autre force, on arrive à concevoir la véritable expression de cette autre force, par rapport à la première, et l'on peut les comparer avec une troisième force dont l'évaluation a été faite par rapport au même étalon.

9. La force simple, qui sert de terme de comparaison pour l'évaluation de toute autre force, s'appelle une *unité* de force.

10. Les forces dont l'évaluation est exprimée en termes de quelque *unité connue* de force, sont dites *mesurées*.

11. Les unités de force dont on a trouvé le plus convenable de se servir, sont les poids de certaines portions de matière, ou les forces suivant lesquelles ces poids tendent vers le centre de la terre.

Les quantités de matière dont ces poids se composent pour représenter des unités de force, sont différentes en différens pays.

12. En Angleterre, l'unité de force dont dérive tout le reste,

(1) On suppose ici que le corps n'est sollicité par aucune autre force que ce soit, à l'exception de ces deux-là.

est le poids de 22,815 *inches* (1) cubiques d'eau distillée, appelé un *pound troy*. Il se divise en 5760 parties égales, dont chacune est un *grain troy*, et 7000 de ces grains constituent le *pound avoir du pois*.

13. Quand on veut représenter la valeur d'une force, on l'exprime ordinairement par le nombre des unités qu'elle contient, et les chiffres du nombre exprimé sont la désignation de chaque unité. Ainsi 15 *pounds avoir du pois* représentent une force équivalente à quinze unités, chaque unité étant un *pound avoir du pois*; c'est-à-dire chaque unité représentant le poids d'une quantité d'eau distillée, trouvée en divisant 2285 (2) *inches* cubiques de cette eau en 5760 parties égales, et prenant 7000 fois une de ces parties.

14. On peut concevoir d'ailleurs un autre mode de représenter la valeur d'une force.

Si l'on prend (*fig.* 2) une ligne **A B** composée d'un nombre quelconque de parties égales, et qu'on suppose que chacune de ces parties représente une unité, alors la totalité de la ligne offrira à l'esprit l'idée complète d'une force composée d'autant d'unités qu'il y a de divisions égales dans la ligne.

Or il est évident que dans cette hypothèse, la longueur *actuelle* de la ligne est immatérielle. Deux lignes **A B** et **C D**, de différentes longueurs, peuvent en effet représenter la même force, les longueurs des parties **P** et **P'**, qui représentent les unités, étant différentes (3). Par exemple, **P** et **P'** représentant chacun un *pound*, chaque ligne représentera sept *pounds*.

(1) Cet étalon est fixé par un acte du parlement, du 24 juin 1824. La température de l'eau est supposée à 62^0 *fahrenheit* (16^0, 67 centigrades), le baromètre étant à 30 *inches* (76 centimètres).

Le *pound troy* équivaut à. . . . . 372 gram., 960
Le *pound avoir du pois* à. 453 25

(2) Le lecteur est à même d'apprécier ici tout l'avantage du système décimal des poids et mesures et de l'unité métrique. **N. D. T.**

(3) Les lignes ou parties de lignes représentant des *unités* de force, se nomment unités de longueur. Il est évident que si l'on prend la longueur d'une ligne pour représenter une force, on trouvera l'unité de

15. Les *lignes* prises ainsi, pour représenter des forces en *grandeur*, ont de plus l'avantage de les représenter aussi en *direction*.

Si deux forces (*fig.* 3) agissent alors en un point dans des directions inclinées sous un certain angle, et que l'on trace deux lignes A O, B O inclinées l'une à l'autre suivant ce même angle, alors en prenant une ligne D pour représenter une unité de chaque force, et mesurant O P par le nombre de fois qu'il contient D, ou par le nombre d'unités qu'a l'une des forces ; mesurant O Q par le nombre de fois qu'il contient D ou par le nombre d'unités qu'a l'autre force; les lignes P O et O Q représenteront complètement non-seulement les grandeurs relatives des forces, mais aussi leurs directions relatives. Le dessin en donnera une idée complète, si quand elles agissent vers O, on les suppose représentées par P O et Q O, tandis que O P et O Q les représenteront agissant à partir de O. On dit alors que O P et O Q représentent les deux forces en grandeur et en direction.

16. Il est évident que ces deux forces ne laisseront pas en repos le point auquel elles sont appliquées, car elles ne sont pas égales l'une à l'autre, ou n'agissent pas suivant la même ligne droite, en directions opposées (art. 6). Une troisième force est donc nécessaire pour l'équilibre. La grandeur et la direction de cette troisième force se déterminent de la manière suivante :

17. Par les extrémités P et Q (*fig.* 4) des lignes Q O et P O, tirez deux autres lignes Q R et P R, l'une Q R parallèle à O P, et l'autre P R parallèle à O Q; ces quatre lignes formeront le parallélogramme P O Q R. Joignez les deux angles opposés O et R par une ligne droite O R ; alors cette ligne O R, que l'on appelle la diagonale du parallélogramme, représente en grandeur et en direction la force qui maintiendra les deux autres en repos. En d'autres termes, si l'on prend une force contenant un nombre d'unités égal à celui du nombre de fois que la ligne D est contenue dans

longueur, en divisant la ligne en autant de parties égales que la force renferme d'unités de force; et réciproquement, si l'on part de l'unité de longueur, on trouvera la longueur de la ligne représentant la force, en répétant cette unité de longueur autant de fois qu'il y a d'unités dans la force.

O R, et qu'on applique cette force au point O suivant la direction O R, cette force maintiendra le point en repos, et sera en équilibre avec les deux autres.

Cette loi remarquable du *parallélogramme des forces*, qui régit l'équilibre de trois forces quelconques, de quelque nature qu'elles soient, peut se formuler ainsi : *Si trois forces agissant sur un point sont en équilibre, et qu'on mesure, à partir de ce point, des lignes dans les directions des forces, de manière à ce que chaque ligne contienne autant d'unités de longueur qu'il y a d'unités dans la force qu'elle représente, ces trois lignes formeront les deux côtés adjacens et la diagonale d'un parallélogramme.* On peut faire voir que c'est une conséquence nécessaire de quelques principes extrêmement simples et qui se démontrent d'eux-mêmes. Malheureusement ce corollaire ne peut se déduire que de connaissances mathématiques spéciales et qui sortent du plan de cet ouvrage. (*Voyez l'appendice.*)

18. Il est, au reste, facile de s'assurer par expérience de la vérité de cette loi. La *fig.* 5 représente un cercle ou anneau de bois, maintenu dans une position verticale sur son pied. Des poulies mobiles P_1, P_2, P_3, sont disposées de manière à pouvoir se fixer en un point quelconque de la circonférence de cet anneau, en ayant leurs roues parallèles à sa surface (1). Des poids W_1, W_2, W_3, sont suspendus à des cordelles de soie passant sur ces poulies et nouées ensemble en un point O. Le système étant abandonné à lui-même, prendra, au bout de quelque temps, une position dans laquelle il restera en repos ; et les trois forces agissant en O, auront, dans cette position, les directions nécessaires à leur équilibre.

Maintenant, si dans le vide intérieur de l'anneau, on dispose une planchette de manière à ce qu'elle laisse parfaitement libre le jeu des cordons, et que sur cette planchette noircie ou recouverte de papier blanc pour qu'on y puisse dessiner avec de la craie ou une plume, on tire les lignes $O P_1$, $O P_2$, $O P_3$; qu'ensuite prenant une ligne D pour unité de longueur, on la porte au compas autant de fois sur la ligne $O P_1$ à partir de O, qu'il y a d'unités dans le poids

[1] Ces roues doivent être faites avec soin pour éviter le frottement ; l'axe est fixé à la poulie.

W₁; qu'enfin on complète le parallélogramme O P Q R par des lignes menées sur la planchette parallèlement, de P et Q, à O Q et O P respectivement; on trouvera que l'unité de longueur P sera contenue autant de fois dans la diagonale O R qu'il y a d'unités de poids dans W₃, et que cette diagonale est en ligne droite avec O P₃. Or les lignes O P et O Q représentent, en grandeur et en direction, les forces agissant en O, et elles y sont tenues en repos par W₃ agissant dans la direction O P₃, qui peut donc être représenté par O R en grandeur et en direction. Cela a lieu, quels que soient les poids W₁, W₂, W₃, ou la position des poulies P₁, P₂, P₃; donc la vérité de la proposition est évidente (1).

19. Si l'on applique en O, au lieu des forces O P et O Q, une force représentée en grandeur par la ligne O R et agissant suivant cette ligne de O en R, il est clair que ce point restera en repos, les forces qui lui sont appliquées étant égales et opposées. L'effet résultant de l'action d'une seule force O R,

(1) Parmi les appareils du cabinet de physique du collège royal est un parallélogramme O P Q R [*fig*. 6], formé par des règles à coulisses divisées en *inches* et en dixièmes. Elles s'assemblent par des joints mobiles aux angles, et chacun des joints P et Q est disposé de manière à glisser le long de chacun des côtés qui le forment. Une règle R'C, de longueur suffisante pour former la diagonale du parallélogramme, se meut librement avec O P et O Q au joint O. L'extrême légèreté des règles rend le tout d'un poids très-faible.

Cet instrument sert à la démonstration de la loi du parallélogramme des forces. Ayant pris pour unité de longueur un *inch*, sa moitié, ou tout autre subdivision, on fait glisser le joint P sur O P, jusqu'à ce que cette règle contienne autant d'unités qu'en a le poids W₁. On fait la même chose pour O Q qu'on amène à contenir autant d'unités qu'il y en a dans W₂. P R et Q R se disposent alors parallèles à O Q et O P et de même longueur. On attache des cordons aux extrémités A, B, C, des coulisseaux O A, O B et O R', et l'on passe ces cordons sur des poulies P₁, P₂, P₃, comme dans la *fig*. 5, en y suspendant les poids W₁, W₂, W₃; on abandonne le système à lui-même, et l'équilibre s'établissant, on trouve que le coulisseau O R' a pris la direction de la diagonale O R et contient autant d'unités de longueur qu'il y a d'unités de poids dans W₃.

On peut varier l'expérience en changeant le poids W₃, sans changer les deux autres; le système alors change de forme, mais O R' coïncide toujours avec la diagonale O R, et la longueur de cette diagonale s'accroît ou diminue d'autant d'unités qu'on en a ajouté au poids W₃, ou qu'on lui en a ôté.

sera le même que celui résultant de l'action de deux forces
O P, O Q, c'est-à-dire que le support sera dans la direction
O P₃, et que l'équilibre du point O sera maintenu ; on dit
alors que les forces O P et O Q sont des forces *composantes*,
dont O R est la *résultante*.

20. Réciproquement, si une force représentée en grandeur
et en direction par la ligne O R, soutient l'effort d'une force
agissant dans la direction de la ligne O P₃ ; et que l'on prenne
deux forces agissant suivant deux autres directions quelconques O P₁, O P₂, représentées en grandeur par les lignes
O P et O Q, parallèles aux directions O P₁, O P₂, réunies à
partir du point R ; alors si ces deux forces peuvent remplacer la force unique O R, l'équilibre subsistera dans les
mêmes conditions que précédemment. On dit alors que la
force O R est *décomposée* en deux autres O P et O Q, et que
ces deux forces lui sont équivalentes. Les directions O P₁ et
O P₂ sont quelconques. Ainsi, une force donnée peut se
décomposer en deux autres en toute direction quelconque.

Il est évident que, quel que soit le nombre des forces
agissant au point O, on peut remplacer l'une d'elles O R
par deux autres O P et O Q, suivant lesquelles elle se dé-
compose ; et réciproquement, on peut remplacer deux forces
quelconques O P et O Q par leur résultante O R.

21. *Connaissant les directions de trois forces qui main-*
tiennent un point en repos, et la grandeur de l'une d'elles,
on peut déterminer les grandeurs des deux autres forces.

On sait en effet que les lignes représentant ces trois forces
en grandeur et en direction forment les deux côtés adjacens
et la diagonale d'un parallélogramme ; prenant donc une
ligne représentant la force connue pour une de ces parties du
parallélogramme, on n'aura plus qu'à le compléter par ses
deux autres parties dans les *directions* des deux forces res-
tantes. Ces parties alors représentent en grandeur les forces
qui seront connues par conséquent.

Ainsi, lorsque trois forces agissent sur un point O (*fig.* 4),
suivant les directions O P, O Q, R O, et que la grandeur de
celle qui agit en O P est connue ; on n'a plus, pour déterminer la grandeur des deux autres, qu'à former le parallélogramme dont O P qui représente la force connue est un des
côtés, et dont l'autre côté et la diagonale suivent les directions O Q et O R. Ce parallélogramme se construit évidem-

ment en menant par P une ligne parallèle à O Q, jusqu'à son intersection avec la direction O R en R, et par R une ligne parallèle à O P, coupant O Q en Q.

22. Si un corps est sollicité par trois forces qui le maintiennent en repos, les lignes suivant lesquelles agissent ces forces prolongées, se couperont en un même point.

Soient (*fig.* 1) $P_1 \, p_1$, $P_2 \, p_2$, $P_3 \, p_3$, les directions suivant lesquelles trois forces agissent sur le corps A B C, supposé ne pas avoir de poids ; les points d'application étant p_1, p_2, p_3. La force $P_1 \, p_1$ produira le même effet, en quelque point qu'on la suppose appliquée, pourvu que ce point soit dans la direction P_1 O suivant laquelle la force agit (art. 5), et il en sera de même de la force $P_2 \, p_2$. Les forces $P_1 \, p_1$, $P_2 \, p_2$, produisent donc le même effet sur le corps que si elles étaient appliquées en O. On a donc, pour leur résultante, une force agissant en ce même point. Supposons-les maintenant remplacées par leur résultante, il est clair que le corps alors ne sera plus sollicité que par deux forces, c'est-à-dire cette résultante et la troisième force $P_3 \, p_3$; et puisqu'il reste en repos, il faut qu'elles agissent suivant une même ligne droite, en directions opposées (art. 6); c'est-à-dire qu'il faut que la résultante des forces $P_1 \, p_1$ et $P_2 \, p_2$ qui passe en O, soit en ligne droite avec $P_3 \, p_3$; donc $P_3 \, p_3$ prolongé doit passer par O.

Cette démonstration ne s'applique strictement qu'au cas seul où les directions des forces se rencontrent, en les prolongeant, en un même point *en dedans* du corps ; mais on peut l'appliquer au cas également ordinaire où elles se rencontrent en un même point *en dehors* du corps. Supposons en effet (*fig.* 7) que P_1 et P_2 prolongées se rencontrent en O en dehors du corps ; alors, quoique nous ne puissions pas supposer à présent que les forces soient appliquées au corps en O, puisque le corps n'existe pas en ce point, cependant nous pouvons supposer que le corps s'étend jusque-là, de manière à renfermer le point, sans altérer les conditions de l'équilibre ; pourvu qu'en l'étendant ainsi, on n'augmente ni ne diminue en rien les forces qui agissent déjà sur le corps. Les forces et leurs points d'application restant les mêmes, il est clair que si elles étaient en équilibre avant, elles y seront encore, en sorte qu'en concevant que le corps s'étende ainsi de manière à renfermer le point O, ce cas rentre dans le précédent.

APPLICATIONS

Du principe du parallélogramme des forces.

Il n'y a guère de cas d'équilibre où le principe de la composition des forces agissant sur un point ne trouve son application. Parmi les exemples nombreux qu'on en peut citer, nous choisirons les suivans :

25. Supposons un poids W supporté comme dans la *fig.* 8 par une poutre horizontale A C, en saillie sur le mur où elle se loge en A, et soutenue par une jambe de force oblique B C ; et qu'on demande de déterminer la pression (1) et l'effort sur les charpentes A C et B C, ainsi que sur le mur aux points A et B. Menons B D parallèle à A C et C D à A B. Divisons C D en autant de parties égales qu'il y a d'unités dans le poids W, et cherchons combien il se trouvera de ces parties dans C B et C A. Les nombres ainsi obtenus seront égaux à ceux des unités de poids dans les pressions sur A C et B C, car le point C est maintenu en repos par des forces agissant dans les directions C D, C A et B C. Ces forces seront donc représentées en grandeur et en direction par les côtés et la diagonale d'un parallélogramme (art. 17). Or C D (art. 14) représente l'une de ces forces en grandeur et en direction, et C A et C B sont dans les directions des deux autres. Si donc l'on construit un parallélogramme ayant C D pour un de ses côtés, l'autre dans la direction C A, et sa diagonale dans la direction C B, ce sera le parallélogramme des forces agissant en C (art. 21). Le seul parallélogramme que l'on puisse former ainsi est évidemment A B C D.

Si C restant le même, on ramène le point B vers A, en donnant à C B une obliquité plus considérable, C D sera diminué d'autant ; et le divisant, comme avant, en autant de parties qu'il y a d'unités dans W, chacune de ces parties sera moindre qu'avant ; le nombre de parties égales en A C sera donc plus grand en A C, et par conséquent le nombre d'unités de poids dans la pression sur A C deviendra plus grand ;

---

(1) La pression est la force qui, agissant sur la longueur d'une charpente, tend à la comprimer, à l'écraser ; l'effort tend à l'allonger.

ou démontrerait de même que la pression B C s'est accrue.

Dans cet exemple nous avons négligé le poids de la charpente elle-même.

25. *Presse Russel.* — A C et B C (*fig.* 9) représentent deux barres jointes ensemble au point C ; elles sont placées entre deux surfaces A et B sur lesquelles, ou sur l'une desquelles, on veut produire une pression, la force agissant au point C, suivant la direction P Q. La tendance de cette force à ouvrir l'angle A C B est détruite par la résistance des surfaces en A et B. Cette résistance se transmet le long des barres A C et B C, et quand il y a équilibre, le point C est maintenu en repos par des forces agissant dans les directions A C, B C et P Q. Pour déterminer les deux premières forces, connaissant la dernière, on n'a qu'à compléter le parallélogramme A C B D, et à diviser sa diagonale C D en autant de parties qu'il y a d'unités dans P Q ; les nombres de ces parties contenus dans A C et B C donneront les pressions cherchées. (Art. 21.)

Il est clair que plus C D est petit, plus l'angle A C B est grand, ou réciproquement ; ensuite qu'à mesure que la grandeur de chacune des parties dans lesquelles C D est divisée devient moindre, le nombre de ces parties s'accroît dans A C et B C ; conséquemment les pressions s'augmentent dans ces directions. Quand C D est extrêmement petit, ou bien que A C et C B sont presqu'en ligne droite, les divisions devenant extrêmement petites, A C et B C en contiennent un nombre excessivement grand. Ainsi les pressions sur A et B peuvent s'accroître presqu'indéfiniment en amenant A C et B C de plus en plus à se rapprocher d'une ligne droite.

25. Le mécanisme au moyen duquel sont attachées les cordes d'une harpe, permet à l'accordeur de les tendre avec une force égale à trois ou quatre fois celle de son poignet (1), tandis qu'un enfant a dans ses doigts assez de force pour les faire vibrer, malgré cette tension. Cela s'explique ainsi :

Si A Q B (*fig.* 10) représente la corde infléchie, et qu'on achève le parallélogramme Q m n o, dont les côtés égaux Q m et Q n représentent, chacun, la tension de la corde, la diagonale Q o représentera la force d'inflexion, qui résiste

_____

(1) M. *Prony* a calculé que les cordes d'un piano sont tendues par une force égale à celle de quatre chevaux.

exactement à ces tensions (art. 17). Or elle est évidemment très-petite, quand on la compare avec les tensions, pourvu que la flèche d'inflexion soit courte.

26. Un exemple très-simple de l'application du principe du parallélogramme des forces se rencontre dans la manière habituelle de ficeler un paquet. Après avoir passé la corde tout autour, dans la direction A B E (*fig.* 11), et l'avoir arrêtée ferme par un nœud coulant du côté opposé à celui que présente la figure, on replie la corde longitudinalement, et après l'avoir passée sous la corde A B, on la retire en arrière ; on trouve alors que, quelque ferme qu'ait été tendue la corde A B E, il suffit d'une faible force appliquée dans la direction P D, pour produire une forte inflexion de la corde entre A et B, et pour la tendre de nouveau plus fortement dans toute sa longueur. On peut aisément faire le compte de cette tension en complétant le parallélogramme A P B m, on n'a qu'à diviser la diagonale P m en autant de parties égales qu'il y a d'unités dans la force qui agit suivant P D. Le nombre de ces parties contenu dans P A ou P B, donnera le nombre des unités de la force de tension (art. 17).

27. Supposons (*fig.* 12) une flèche dans la position E F G, juste au moment où elle va s'échapper de l'arc tendu ; la force exercée par la main de l'archer en G, pour vaincre la résistance de l'arc, est celle avec laquelle la flèche est lancée. Or le point G est maintenu en repos par cette force et par les tensions de la corde suivant les directions G C et G D. — Ces tensions sont égales, si la corde tirée par la main droite et l'arc tendu par la main gauche le sont l'un et l'autre, chacun *précisément par son point milieu.* Prenant alors deux lignes égales, G m et G n pour représenter ces tensions, et complétant le parallélogramme $m k n$ G, la résultante (art. 19) étant cette force avec laquelle la flèche sera lancée, sera représentée par la diagonale G k (art. 17). Il est évident que G k est d'autant plus grand que l'arc est plus tendu.

28. *La direction suivant laquelle se meut d'abord un corps sollicité par un nombre quelconque de forces, est évidemment celle suivant laquelle il suffirait d'une simple force appliquée convenablement pour maintenir le tout en repos. Une telle force est égale et opposée à la résultante des forces qui agissent sur le corps. Dès-lors, et réciproquement, la direc-*

*tion suivant laquelle un corps se meut, est celle de la ré-
sultante des forces qui lui sont appliquées.*

29. La résistance de l'air au mouvement de chacune des
ailes d'un oiseau est perpendiculaire à la surface des ailes.
La force avec laquelle un oiseau se meut lui-même en avant
avec chaque aile, est en direction opposée à cette résistance.
Menons (*fig.* 13) D A et D B perpendiculaires à la surface
de chaque aile ; D A et D B seront les directions des forces
par lesquelles l'oiseau se pousse en avant avec chacune de ses
ailes. Prenons les lignes D E et D F pour représenter ces forces
en grandeur, et complétons le parallélogramme E G F ; la
résultante D G (art. 19) ainsi déterminée, est dans la direction suivant laquelle l'oiseau se meut. Si les ailes sont également étendues, et que la force avec laquelle l'oiseau agit
suivant chacune d'elles soit la même, les lignes A D et B D
feront des angles égaux avec la ligne P D passant au centre
du corps de l'oiseau, et les lignes E D et F D étant égales,
D G coïncidera avec cette ligne, le mouvement de l'oiseau sera
ainsi directement en avant.

29. Les forces avec lesquelles un nageur se meut, sont
suivant des directions perpendiculaires aux plantes de ses
pieds, et des paumes de ses mains. Si ces forces sont égales
de chaque côté de son corps, son mouvement est dans la direction de l'axe de son corps, la résultante des deux forces
passant par le centre de son corps. Si la force avec laquelle
il meut un pied est plus forte que celle avec laquelle il meut
l'autre, un des côtés adjacens du parallélogramme A' B' C' D',
(*fig.* 14) sera plus grand que l'autre, la diagonale tendra
vers le plus grand côté, et le mouvement de la partie inférieure du corps se fera dans cette direction. S'il meut avec
plus de force la main du même côté, la résultante des forces
des mains sera au contraire de ce côté, et la tête s'y portera,
en sorte que le corps tournera en rond.

30. La marche d'un bateau à rames offre (*fig.* 15) un autre
cas d'un corps poussé par des forces obliques à chacun de
ses flancs, mais ayant leur résultante dans le sens de sa longueur.

31. Les voiles d'un vaisseau peuvent se placer de manière
à déterminer son mouvement dans une direction bien différente de celle où souffle le vent, et réellement à le faire marcher en sens opposé au vent.

Supposons (*fig.* 16) que le vent souffle dans la direction
P Q, et qu'une des voiles du vaisseau soit placée obliquement
dans la direction C D. Prenons P Q pour représenter la force
du vent et complétons le parallélogramme P R Q T; ayant un
côté T Q parallèle à la voile et l'autre Q R qui lui soit perpendiculaire. La force P Q (art. 29) est alors équivalente aux
deux forces T Q et R Q, dont T Q appliquée dans une direction parallèle à la surface du vaisseau ne fait pas d'effet sur
lui. La seule force effective est donc R Q. Menons Q M suivant l'axe du vaisseau Q S perpendiculaire à l'axe du vaisseau, et complétons le parallélogramme Q M R S. Alors la
force R Q est encore équivalente aux deux forces M Q et
S Q, dont la première tend à donner au vaisseau un mouvement dans la direction de sa longueur, et la seconde un mouvement de côté. La première force est détruite par la résistance de l'eau à l'avant du vaisseau, et la seconde par la résistance de l'eau à son flanc. Dès-lors le mouvement de flanc
est très-faible par rapport à celui de l'avant.

Il est évident que si le vent soufflait dans la direction B A,
il ne frapperait pas sur la surface de la voile C D qui est vers
l'arrière du vaisseau ; surface sur laquelle il doit évidemment
frapper pour déterminer quelque peu de mouvement du
vaisseau *en avant*. Pour forcer le vent à frapper cette surface
de la voile, il faut incliner la position du vaisseau suivant
cette direction.

Supposons que l'on veuille marcher de B vers A (*fig.* 17),
le vent soufflant directement de A vers B, et tournons le vaisseau dans quelque direction B P inclinée à B A. Les voiles
alors devront être placées de manière que le vent les frappe
obliquement et que l'on marche dans la direction B P. Ayant
marché quelque temps dans cette direction, on les change en
marchant vers P Q, puis on revient sur A en continuant à
louvoyer.

CHAPITRE II.

32. *Equilibre d'un nombre quelconque de forces appliquées*
à un point. — 33. *Polygone des forces.* — 34. *Exemple*
du polygone des forces. ·

32. Pour déterminer les conditions d'équilibre d'un *nom-*
bre quelconque de forces agissant sur un point, soient (*fig.* 18)
O P₁, O P₂, etc., les lignes représentant en grandeur et en
direction ces forces agissant sur le point O, que ces forces
soient ou non dans un même plan. Par les points P₁, P₂,
menons P₁ p_z et P₂ p_z respectivement parallèles à O P₁
et à O P₂, et joignons O p_z. Les deux forces O P₁, O P₂
seront alors équivalentes à une seule force représentée en
grandeur et en direction par O p_z (art. 19). Par P₃ et p_z,
menons les lignes P₃ p_z et p_z p_z parallèles respectivement à O P₃ et à O p_z, et joignons O p_z; O p_z représentera dès-lors en grandeur et en direction les deux forces
O p_z et O P₃, et par conséquent les trois forces O P₁,
O P₂, O P₃, puisque O p_z est équivalente aux deux
premières. Semblablement, si l'on mène par les points P₄
et p_z, des lignes respectivement parallèles à O p_z et
O P₄, et qu'on joigne O p_z, cette ligne représentera une
force équivalente aux deux forces O p_z et O P₄, ou bien
aux quatre forces O P₁, O P₂, O P₃, O P₄. On obtiendra d'une manière analogue O p_z, qui sera equivalente aux
cinq forces O P₁, O P₂, O P₃, O P₄, O P₅.

Ainsi, puisque la force O p_z est équivalente à toutes celles qui agissent au point O, excepté la force O P₆, il faut,
si le point reste en repos, qu'il y soit maintenu par ces deux
forces qui, dès-lors, sont nécessairement égales et opposées.

Connaissant les directions et les grandeurs d'un nombre
quelconque de forces O P₁, O P₂, etc., et ayant trouvé
comme ci-dessus, une force qui leur soit équivalente O p_z,
on connaît la grandeur et la direction d'une force O P₆ suffisante pour compléter l'équilibre et maintenir le point en

repos. Cette force O p_5 est dite la résultante des cinq forces O P₁, O P₂, O P₃, O P₄, OP₅.

On observera que O P₁ représente la première force, et que P₁ p_2 qui est égale à O P₂, comme côtés opposés d'un même parallélogramme, représente la seconde force en grandeur, et qu'elle est parallèle à sa direction ; que de même les lignes $p_2\ p_3$, $p_3\ p_4$, $p_4\ p_5$, représentent les autres forces en grandeurs et sont parallèles à leurs directions. Or ces lignes forment les côtés d'un polygone O P₁ $p_2\ p_3\ p_4$ p_5 que complète la résultante O p_5.

33. Si donc un *nombre quelconque de forces agit sur un point et que l'on construise un polygone dont un des côtés soit la ligne représentant une de ces forces, et les autres côtés successivement des lignes parallèles aux directions des autres forces et les représentant en grandeurs, la ligne qui complétera le polygone représentera la résultante générale.* C'est cette proposition, dont la découverte est attribuée à *Leibnitz*, que l'on appelle le polygone des forces.

34. L'exemple suivant est choisi, entre plusieurs autres, pour montrer l'action de plus de trois forces.

Les grandes cloches, qu'un seul homme ne pourrait faire mouvoir, sont mises en branle par l'effort de plusieurs hommes. Chacun tire une cordelle attachée à la corde principale de la cloche, et à laquelle vient s'appliquer par conséquent la résultante de tous leurs efforts individuels. La valeur et la direction de cette résultante peuvent se trouver aisément dans tous les cas. — Soient (*fig.* 19) O P₁, O P₂, O P₃, O P₄, O P₅, les directions suivant lesquelles s'exercent les forces des différens sonneurs. Menons parallèlement à ces directions, les lignes p_1, p_2, p_3, etc., représentant en grandeur la force exercée par chacun, et formant les côtés d'un polygone ; la ligne p_1, p_5 qui complétera le polygone, représentera la résultante en grandeur et en direction.

Les sonneurs, pour chaque cloche, sont ordinairement placés à égales distances sur la circonférence d'un cercle ayant pour centre le point situé immédiatement au-dessous de la verticale de la corde principale. En supposant que les forces appliquées soient égales, leur résultante alors agit suivant cette verticale même, et n'a aucune tendance à donner à la corde principale une direction qui dévie de cette verticale.

~~~~~~

CHAPITRE III.

Equilibre d'un nombre quelconque de forces, appliquées à différens points d'un corps, mais agissant toutes dans un même plan.

35. Sur une table horizontale et polie, plaçons un large plateau (1) A B C (*fig.* 20), et fixons-le sur le bord circulaire de la table par une série de poulies P_1, P_2, P_3, etc. (sises dans des plans à angles droits avec son plan), chaque poulie ayant la portion la plus haute de sa circonférence au niveau de la surface du plateau. Attachons des cordelles en des points quelconques pris à la surface du plateau, p_1, p_2, p_3, etc., et après les avoir passées sur les poulies P_1, P_2, P_3, etc., suspendons des poids à leurs extrémités qui seront représentées dans la figure par les mêmes lettres P_1, P_2, P_3, etc. (2). Abandonnons maintenant le système à lui-même, et quand il aura atteint l'état d'équilibre, on trouvera la relation remarquable suivante entre les quantités et les directions des forces appliquées. Si d'un point *quelconque* M pris dans le plan de la surface du plateau, on mène les perpendiculaires $M m_1$, $M m_2$, $M m_3$, etc., aux directions $P_1 p_1$, $P_2 p_2$, $P_3 p_3$, etc., des différentes forces appliquées, et qu'on multiplie le nombre des unités dans la longueur de chaque perpendiculaire par le nombre des unités dans la force à la direction de laquelle cette perpendiculaire est menée, la somme de ces produits, prise par rapport à celles des forces qui tendent à faire tourner le

(1) Pour éviter, autant que possible, les frottemens, le plateau doit reposer sur trois billes d'ivoire assez espacées pour ne pas se trouver en contact ensemble.

(2) On n'a pas marqué les poids dans la figure. Les expériences de ce genre sont d'autant mieux faites que les poids et les diamètres des poulies étant plus grands, la rigidité des cordelles et le frottement opposés au mouvement du plateau sont moindres.

système autour de ce point, dans un sens, est égale à la somme de ces produits pris par rapport à celles des forces qui tendent à faire tourner le système en sens inverse (1).

Ainsi, dans la *fig.* 20, si l'on multiplie (2) la force P_1 par $M m_1$, la force P_2 par $M m_2$, et la force P_3 par $M m_3$, on trouvera, en faisant la somme de ces produits, qu'elle est égale à celle des produits de la force P_4 par $M m_4$ et P_5 par $M m_5$.

---

(1) L'expérience nous montre cette importante loi de statique, que si un système quelconque de forces est appliqué à un corps de manière à ce qu'il soit en équilibre, et qu'un second système de forces soit encore appliqué à ce même corps, en maintenant son équilibre, alors les conditions de ce dernier équilibre seront précisément les mêmes que si le premier système de forces n'existait pas ; les deux systèmes ne se mêlant en rien l'un à l'autre. Donc, s'il y a deux systèmes de forces dont chacun, appliqué séparément, suffise à maintenir le corps en repos, le corps restera encore en repos si l'on vient à y appliquer les deux systèmes à la fois ; et réciproquement, si deux systèmes de forces appliqués à un corps le maintiennent en repos, et que les forces composant l'un de ces systèmes soient en équilibre avec un autre, cet autre aura dès-lors ses forces en équilibre entr'elles. Dans la recherche des lois de la statique à l'aide d'expériences, ce fait est important à ne pas perdre de vue. Le grand obstacle au mode expérimental de recherche consiste dans l'impossibilité d'obtenir aucune portion de matière, où l'on veuille appliquer des forces, pour en rechercher les lois d'équilibre, qui ne soit pas déjà sous l'influence de la force de gravité, dont il faut supposer que nous n'ayons pas à connaître la nature et la valeur. Cependant on pare à cette difficulté, en faisant agir sur le corps des forces qui neutralisent exactement sa gravité ou son poids. Alors la condition de l'équilibre des forces qu'on applique, devient précisément la même que si aucune autre force n'agissait déjà. L'expérience que nous venons de citer dans le texte en offre un exemple. Le plateau est, de fait, sollicité par deux systèmes de forces, son poids et la résistance des billes en directions *perpendiculaires* au plan de la surface, plus les tensions des cordelles *dans* ce plan. Les forces du premier système sont en équilibre entr'elles, car si l'on ôte les cordes, de manière que les poids et les résistances des billes soient les seules forces agissant sur le plateau, il restera en équilibre. On en conclut que les forces du second système agissant sur le plateau sont en équilibre aussi. Le principe ci-dessus établi s'appelle le principe de *superposition des forces.*

(2) Ici et dans tout le reste de cet ouvrage, où l'on parle d'une force *multipliée par une ligne*, il faut entendre que le *nombre* des unités de la force est à multiplier par le *nombre* des unités de la ligne.

Le produit d'une force, par la perpendiculaire abaissée d'un point quelconque sur sa direction, se nomme le moment de cette force autour de ce point. Par conséquent la loi précédemment établie peut se formuler ainsi :

36. *Pour un nombre quelconque de forces, agissant d'une manière quelconque dans le même plan, et sur un point quelconque pris dans ce plan, la somme des momens de ces forces tendant à faire tourner le système dans une certaine direction autour de ce point, est égale, dans le cas d'équilibre, à la somme des momens des forces qui tendent à le faire tourner en sens opposé.*

37. Ce n'est d'ailleurs pas tout; et l'on verra plus loin *que si les forces agissant sur les différens points d'un système, peuvent être transportées sur un seul point, et appliquées en ce point parallèlement à leurs directions, elles le maintiendront en repos.* Il faut donc qu'il existe entr'elles cette relation qui est nécessaire à l'équilibre de forces agissant sur *un point.*

38. Après tout, enfin, les forces agissant comme ci-dessus, en un nombre quelconque de points différens dans le même plan, *sont sujettes d'abord aux mêmes conditions qui régissent l'équilibre des forces agissant sur un point ; ensuite à cette dernière condition, que les sommes de leurs momens opposés autour de ce point, quel qu'il soit, sont égales.*

39. Non-seulement on obtient ces conditions partout où il y a un équilibre, mais dès qu'on les obtient on est sûr qu'il y a équilibre. Elles sont non-seulement nécessaires, mais encore suffisantes. Si donc on a un système de forces qui ne soient pas en équilibre, et qu'on veuille les équilibrer, ou les placer en équilibre, on n'a qu'à ajouter une ou plusieurs forces qui déterminent les conditions dans le système.

Supposons que le système représenté dans la *fig.* 20 soit sollicité par les forces P_1, P_2, P_3, P_4, et qu'il faille déterminer la valeur de la force P_5, ainsi que la direction suivant laquelle on doit l'appliquer pour produire un équilibre. Prenons un point quelconque N dans le plan de la surface du plateau, et menons par ce point une ligne $N\,n_1$ parallèle à $P_1\,p_1$, qui représente la force P_1 en grandeur (art. 14); par $n\,n_1$, menons $n_1\,n_2$ parallèles à $P_2\,p_2$ et représentant p_2 en grandeur. Menons de même n_2 n_3, puis n_3 n_4 représentant P_3 et P_4 en grandeur, et parallèles à leurs directions; joignons N n_4; cette ligne représentera la force P_5 en grandeur et sera parallèle à sa direction (art. 33).

Nous avons maintenant déterminé P_5 de manière à faire que le système satisfasse à la première condition d'équilibre; c'est-à-dire que les forces soient telles qu'appliquées en un même point, elles le maintiennent en repos. Il reste à appliquer cette force au système, de manière à produire l'égalité de momens qui constitue la seconde condition.

Pour y parvenir, prenons un point quelconque M, et faisant les sommes des momens opposés des forces P_1, P_2, P_3, P_4, autour de ce point, et comparons ces sommes avec une autre qui sera le complément nécessaire pour qu'il y ait égalité entr'elles. Il suffira d'appliquer alors P_5, parallèlement à sa direction N n_4, à une telle distance de M, que son moment fasse justement les deux sommes égales.

On trouvera enfin cette distance, en divisant les sommes des momens autour de M, par la force P_5 précédemment déterminée.

La méthode la plus facile de déterminer la ligne suivant laquelle P_5 doit être appliquée, sera de mener par M une ligne M m_5 égale en longueur à la distance précédemment trouvée, et perpendiculaire à la direction N n_4. Une ligne P_5 p_5 perpendiculaire à son extrémité sera celle suivant laquelle la force devra être appliquée.

40. Si un nombre quelconque de forces est en équilibre, *une force égale et opposée à l'une quelconque d'elles est la résultante de tout le reste.* Car si l'on ôte tout le reste, pour lui substituer cette seule force, l'équilibre sera maintenu évidemment, puisqu'elle détruira la force qui se trouverait alors lui être uniquement opposée. Il résultera donc de l'action de cette seule force, le même effet qui résultait de toutes celles qu'on a ôtées ; donc elle est leur résultante. Ainsi, en déterminant, dans l'article précédent, la force nécessaire pour produire l'équilibre entre plusieurs forces, nous avons déterminé leur résultante, car nous savons que cette résultante sera une force égale et opposée.

41. Une des conditions d'équilibre peut s'obtenir sans l'autre entre plusieurs forces. Ainsi l'égalité des momens peut avoir lieu entre plusieurs forces, mais ces forces ne pas être

telles qu'appliquées en un point, elles maintiennent ce point en repos (art. 38).

Dans ce cas, on peut trouver la valeur de la force P₅ nécessaire pour produire équilibre dans le système, comme précédemment, et aussi la ligne N n₂ parallèle à sa direction. Or, pour produire l'équilibre, cette force doit être placée dans le système, de manière à ne pas détruire l'égalité des momens qui existe ; elle doit donc ne pas avoir de moment autour de M ; car si elle en avait un, il faudrait accroître la somme des momens qui sollicitent le système d'un ou d'autre côté. La perpendiculaire de M sur la direction de cette force doit donc être égale à zéro, c'est-à-dire que sa direction doit passer par M : la direction de la résultante est opposée à celle de cette force.

42. *La résultante d'un nombre quelconque de forces, dont les sommes des momens autour d'un point donné sont égales, passe par ce point.*

43. Supposons l'une quelconque des forces d'un système en équilibre représentée en grandeur et en direction par la ligne Pp (*fig.* 21), contenant autant d'unités de longueur qu'il y en a de poids dans cette force, et menons des points P et p des droites vers M, formant le triangle PpM. On sait, par une proposition bien connue de géométrie, que deux fois l'aire de ce triangle est égale au produit du nombre des unités de la base Pp, par le nombre de celles de la perpendiculaire Mm. Mais ce produit est le moment de la force, donc ce moment est égal à deux fois l'aire du triangle.

Dès-lors, si nous prenons comme ci-dessus une série de lignes P₁p₁, P₂p₂, P₃, p₃, etc., etc. (*fig.* 22), pour représenter les forces du système, et que nous joignions leurs extrémités avec le point M ; les aires des triangles ainsi formés étant doublées, seront respectivement égales aux momens de ces forces ; et puisque les sommes des momens, par rapport aux forces agissant dans des directions opposées, sont égales, les sommes des aires des triangles étant doublées, seront égales ; et par conséquent les moitiés de ces sommes, ou les aires elles-mêmes des triangles, seront égales (1).

(1) Si donc les forces, dans la figure, sont en équilibre, leurs directions étant représentées par celle des flèches, les aires des triangles P₂ M p₃ et P₄ M p seront égales, ajoutées ensemble, à celles des triangles P₁ M p₁ et P₅ M p₅.

44. On formule ainsi cette importante loi : *si l'on représente un nombre quelconque de forces, agissant dans le même
plan et étant en équilibre, par des lignes, et qu'on joigne les
extrémités de toutes ces lignes avec un point quelconque dans
le plan, la somme des aires des triangles ainsi formés, qui ont
pour bases les forces tendant à faire tourner le système dans
un sens, seront égales à la somme de celles ayant pour bases
les forces tendant à le faire tourner dans l'autre sens.*

45. Si toutes les forces agissant sur le système sont *parallèles* l'une à l'autre, la perpendiculaire à l'une d'elles, en les
prolongeant suffisamment, sera perpendiculaire à toutes les
autres. Le moment de chaque force est donc (*fig.* 25) sa distance du point M mesurée sur cette perpendiculaire, multipliée par le nombre de ses unités de force. Pour qu'il y ait
équilibre, la somme de ces momens, pour les forces tendant
à faire tourner le système dans un sens autour de M, doit être
égale à la somme des momens des forces tendant à faire tourner le système dans l'autre sens.

46. De plus, les forces elles-mêmes doivent être telles,
qu'étant appliquées parallèlement à leurs directions en un seul
point, elles maintiennent ce point en repos. Mais, ainsi appliquées, elles agissent évidemment toutes suivant une même ligne
droite. Or, les forces agissant suivant une même ligne droite,
ne peuvent être en équilibre, à moins que la somme de celles
agissant dans un sens ne soit égale à celle des forces agissant
dans le sens opposé. Donc, dans le cas de forces parallèles,
la condition pour qu'elles maintiennent le point en repos se
réduit à ceci : *que la somme de celles tendant à faire tourner
le système dans un sens, soit égale à la somme de celles tendant à le faire tourner dans l'autre sens* (1).

Ainsi les forces P_1, P_2, P_3, P_4, étant respectivement 1 kil.,
2^k, 3^k, 4^k, et les perpendiculaires $M m_1$, $M m_2$, $M m_3$, $M m_4$
étant respectivement 1, 2, 3, 4 centimètres; la force P_5 nécessaire pour les maintenir en équilibre devra être égale à la

---

(1) Ainsi, dans la figure, les forces et les directions doivent être telles que $P_1 + P_2 + P_3 = P_4 + P_5$; et que
$P_1 \times M m_1 + P_2 \times M m_2 + P_3 \times M m_3 = P_4 \times M
m_4 + P_5 \times M m_5$. Ces conditions sont nécessaires et suffi-
santes.

somme de 1^k, 2^k, 5^k, diminuée de 4^k; c'est-à-dire 6^k moins 4^k, ou 2^k; et elle doit être appliquée parallèlement à la direction du reste, à une distance de M, telle qu'étant multipliée par 2, elle donne un produit égal à la différence

$$(6 \times 1 + 5 + 2 + 2 \times 5) - (1 \times 4); \text{ ou } 18.$$

Or, puisque le produit de 2 par la distance $M m_{,}$ doit être 18, il est évident que cette distance sera 9.

CHAPITRE IV.

47. *Equilibre des forces parallèles.* — **49.** *Si elles conservent toujours leur* PARALLÉLISME *dans toutes les positions du corps auquel elles sont appliquées, leur résultante passe toujours par le* MÊME POINT *du système.* — **51.** *Centre de gravité.* — **54.** *Méthode expérimentale pour le déterminer.* — **55. 57.** *Exemples de centres de gravité.*

47. Tâchons de trouver maintenant *la quantité et la direction de la résultante d'un nombre quelconque de forces agissant dans des directions parallèles l'une à l'autre, mais non dans le même plan.*

Il faut observer d'abord que deux lignes parallèles étant nécessairement dans le même plan, les directions de deux forces parallèles quelconques du système seront essentiellement ainsi.

48. Trouvons, avant tout, la résultante de deux forces parallèles ; puis considérant cette résultante comme remplaçant les deux premières, trouvons la nouvelle résultante avec une troisième force ; ensuite nous aurons de même une résultante avec une quatrième force, et ainsi de suite. Nous arriverons donc à déterminer, par ce moyen, la direction et la valeur de la résultante générale des forces du système.

49. Il est évident que la valeur de cette résultante générale est la somme des forces composantes, dans le cas où toutes les composantes tendent à faire mouvoir le corps dans le même sens (art. 46). Car la résultante des deux premières est leur somme, et la nouvelle résultante avec la troisième force est aussi *leur* somme, c'est-à-dire celle des trois premières forces; la résultante avec la quatrième force est encore la somme des quatre premières forces, et ainsi de suite; en sorte que la résultante définitive est la somme de toutes les composantes.

50. Si quelques-unes des composantes tendent à faire mouvoir le corps dans un sens opposé à celui de l'impulsion des autres, on les retranchera de la somme totale, et l'on aura de même leur résultante définitive.

51. *Si un corps est sollicité par un nombre quelconque de forces parallèles, de manière à ce que sa position venant à changer, ces forces continuent à agir sur les mêmes points, toujours parallèlement à leurs premières directions; il y aura alors un point dans ce corps, par lequel passera constamment la résultante de toutes les forces, dans quelque position que se trouve le corps.*

En effet, soient P, P' (*fig.* 24) les points d'application de deux de ces forces; joignons P P', et divisons-la en G, de telle sorte que les produits des forces P et P', par les lignes G P et G P' soient respectivement égaux; alors les produits de ces forces par les lignes G M et G M' menées perpendiculairement sur leurs directions, seront égaux aussi. Car c'est un principe élémentaire de géométrie, que, puisque les triangles G M P et G M' P' sont semblables, quelque partie de G P que soit G M, G M' sera la même partie de G P'. Donc quelque partie du produit G P par P que soit le produit G M par P, le produit G M' par P' le sera de G P' par P'. Or les produits de G P par P et de G P' par P' sont égaux; les produits de G M par P et de G M' par P' sont donc égaux aussi; c'est-à-dire que leurs momens autour de G sont égaux. La résultante de P et P' passe donc par le point G (art. 42). Cela est vrai d'ailleurs, quelle que soit la position de la ligne P P' par rapport aux directions des forces P et P'. Ainsi, quelque position que puisse prendre cette ligne, dans le mouvement du corps, par rapport à ces forces, leur résultante passera toujours par le même point G dans ce corps.

Or, ayant trouvé un point par lequel passe *toujours* la résultante des deux premières forces, joignons ce point et le point d'application d'une troisième force. La résultante des deux premières forces étant supposée remplacer ces forces, on trouvera le point par lequel passera toujours la nouvelle résultante, de la même manière; en sorte qu'en continuant ainsi, on arrivera à trouver le point par lequel la résultante de toutes les forces du système passe *toujours*.

52. Maintenant les forces qui, de toutes les parties d'un corps, tendent à descendre vers le centre de la terre, peuvent être considérées comme *parallèles*, puisqu'elles convergent vers un point, le centre de la terre, dont la distance est infinie par rapport aux distances qui séparent les différentes parties du corps lui-même. Dès-lors un pareil corps peut toujours être considéré comme sollicité par un système de forces parallèles dont on peut trouver la résultante; et ces forces, dans toutes les positions du corps, agissent sur les mêmes points, dans des directions parallèles à leur première direction; il y a donc, dans ce corps, un point par lequel passe toujours la résultante, dans quelque position qu'on mette le corps. Ce point s'appelle *le centre de gravité du corps*.

Ainsi le centre de gravité d'un corps est *un point par lequel passe toujours, dans chaque position du corps, la résultante des poids de ses élémens*. Si la totalité de ces poids pouvait être retirée des diverses parties de la masse conservant son volume et sa solidité, et concentrée en ce point, les mêmes effets seraient constamment produits dans toutes les circonstances.

53. Quoique le procédé indiqué dans l'art. 51 soit suffisant pour nous assurer de l'existence, dans tous les corps, d'un point possédant les propriétés du centre de gravité, il ne nous met pas cependant à même de déterminer la *position effective* de ce point. Evidemment par la raison que les points d'application de la gravité de la masse étant infinis en nombre et infiniment près l'un de l'autre, ce procédé ne pourrait nous conduire au résultat qu'en le répétant à l'infini, et encore les lignes qu'il suppose n'auraient-elles pas de longueurs appréciables. La position du centre de gravité d'un corps peut d'ailleurs toujours être déterminée par le calcul intégral; mais dans un grand nombre de cas, sa position peut être trouvée d'une manière beaucoup plus facile, ainsi que nous l'allons voir; et la méthode *expérimentale* suivante est applicable à tous.

54. Soit **A P** (*fig.* 25) une cordelle suspendant un corps, et soit **P M** la direction que prendrait le fil à plomb aban-

donné librement à partir du même point de suspension. Les seules forces qui sollicitent le corps sont les poids des différentes parties du corps et la tension de la cordelle dans la direction P A. Les poids peuvent être remplacés par leur résultante, et le corps ne sera plus dès-lors soumis qu'à l'action de deux forces, savoir : la résultante des poids des différentes parties de la masse, et la tension de la cordelle. Puisque le corps reste en équilibre, ces forces sont en ligne droite, mais en directions opposées; la résultante des poids des diverses parties du corps agit donc suivant la direction de la ligne P M. Mais elle passe toujours par le centre de gravité; le centre de gravité est donc dans la ligne P M. Ayant marqué cette direction P p (*fig.* 26), suspendons le corps par un autre point Q. On trouvera de même que le centre de gravité est dans la ligne Q M; il est donc à la fois dans les lignes Q q et P p. Ces lignes se coupent donc, et le centre de gravité est à leur intersection G.

55. Un corps placé sur un plan horizontal, tombera toujours à moins que son centre de gravité ne soit sur cette base. En effet, les forces qui sollicitent le corps à tomber étant équivalentes à une seule force verticale, agissant en ce point, ne peuvent être détruites que par la résistance que le plan leur oppose dans une direction opposée à cette force, ce qui ne peut évidemment avoir lieu, à moins que sa direction ne passe pas la base du corps.

Si donc G est le centre de gravité des masses représentées dans les *fig.* 27 et 28; la résultante des forces agissant sur la masse est équivalente à une simple force agissant dans la direction verticale G g, et ne peut être détruite par la résistance du plan A B, à moins que cette simple force ne soit tenue en équilibre; c'est-à-dire à moins que le plan n'oppose une résistance égale dans une direction opposée à G g. Mais cela ne peut évidemment avoir lieu, à moins que G g ne passe par A B. Dans la *fig.* 27 le corps restera donc en repos, mais dans la *fig.* 28 il tombera.

Si l'on a égard au centre de gravité, on pourra construire des bâtimens solidement, quoique leurs murs s'écartent beaucoup de la verticale. La tour de Pise (*fig.* 29), nommée la tour penchée, s'incline assez loin de la verticale pour faire craindre aux étrangers qu'elle ne vienne à tomber. Mais la verticale qui passe par son centre de gravité n'est pas hors de sa base, en sorte que la tour est solide (1).

56. Il n'est pas nécessaire à l'équilibre d'un corps solide, posant sur un plan horizontal, que la verticale passant par son centre de gravité coupe ce plan en un point qui soit en contact avec le corps. Tout ce qu'il faut, c'est que la direction de cette verticale soit telle que les pressions sur les divers points des surfaces en contact *puissent* avoir pour leur résultante une force en direction opposée à cette ligne. Or cela devient évidemment possible, quand diverses parties du corps sont en contact avec le plan, et que la verticale qui part du centre de gravité passe entre les points de contact. Ainsi, dans la *fig.* 30, il y a équilibre si G g passe entre les surfaces de contact A et B ; dans la *fig.* 31, si c'est entre les trois points A, B, C.

Généralement, si l'on mène des lignes joignant les points extrêmes de contact du corps avec le plan sur lequel il repose, l'aire que renferme ces lignes est strictement la base du corps, et il y aura équilibre toutes les fois que la verticale qui part du centre de gravité, coupera le plan en un point quelconque, dans cette aire.

57. Le corps humain repose sur une base dont les limites sont les lignes extérieures des plantes des pieds et les lignes qui joignent d'une part les talons, et de l'autre les pointes (*fig.* 32) ; tout changement dans sa position est régi par cette loi, que son centre de gravité ne dévie jamais des limites de cette étroite base. Le mouvement de chacune des parties du corps est ainsi toujours accompagné du mouvement de quelqu'autre partie en direction opposée, en sorte que chaque action de chaque partie exige une attitude convenable de l'ensemble.

Dans le choix étonnant des attitudes par lesquelles nous répartissons ainsi convenablement le poids de tout le corps par rapport à sa base, nous ne pouvons dire cependant qu'il y ait quelqu'adresse, car cela se fait instinctivement sans qu'on y

(1) Les dimensions de cette tour diminuent à mesure qu'elle s'élève, et ses murs ont bien moins d'épaisseur par haut que par bas. Ces deux causes tendent à ramener le centre de gravité bien au-dessous du milieu de la tour, et à faire dès-lors passer la verticale qui part du centre de gravité, bien en dedans de sa base.

pense. La pose et les mouvemens gracieux dépendent du moindre déplacement possible du corps dans chaque attitude ; et c'est dans la connaissance des attitudes les plus convenables à chaque espèce d'action, que consiste l'habileté du peintre et du statuaire. Dans la belle statue de Mercure (*fig.* 33) le dieu s'élance de terre ; son corps et l'un de ses bras sont en avant, portant le centre de gravité hors de la verticale qui passe à l'extrémité du pied sur lequel repose la figure. Pour l'y ramener, le sculpteur a placé l'autre bras et l'autre jambe en arrière, donnant ainsi à la statue une stabilité que le corps humain a lui-même dans diverses circonstances.

58. L'homme qui porte un fardeau répartit sa position et l'attitude de son corps, de manière que la résultante du poids passe toujours par la base sur laquelle il se porte lui-même. Ainsi le porteur de la *fig.* 54, qui a un paquet sur le dos, s'incline en avant pour que le centre commun de gravité *g* de son corps et de son fardeau passe dans l'aire tracée par ses pieds. Ce point *g* se trouve dans la ligne qui joint les centres de gravité G et H du corps de l'homme et de son fardeau ; la position de ce point est telle que G *g* multiplié par le poids du corps est égal à H *g* multiplié par celui du fardeau.

S'il se tient parfaitement droit (*fig.* 55), il est clair que, quoique le poids du fardeau ne porte que sur une petite portion de son corps, la verticale *g* viendra couper la terre en deçà de ses talons, et que l'homme tombera en arrière.

Tous ceux qui portent des fardeaux savent cela par expérience, et en prenant leur charge sur leurs épaules ils ont soin de se baisser en avant, afin d'amener la résultante du poids de la charge et du corps dans les limites voulues. Si le fardeau peut se répartir de manière à changer sa forme extérieure, la forme qu'ils choisissent est la plus plate possible, ce qui rapproche d'autant son centre de gravité de la verticale qui passe par le centre de gravité du corps du porteur et produit l'équilibre avec la moindre inclinaison.

Un fardeau porté par-devant force, au contraire, à rejeter le corps en arrière. Ainsi l'éventaire d'une marchande (*fig.* 56), quand il est d'un poids considérable, place le point *g* si fort en avant que sa verticale viendrait au-delà des pieds et entraînerait une chute si la femme n'avait soin de rejeter sa tête et ses épaules en arrière.

Quand elle s'arrête pour mettre à terre son fardeau (*fig.* 57), cette position détermine sa tête et ses épaules en avant, et pour compenser ce désavantage elle courbe le reste du corps bien en arrière de la ligne des talons, et d'autant plus en arrière que le poids est plus lourd. Encore la ligne de gravité est-elle nécessairement beaucoup plus en avant que dans toutes les poses droites du corps, et conséquemment c'est la position où le corps est le plus sujet à tomber. C'est pour des raisons analogues que certaines personnes inclinent le plus possible en arrière la partie supérieure du corps. L'homme au gros ventre (*fig.* 58) est dans ce cas, ainsi que la femme portant un enfant (*fig.* 40), et qui ramène le centre commun de gravité d'elle et de l'enfant entre ses pieds. L'homme qui porte un panier d'une main (*fig.* 59) penche son corps de l'autre côté. La nourrice (*fig.* 41) qui porte deux enfans se tient droite; il en est de même du porteur d'eau (*fig.* 42), qui a ses deux seaux dans chaque main, et de l'enfant (*fig.* 43) qui a ses bras également pendans.

59. Quand un homme se tient droit, la verticale passant par son centre de gravité tombe au milieu entre ses pieds. Lors donc qu'il en lève un, cette ligne arriverait en dehors de l'aire tracée par l'autre pied et il tomberait; mais il a soin, en levant le pied, de pencher le corps en sens inverse et il conserve ainsi le centre de gravité sur la base étroite qui lui reste, ne posant que sur un pied. En marchant, l'homme se porte alternativement d'un pied sur l'autre, et conséquemment il meut sans cesse la partie supérieure du corps d'un et d'autre côté.

60. *Le centre de gravité d'une droite d'épaisseur égale, une baguette de métal par exemple, est dans son point milieu.* Supposons, en effet (*fig.* 44), la baguette A B divisée en deux parties égales au point G, et soient g, g' les centres de gravité respectifs de ses deux parties. Puisque G A et G B sont deux parties égales et semblables en tout, il est clair que leurs centres de gravité g et g' seront semblablement placés; en sorte que si l'on renversait G B sur G A, il y aurait coïncidence parfaite, g tombant sur g'. G g est donc égal à G g'. Or les résultantes des forces agissant sur G A et G B passent toujours par g et par g' (art. 52) et sont toujours égales l'une à l'autre; *leur* résultante doit donc toujours passer par le point G milieu entre g et g' (art. 42). Cette résultante est celle de

toutes les forces agissant sur la droite A B. Puisque la résultante du poids des différentes parties d'une droite passe
toujours par son milieu, une droite sera toujours en équilibre quand elle sera suspendue par son point milieu.

61. *Toute figure géométrique qui est symétrique par rapport à une certaine ligne, a son centre de gravité sur cette
ligne.*

Supposons d'abord que la figure soit dans un même plan,
et représentons-la (*fig.* 45) par A D B C symétrique autour
de A B, en sorte que les parties A D B et A B C sont égales
et semblables en tout. Soient *g* et *g'* les centres de gravité de
ces parties. Alors si l'on renverse A D B sur A C B, il y aura
coïncidence parfaite, et le centre de gravité *g* tombera sur le
centre de gravité *g'*; donc en joignant *g g'* qui coupe A B en
G, G *g* et G *g'* sont égales. Or les forces agissant en *g* et *g'*
sont égales aussi, puisque ce sont les poids des deux figures
égales A D B et A C B. Leur résultante passe donc toujours
par G (art. 42) qui est un point de A B; c'est-à-dire que
leur centre de gravité est sur A B.

62. Si la figure a deux lignes de symétrie, son centre de
gravité devant se trouver à la fois sur chacune de ces lignes,
se trouvera à leur point d'intersection qui est le seul point
commun aux deux lignes.

Ainsi un parallélogramme étant symétrique autour de ses
diagonales, a pour centre de gravité l'intersection de ces diagonales.

63. On dit qu'une figure est symétrique autour d'un point,
quand elle l'est autour de toutes les lignes qui passent par ce
point. Ce point alors est évidemment le centre de gravité de
la figure.

Ainsi un cercle et une ellipse étant symétriques autour
de leurs centres, ont leurs centres de gravité en ces points.
Par cette même raison, une roue supportée par un axe qui
passe par son centre, reste en équilibre pendant qu'elle tourne.

64. Si l'on suspend un corps par l'une des extrémités de
sa ligne de symétrie, il ne restera pas en équilibre tant que
cette ligne ne sera pas dans la verticale G (*fig.* 46). En effet,
le centre de gravité est dans cette ligne, et l'on a vu qu'un
corps suspendu ne peut rester en équilibre, à moins que son
centre de gravité ne soit dans la verticale passant par le point
de suspension.

Les cadres des tableaux sont ordinairement de forme rectangulaire (*fig.* 47); or un rectangle est symétrique par rapport aux deux lignes qui joignent les points milieux des côtés opposés. Si donc il est suspendu pour le point milieu d'un de ses côtés, il restera dans la verticale, et ses deux côtés parallèles à cette ligne seront verticaux aussi.

65. Une surface courbe, ou un solide, sont dits symétriques autour d'une certaine ligne qu'on appelle axe ; coupés par un plan perpendiculaire à cet axe, la section est symétrique et son centre de symétrie est sur cet axe. Si donc on coupe une surface courbe ou un solide par une série de plans très-près les uns des autres, les centres de gravité de ces minces sections ou anneaux, entre chacun de leurs deux plans adjoints, sont dans l'axe de symétrie; et la surface ou le solide se composant entièrement de ces sections, le centre de gravité du tout est sur l'axe. Si, par conséquent, un solide a deux axes de symétrie, comme le centre de gravité doit se trouver à la fois sur chacun, il se trouvera à leur intersection. Ainsi la figure 48 qui est renfermée par six plans parallèles et opposés deux à deux, et qui est symétrique autour d'une ligne joignant deux quelconques des angles opposés, a son centre de gravité G à l'intersection de deux de ces lignes, et si on la suspend, ce point se trouvera immédiatement au-dessous de son point de suspension.

Une sphère est symétrique autour de son centre qui, par conséquent, est son centre de gravité. Un cylindre (*fig.* 49) est symétrique autour de son axe et autour d'une ligne qui coupe son axe perpendiculairement. Ce point d'intersection, milieu de l'axe, est dans son centre de gravité.

66. Nous allons nous occuper maintenant des positions des centres de gravité de certains corps qui ne sont pas symétriques autour d'un point.

Pour trouver le centre de gravité commun à deux lignes A B et A' B' (*fig.* 50), divisons-les en deux parties égales aux points G' et G''. Ces points sont les centres de gravité respectifs de ces lignes, et les résultantes des forces qui agissent sur ces lignes passent toujours par ces points. Ces résultantes sont les poids des lignes A B et A' B'. Joignons G'G'' et prenons dessus un point G, tel que G G' multipliant le poids de A B soit égal à G G'' multipliant le poids de A'B'. Alors la résultante des forces agissant en G' et G'', qui est la résultante de toutes les forces du système, passera toujours par ce point G (art. 42 et 51), quelque position que prenne le système dont G est par conséquent le centre de gravité.

67. *Trouver le centre de gravité de trois lignes formant un triangle.*

Prenons (*fig.* 51) la demi-somme des poids A C et B C, la demi-somme de ceux A B et B C, et trouvons sur B C un point G' tel que la première somme multipliée par G'C soit égale à la seconde multipliée par G'B. Trouvons, par un procédé semblable, un second point analogue G'' sur A B. Joignons A G', G G'', et le point G sera le centre de gravité du tout.

En effet les lignes ont les mêmes centres de gravité que si tous leurs poids étaient divisés, chacun en deux parties égales, et rassemblés à leurs extrémités. Supposons-les ainsi rassemblés en A, B, C, le centre de gravité des poids rassemblés en B et C sera en G'. Donc le centre de gravité de *tous* les poids rassemblés en A, B, C, sera sur la ligne qui joint A et G'. De même le centre de gravité de tous les poids sera sur la ligne C G''. Or, puisqu'il doit se trouver à la fois sur ces deux lignes, il sera à leur intersection G.

68. *Trouver le centre de gravité d'un plateau mince, ou plaque, en forme de triangle.*

Soit A B C (*fig.* 52) cette plaque triangulaire. Divisons le côté B C en deux parties égales au point M et joignons A M. Supposons le triangle divisé par des lignes parallèles à B C et extrêmement près l'une de l'autre. Soit P Q la portion comprise entre deux de ces parallèles. Le centre de gravité de P Q est en son point milieu *q*. Or le point *q* de la section P Q, et de chaque autre section semblable, est sur la ligne A M. Donc chacune de ces sections a son centre de gravité sur A M.

En divisant A B en deux parties égales au point N et joignant C N, on trouvera de même que le centre de gravité de la plaque triangulaire doit être sur C N. Il est donc au point G intersection de A M et C N.

69. *Pour trouver le centre de gravité d'une pyramide* A B C D (*fig.* 53), coupons-la par des plans P Q R parallèles à la base B C D et très-près les uns des autres. Prenons G' centre de gravité de cette base et joignons A G'. Cette droite coupera toutes les sections de la pyramide en des points sembla-

blement situés dans chacune, et passera par le centre de gravité de la section adjacente à B C D, comme par celui de toutes les autres sections; le centre de gravité de chaque plaque triangulaire entre deux sections sera donc sur cette ligne. Or toute la pyramide se compose de ces plaques; donc le centre de gravité de toute la pyramide sera sur A G'. De même si l'on prend le centre de gravité G'' de la face A B C et qu'on joigne D G'', le centre de gravité de toute la pyramide sera sur cette ligne. Il est donc en G intersection de D G'' et A G', A G étant égal aux trois quarts de A G'.

CHAPITRE V.

Résistance d'une surface non exclusivement suivant une direction perpendiculaire à cette surface. — Frottement. — Angle limite de résistance. — Exemples.

70. Nous supposerons maintenant que les parties d'un corps solide sont si fermement cohérentes qu'elles ne peuvent se séparer par l'action d'aucune force qu'on fasse presser sur elles. Nous verrons ailleurs les limites dans lesquelles cette hypothèse devient une vérité. La question que nous allons traiter a rapport à la direction suivant laquelle la surface d'un corps peut être pressée par un autre, de manière à ne pas glisser dessus.

71. Supposons (*fig.* 54) une masse A pressant sur une autre masse B, par une force P agissant suivant une direction *perpendiculaire* à la surface commune des deux corps. Soit Q une seconde force agissant dans une direction *parallèle* à cette surface. Les forces P et Q agissant suivant des directions perpendiculaires l'une à l'autre, ne peuvent évidemment pas se faire équilibre l'une à l'autre, et on s'attend que le corps se mouvra dans la direction de cette dernière force. Il peut d'ailleurs n'en être pas ainsi ; car aussi long-temps que la force Q n'excède pas une certaine limite, il ne s'ensuit aucun mouvement. Il se produit donc dans le système quelque

nouvelle force faisant équilibre à Q, et c'est cette force qu'on appelle frottement. Il agit toujours suivant une direction parallèle aux surfaces en contact, et *il est toujours, pour des surfaces de même nature, la même fraction ou partie de la force P qui presse ces deux surfaces*, quelle qu'en soit la valeur, ou quelle que soit l'étendue des surfaces en contact.

Cette fraction se nomme le coefficient du frottement. Elle est la même pour les mêmes surfaces, de quelqu'étendue que soient les surfaces ou la force qui les presse l'une contre l'autre; elle est différente pour des surfaces différentes.

Ainsi, quand les deux surfaces sont de bronze, le coefficient du frottement est représenté par la fraction $1/5,7$; tandis que si l'une des deux surfaces est de bronze et l'autre d'acier, il est de $1/7,2$.

72. Supposons maintenant (*fig.* 55) que la force P, au lieu d'avoir sa direction perpendiculaire aux surfaces en contact, ait été imprimée obliquement. Menons par le point M où la direction de P rencontre ces surfaces, la perpendiculaire M P', et complétons le parallélogramme P Q M P', en menant P P' perpendiculaire à M P'. La force P étant alors représentée par la ligne P M est équivalente aux deux autres représentées par P' M et Q M. La première P' M est celle qui presse les surfaces l'une contre l'autre ; leur frottement l'une sur l'autre sera donc une certaine fraction de cette force P' M. Par conséquent, si l'autre force Q M tendant à faire mouvoir les surfaces l'une sur l'autre, n'excède pas cette fraction de P' M ; ou, en d'autres termes, si Q M n'est pas une fraction plus grande que le frottement l'est de P' M ; ou bien si cette fraction que Q M est de P' M n'excède pas le coefficient de frottement, il n'y aura pas mouvement ; et la force P, quelque grande qu'elle soit, sera détruite par la résistance des surfaces.

Or, plus la direction de P M approche de P' M. plus Q M ou son égal P P' est une moindre fraction de P' M. En sorte que si l'on mène une ligne, faisant avec P' M un angle tel que la fraction de P M que sera P P' soit justement égale au coefficient du frottement, on saura que pour toute direction plus près de P' M, elle sera moindre que ce coefficient, et que dès-lors une force appliquée suivant une direction quelconque en dedans de cet angle, sera détruite par la résistance des surfaces.

Cet angle peut s'appeler l'angle limite de résistance. Il dépend du coefficient du frottement, ayant sa tangente égale à celle de ce coefficient. Il est donc le même pour les surfaces de même nature, quelle que soit la quantité de la force P; mais il est différent pour des surfaces différentes.

73. Il suit de là qu'une force imprimée sur la surface d'un corps solide, en repos, par l'intervention d'un autre corps solide, sera détruite, quelle que soit sa direction, pourvu seulement que l'angle que cette direction fait avec la perpendiculaire à la surface n'excède pas un certain angle, appelé l'angle limite de résistance à cette surface. Cela reste vrai, quelle que soit *la grandeur* de la force. Si d'ailleurs la direction de la force vient en dehors de cet angle, elle ne peut être détruite par la résistance des surfaces; et cela est vrai, quelle que soit la petitesse de la force.

Dans les ouvrages de mécanique, la direction suivant laquelle s'exerce la résistance d'une surface, s'établit ordinairement par la perpendiculaire au point de contact. C'est une savante abstraction, primitivement introduite pour simplifier les conditions d'équilibre, et diminuer les difficultés des théories de la statique. Il est plus que douteux, dans l'état actuel de la science, qu'il y ait encore des raisons de maintenir une hypothèse directement opposée aux faits en réalité. Les données étant fausses, les résultats, en définitive, se trouvent contraires à l'expérience; et toutes les propositions basées sur cette hypothèse sont soumises à des *corrections* pour frottement.

Après tout, s'il peut exister des surfaces assez parfaitement polies pour que, libres de tout frottement, elles ne détruisent que les forces qui leur sont perpendiculaires; la nature ne présente ordinairement que des corps sujets à frottement, de manière à détruire toutes les forces incidentes suivant un angle moindre avec la perpendiculaire, que l'angle limite de leur résistance. Conséquemment, dans ce traité, nous considérerons la résistance d'une surface comme s'exerçant également en toute direction en dedans de cet angle.

74. En marchant, le poids du corps est porté à chaque pas dans l'enfourchure des jambes, et leur tendance à se séparer est combattue par le frottement des pieds sur le sol. Tant que l'inclinaison des jambes n'excède pas l'angle limite de résistance, les pieds ne glissent pas, quel que soit le poids

de la masse qu'ils supportent, ou la force musculaire qui les fixe sur le sol. La plupart des substances qui forment la surface sont, de leur nature, rudes et dépolies, ayant un grand angle limite de résistance. Tant que le sol sur lequel on chemine est en plan horizontal, on peut incliner ses jambes suivant un angle considérable à partir de leur position naturelle, sans aucun danger de glisser, ainsi qu'on peut s'en assurer facilement en courant ou en sautant. Mais si le sol est incliné de manière que la direction suivant laquelle le poids du corps est soutenu par les jambes, soit déjà inclinée à la surface, la moindre inclinaison des jambes est suffisante pour amener la direction de pression en dehors de l'angle limite de résistance, et faire glisser le corps.

Dans le cas où l'angle limite de résistance est petit, une faible inclinaison suffit pour amener une chute. Ainsi les pieds d'un homme glissent sous lui facilement quand il marche sur la glace, parce que l'angle limite de résistance entre la glace et le cuir de la semelle des souliers est petit ; il faut donc faire de petits pas et les incliner sous le moindre angle possible. Par la même raison, on glisse plus facilement encore avec des souliers ferrés.

75. Quand le pied est supporté par une mince plaque de fer, comme celle d'un patin, la portion de la surface de la glace qui supporte la pression étant excessivement petite, cède, et le fer s'enfonce dedans. Le mouvement de côté est alors empêché par le bord de côté de la glace dont la raie s'étend en longueur, tandis que le bord en avant n'a qu'une largeur égale à l'épaisseur de la lame du patin. Le pied glisse donc facilement dans la direction en avant, et il y a peu de danger d'un écart latéral.

76. La force musculaire qu'un homme déploie en marchant, est la même, à chaque pas, détruite entièrement par la résistance de la terre quand un pied touche le sol, et reproduite quand l'autre pied est levé ; une portion s'exerce en direction verticale, l'autre horizontalement, et la première est toute détruite par la résistance du sol.

77. Il est à peine quelque chose qui produirait un plus grand inconvénient pour nous que la perte de ce frottement, dont nous nous plaignons tant quand nous trouvons qu'il nous dérobe la force que nous employons dans les arts. Cependant s'il n'existait pas, en tout et partout, pour détruire

les forces que nous produisons continuellement en excès et celles qui se produisent autour de nous, par suite de leur effet, le monde serait à peine habitable.

S'il n'y avait pas de frottement, par exemple, il serait impossible à l'homme de se déplacer, sans l'aide de quelqu'obstable fixe qui lui donnerait les moyens de se pousser en avant. S'il n'y avait pas, dans le sol, quelque pouvoir horizontal de résistance pour détruire le mouvement en avant qu'il s'imprime à chaque pas, ce mouvement continuerait jusqu'à ce qu'un obstacle vînt à s'interposer pour le détruire; en sorte que la plus grande partie de son temps se passerait en oscillations entre des obstacles, naturels ou artificiels, que la surface de la terre opposerait à son mouvement. Cette oscillation d'ailleurs serait commune à tous les objets animés et inanimés autour de lui. Le moindre vent l'emporterait; la plus légère inclinaison de corps l'entraînerait à terre; chaque chose qui lui échapperait de la main, s'enfuirait, avec la force latérale qu'il ne pourrait manquer de lui communiquer en lâchant prise. S'il voulait s'asseoir, son siége glisserait sous lui, et quand il voudrait se coucher sur son lit, ce lit s'éloignerait. Suivant toute probabilité il abandonnerait la terre et habiterait sur les eaux comme sur un élément plus stable.

78. La Table suivante contient la liste des principales substances dont le frottement l'une sur l'autre a été déterminé avec la fraction constante de la pression que le frottement est pour chacune d'elles, et montre l'angle limite de résistance correspondant à cette fraction.

TABLE

Désignation des surfaces en contact.	Coefficient de frottement.	Angle limite de résistance	
Acier et glace	$\dfrac{1}{69,81}$	0°	49'
Glace et glace	$\dfrac{1}{7,75}$	1	55
Bois dur et bois dur	$\dfrac{1}{7,58}$	7	43
Bronze et fonte de fer	$\dfrac{1}{7,11}$	8	0
Bronze et acier	$\dfrac{1}{7,20}$	7	54
Acier doux et acier doux	$\dfrac{1}{6,85}$	8	18
Fer fondu et acier	$\dfrac{1}{6,62}$	8	56
Fer forgé et fer forgé	$\dfrac{1}{6,26}$	9	5
Fonte de fer et fonte de fer	$\dfrac{1}{6,12}$	9	17
Bronze dur et fonte de fer	$\dfrac{1}{6,00}$	9	27
Fonte de fer et fer forgé	$\dfrac{1}{5,87}$	9	40
Bronze et bronze	$\dfrac{1}{5,70}$	9	57
Étain et fonte de fer	$\dfrac{1}{5.59}$	10	8
Étain et fer forgé	$\dfrac{1}{5,55}$	10	15
Acier doux et fer forgé	$\dfrac{1}{5,28}$	10	43
Cuir et fer	$\dfrac{1}{4,00}$	14	2
Étain et étain	$\dfrac{1}{3,78}$	14	49
Granit et granit	$\dfrac{1}{3,30}$	16	52
Sapin jaune et sapin jaune	$\dfrac{1}{2,88}$	19	9
Grès et grès	$\dfrac{1}{2,75}$	19	59
Drap de laine et drap de laine	$\dfrac{1}{2,50}$	23	30

Nota. Cette table est calculée d'après les expériences de M. *Rennie*, sous la pression de 56 *pounds* (16 kil., 417.) à l'*inch* carré (929 cent. car., 006). Les coefficiens de frottement seraient un peu moindres pour de plus fortes pressions, et un peu plus grands pour de moindres pressions. Le rapport constant de la pression au frottement, quoique très-près de la vraie loi de résistance, ne semblerait pas dès-lors exprimer *correctement* cette loi.

CHAPITRE VI.

Plan incliné. — 79. *Equilibre d'une masse placée sur un plan incliné et qui n'est supportée par rien autre que la résistance du plan.* — 80. *Equilibre d'une masse supportée en partie par une autre force agissant suivant une direction quelconque.* — 81. *La meilleure direction de cette force pour qu'elle soit sur le point de donner du mouvement à la masse supérieure.* — 85. *Equilibre d'un cylindre sur un plan incliné,* — *indépendant du frottement.* — *La roue de voiture.*

79. Supposons (*fig* 56) qu'une masse pesante dont le centre de gravité est G, soit placée sur un plan incliné A B ; et qu'on demande de déterminer dans quelles circonstances cette masse sera juste au point de glisser en bas du plan.

Menons la verticale G M : toute la pression de la masse en bas peut être supposée agir dans la direction de cette ligne ; et cette pression se trouvera complètement détruite par la résistance de la surface du plan, quand l'angle G P Q, que G P fait avec P Q perpendiculaire à la surface du plan, est égal à l'angle limite de résistance (art. 75). Or il est aisé de voir que l'angle G P Q est égal à l'angle B A C. Une masse de substance quelconque sera donc supportée sur un plan incliné, sans glisser, quand l'inclinaison du plan est égale à l'angle limite de résistance des surfaces en contact.

80. Si la masse, outre la résistance de la surface du plan, est soutenue (*fig.* 57) par une force égale au poids **N**, et agissant dans la direction Q P ; on peut déterminer dans quelles circonstances elle restera en repos, en prolongeant **P Q** jusqu'à sa rencontre avec la verticale **G H**, passant par le centre de gravité en *a*, *a d* et *a b* étant pris pour représenter les poids **M** et **N**. Puis complétant le parallélogramme *a b c d*, de manière à ce qu'il ait *a d* pour diagonale, *a c* représentera la quantité et la direction de la force nécessaire pour supporter les deux autres en équilibre (art. 21). Si cette direction n'est pas inclinée sur **A C**, au-delà des limites de résistance, la force nécessaire sera fournie par la résistance même du plan, et le corps restera en repos. Si elle est au-delà de cette limite, la résistance du plan sera insuffisante pour suppléer la force nécessaire à soutenir les deux autres, et la masse descendra.

Si la direction de la force *a c* est vers le haut, la tendance de la masse sera pour glisser vers le haut du plan, au lieu d'en descendre : et pourvu que *a c* soit inclinée dans cette direction, juste à la limite de résistance, le mouvement sera *sur le point* d'avoir lieu.

81. Voyons maintenant dans quelle direction la force **N** doit agir, pour conserver l'équilibre dans ces circonstances, et n'être que la moindre force possible. Prenons *a d* (*fig.* 58) comme précédemment pour représenter le poids de la masse, et menons *a c* dans la direction limite de résistance en haut (art. 75). Par *d* menons *d b* parallèle à *a c*. Alors la ligne *a b* menée de *a* jusqu'à la rencontre de *d b*, représentera en quantité et en direction une force telle qu'elle maintiendra juste l'équilibre (art. 21) ; car menant *d c* parallèle à *a b*, cette force et la force *a d* auront pour résultante *a c*, qui se trouve dans la direction où elle est complètement détruite par la résistance.

Or, de toutes ces lignes qui peuvent être menées de *a* sur *b d*, celle qui lui sera perpendiculaire est la plus courte. Cette ligne est donc dans la direction de la moindre force et la représente en grandeur. C'est dans cette direction qu'une force donnée, la force d'un cheval par exemple, s'exercerait avec le plus d'avantage pour tirer la masse en haut.

82. Il y a une autre condition nécessaire à l'équilibre, c'est-à-dire qu'il faut que la résultante des forces agissant sur la

masse passe par cette portion de sa surface K L qui est en contact avec le plan (art. 55). Elle serait évidemment sur le point de se renverser si *a c* prolongée passait en dehors des points K ou L.

83. Si le corps ne repose sur le plan que par un seul point, la résultante doit passer par ce point. Supposons que ce soit un cylindre (*fig.* 59) dont le centre soit G, et que la force N qui lui est appliquée soit précisément celle qui le maintient en équilibre. Alors, puisque deux des forces maintenant le corps en repos, savoir la force N et le poids de la masse elle-même du corps, passent par le point G, la résistance qui est égale à leur résultante, passe par le même point (art. 22). Mais cette résultante passe aussi par le point L; si donc l'on joint G L, elle agira suivant cette direction. Pour peu que la force N s'accrût, la résultante serait entraînée dans l'angle L G P; et si la masse était mobile autour de G, elle roulerait sur le plan. L G étant un rayon du cylindre, est essentiellement perpendiculaire au plan avec lequel il est *en contact* au point L. Dans ce cas particulier, sa résistance s'exerce donc dans une direction perpendiculaire à sa surface; en sorte que les conditions de l'équilibre ne sont pas affectées par le frottement des surfaces. Ainsi la roue d'une voiture, s'il n'y avait pas d'obstacle à sa marche et pas de frottement à son axe, pourrait *remonter* un plan incliné par le moyen de la moindre force, pourvu qu'elle fût un *peu plus grande* cependant que celle nécessaire à *la maintenir* sur ce plan.

84. Prenons G *a* pour représenter le poids de la masse, et menons *a c* parallèle à G P, et *c b* parallèle à *a* G. Alors G *b* représentera la grandeur de la force N nécessaire pour déterminer l'équilibre, sur la même échelle que G *a* représente le poids et G *c* la résistance.

85. Si G P (*fig.* 59) est parallèle à A C, *a* C coïncidra avec *a* L; et à raison de la similitude des triangles G *a* L et A C B, si, dans ce cas, l'on prend A C pour représenter le poids de la masse supportée, B C, à la même échelle, représentera le poids N nécessaire à la supporter, et A B la résistance.

85. Si G P (*fig.* 60) est parallèle à la base A B du plan incliné; B C étant pris pour représenter le poids de la masse G, A B représentera celui du poids N, à raison de la similitude des triangles G *a c* et A B C.

Dans le premier cas, divisant A C en autant d'unités de

longueur qu'il y a d'unités de poids dans G, il y aura autant
d'unités dans le poids G, qu'il y en aura dans B C; dans le
second cas, divisant B C en autant d'unités qu'il y en a dans
le poids G, la valeur de N sera déterminée par le nombre de
ces unités dans **A B**.

~~~~~~

CHAPITRE VII.

Plan incliné mobile. — 86. *Circonstances dans lesquelles il
est sur le point de glisser sur une masse qui est pressée
contre lui par des forces données.* — 87. *Le coin.* — 88.
Son angle ne doit pas excéder l'angle limite de résistance.
— 89. *Circonstances dans lesquelles le coin ne peut être
enlevé par aucune pression de la masse dans laquelle il est
enfoncé par son dos.* — 90. *Exemple de l'emploi du
coin.*

Nous supposerons maintenant mobile le plan incliné que
nous avons considéré comme fixe jusqu'ici. La force nécessaire pour le maintenir en repos est égale et opposée à la résistance qu'il supporte; c'est-à-dire qu'elle est égale à la force
ac (*fig.* 58) et suivant la direction S a.

86. Supposons que toutes les forces qui agissent sur une
masse M (*fig.* 61) ont pour leur résultante une force agissant
dans la direction P Q. Prolongeons P Q jusqu'en m, et prenons Q m pour représenter la force résultante. Une force représentée en quantité et en direction par m Q maintiendra
dès-lors le plan en repos. Menons Q n perpendiculaire à B C;
les forces représentées par m n et n Q sont alors équivalentes
à celles représentées par m Q. Donc elles maintiendraient le
plan en repos. Mais s'il repose par sa base A B sur un plan
horizontal, la force verticale m n sera détruite par la résistance de ce plan. Pour maintenir le plan incliné en repos,
tout ce qu'il faut dès-lors, en supposant le plan A B sans

frottement, c'est d'appliquer en *n*, derrière lui, une force *n n'*, représentée en grandeur et en direction par *n* Q.

L'angle que P Q fait avec la perpendiculaire Q R, à la surface du plan, sera toujours égal à l'angle limite de résistance, quelle que soit la force *n' n* appliquée derrière le plan, pourvu que la force P Q soit détruite par la résistance de quelque masse fixe dont M forme une partie, ou contre laquelle elle aboutisse ; et pourvu que la direction de *n* Q soit *dans* l'angle limite de frottement en Q. En effet il est évident que si la direction de *n* Q eût été *dans* la limite de l'angle de résistance, cette force eût été complètement détruite par la résistance de la masse M, en sorte que P Q et *n* Q eussent été dans la même ligne droite, et qu'aucune réaction du plan A B sur lequel pose le corps n'eût été nécessaire à l'équilibre ; mais si cette force *n* Q est *en dehors* de l'angle limite de résistance en Q, en sorte que la résistance de N soit insuffisante seule pour le soutenir, il ne faudra que la plus faible réaction du plan A B pour la rendre suffisante, ou pour produire avec *n* Q une résultante *m* Q, qui soit juste dans la limite indispensable.

Si la force *n' n* s'accroît assez pour que la force *m* Q devienne plus considérable que toute résistance que la masse M, ou celle dont elle fait partie, puisse fournir, l'équilibre sera détruit, et le plan se mouvra dans la direction *m* Q ; la réaction du plan A B cessera, et par l'action de la force *n* Q, dont la direction est supposée dans l'angle limite de résistance, et qui est la seule qui agisse maintenant sur lui, le plan glissera sur la surface de M, jusqu'à ce que sa base revienne de nouveau en contact avec le plan A B. Quand elle est employée de cette manière, l'action du plan est précisément semblable à celle du coin.

87. *Le coin.* Soient M et M' (*fig.* 62), les parties d'un solide pressé sur les faces d'un coin C A C', par des forces égales agissant dans des directions P Q et P' Q'. Prenons Q *m* et Q' *m'* pour représenter ces forces, et décomposons-les en *n m*, Q *n*, et *n' m'*, Q *n'*. Parmi ces composantes, *n m* et *n' m'* sont égales et agissent sur le coin en directions opposées. Elles se détruisent donc l'une par l'autre. Les forces Q *n* et Q' *n'* sont détruites par une force R, appliquée perpendiculairement sur le milieu du dos du coin et égale à leur somme. D'après l'article dernier, on voit que les directions de P Q et

P'Q' feront, dans ces circonstances, avec la perpendiculaire aux surfaces A C et A' C', des angles égaux aux angles limites de résistance ; de plus, que lorsque les forces m Q et m' Q' viennent à excéder les résistances en M et M', le coin glisse en avant, et produit une séparation nouvelle du solide dans lequel il entre.

88. Revenons au cas d'une masse amenée en contact avec la surface d'un plan incliné par la résistance d'un obstacle insurmontable. Soit R Q S (*fig.* 63), un angle égal à celui du frottement. Menons Q P parallèle à la base du plan. Alors si l'angle R Q S devenait plus grand que R Q P, la direction de m Q est dans l'angle de résistance, et aucune force, quelque grande qu'elle soit, appliquée au dos du plan, ne peut le faire mouvoir sur la masse M.

Or l'angle R Q P est égal à l'angle A C B. Le plan ne peut donc pas se mouvoir si l'angle limite de résistance excède celui qu'il fait avec la verticale.

89. Supposons maintenant le coin poussé, et considérons la pression que la substance dans laquelle il est poussé doit exercer sur ses côtés pour le chasser dehors.

Soit P Q (*fig.* 64), la direction de la résultante des forces agissant sur la face A C', laquelle étant propagée à travers la masse du coin tend à faire glisser la face A C sur la surface avec laquelle elle est en contact. Menons Q R perpendiculaire à la surface en ce point. Alors si P Q R n'est pas plus grand que l'angle limite de résistance, aucune force que la masse dans laquelle le coin est entré puisse avoir pour le chasser, n'en viendra à bout.

Quoique l'on comprenne très-bien comment une substance dans laquelle un coin est enfoncé, puisse opposer une *résistance* en tous sens à son mouvement en avant, il est difficile de comprendre comment cette substance exercerait un effort pour *l'empêcher*, et pour le chasser, autrement que suivant une direction perpendiculaire aux côtés du coin, surtout si elle est d'une nature fibreuse.

P Q étant alors supposé perpendiculaire à A C', l'angle C A C' sera égal à P Q R. Dans cette hypothèse, donc, si l'angle du coin n'est pas plus grand que l'angle limite de résistance, il restera fixé ferme dans la substance où il est enfoncé.

90. Cette propriété du coin le rend éminemment utile en

charpenterie; l'application suivante est une de celles très-nombreuses qu'on en fait. Supposons qu'on veuille réunir deux pièces de charpente A B et A'B' (*fig.* 65), et que par raison d'économie, ou pour éviter la ruine du bois par la rouille, on ne veuille pas se servir de boulons en fer ; façonnons dans chaque pièce deux mortaises représentées par *a cc' a'* et *b c c' b'*, de grandeurs égales à leurs petites extrémités. Réunissons les pièces, ces extrémités des mortaises coïncideront. Ayons deux pièces de bois dur, façonnées comme *a c b* (*fig.* 66), dont la face *a c b* corresponde à la mortaise de la *fig.* 65, mais dont l'extrémité supérieure *a* soit un peu plus étroite que *b*. Plaçons ces deux morceaux dans les mortaises, les forces correspondantes coïncidant. L'espace qui restera entr'elles aura la forme d'un coin, à raison de ce que le dessus en est plus étroit que le dessous. Chassons-y un coin de dimension convenable. Si l'angle du coin est assez petit, aucune force exercée sur les côtés ne pourra le chasser ; conséquemment aucune force possible ne pourra séparer les deux pièces de charpente. Cette méthode est en usage en Amérique pour assembler les pièces des immenses charpentes des ponts de bois qu'on y construit.

91. Il n'est pas d'instrument dont les applications soient plus nombreuses que celles du coin. Les clous, les alênes, les aiguilles, les haches, les sabres, etc., etc., ont leur action fondée sur le principe du coin. Comme exemple de la grande puissance du coin, on peut dire que les vaisseaux, quand ils sont sur chantier, sont aisément lancés à l'aide de coins qui sont chassés sous leurs quilles.

Un ingénieur qui avait construit une haute et pesante cheminée pour un fourneau, s'aperçut, après quelque temps, que par la faute des fondations elle commençait à s'incliner. Il réussit à la remettre d'aplomb en chassant des coins sous l'un de ses côtés (1).

(1) La puissance énorme du coin tient surtout à ce qu'il soit enfoncé par *impact*. La résistance sur ses côtés est de la nature de la pression; et l'on verra, dans la suite de cet ouvrage, combien est grand le *moment d'impact* pour une force de choc, quelque petite qu'elle soit. La séparation momentanée de la masse est rendue permanente par la poussée en avant du coin.

92. La résistance au mouvement d'un coin dépend non-
seulement de l'angle à son sommet, mais de la profondeur à
laquelle il est entré, et conséquemment de l'étendue de la
surface par laquelle il est pressé; elle dépend en outre de la
quantité dont les particules de la masse sont déplacées. En effet, à raison de leur élasticité, ces particules tendent à se rapprocher avec une force proportionnelle à leur déplacement.
C'est par cette raison qu'un coin est enfoncé avec difficulté,
quand il est entré profondément.

Le coin A C C' (*fig.* 67) étant entré par l'action de la force
P, jusqu'à une certaine profondeur dans la masse M N; supposons qu'une seconde force Q lui soit appliquée, sa position
du haut restant d'ailleurs la même. Cette force Q pressera la
surface A C contre la masse entre M et M', et si elle est suffisante, elle éloignera cette masse, en sorte que le sommet du
coin rencontrera une nouvelle surface M'N', parallèle à M N,
et le fera entrer ainsi que l'avait fait précédemment la force
P. Si au lieu d'agir séparément, les forces P et Q agissent ensemble, l'effet sera précisément le même, leurs directions
étant perpendiculaires l'une à l'autre. Telle est la théorie de
la scie ordinaire. Elle est formée d'une série de coins de ce
genre découpés sur le bord d'une feuille d'acier mince, et tend
continuellement par son poids à enfoncer les pointes de ces
coins dans la substance où on la fait travailler, tandis que son
mouvement longitudinal présente continuellement une surface
nouvelle à leur action. Quand les dents sont petites, les portions de matière entre chaque système de deux dents sont
petites, et la force nécessaire à leur mouvement est conséquemment faible. Aussi les scies à grandes dents s'emploient-
elles pour les substances tendres, et celles à petites dents pour
celles qui sont dures.

La plupart des instrumens tranchans agissent comme la
scie; les aspérités de leur tranchant, formées par l'aiguisage,
agissant comme des coins. Les faux, les couteaux, les sabres,
etc., sont de ce genre; seulement les dents du tranchant
sont difficiles à distinguer à la vue simple.

93. Dans le sciage des pierres, on ne se sert que d'une
simple lame de métal doux; les petites particules angulaires de la pierre, ou la poussière de quelque pierre plus
dure que l'on y mêle par l'action de la lame métallique, dans

son mouvement de va et vient sur la pierre, agissent alors comme autant de coins. Les pierres les plus dures se scient par ce moyen, et pour le granit on emploie l'émeri.

Pour tailler le verre, on mêle de l'émeri à l'eau et l'on travaille avec une roue à bord tranchant ayant un mouvement rapide ; pour la taille des pierres précieuses, c'est de la poussière de diamant que l'on mêle à l'eau sur la pointe d'une tige de fer doux tournant sur son axe avec une grande vitesse. Les cristaux ou les gemmes à tailler, sont alors amenés contre l'outil qui les coupe avec une étonnante facilité, et ce à raison des petits coins que fournissent et la poussière employée et celle qui se forme par la taille.

Les limes sont ordinairement des barreaux d'acier, dont les surfaces sont armées de petits coins, et dont l'action est précisément la même que celle de la scie.

Le rabot n'est autre chose qu'un coin qui, au lieu d'avoir des dents comme une scie, dans une feuille de métal mince, est d'une grande épaisseur et a son axe faiblement incliné ; ce qui fait que le tranchant pénètre dans la substance à raboter. Son action est précisément analogue à celle de la dent d'une scie.

~~~~~~

CHAPITRE VIII.

Levier. — 95. *Conditions de son équilibre.* — 96. *Réaction de son point d'appui.* — 97. *Applications du levier.* — 99. *Effet du poids du levier.* — 100. *Balance romaine.* —101. *Peson.* —102. — *Balance danoise.* —103. *Balance ordinaire.* — 104. *Balance dont on se sert pour détermi- ner l'étalon de poids.* — 105. *Balance à levier courbé.* — 106. *Leviers composés.* — 107. *Machine à peser ou bascule.* — 108. *Point d'appui d'un levier.* — 109. *Axe d'un Levier.* — 110. *Roue de voiture.*

Le levier est une barre inflexible qui repose par un point contre un obstacle invincible et soutient une force appelée *résistance*, à l'une de ses extrémités, par l'action d'une au- tre force nommée *puissance*, appliquée à l'autre extrémité.

94. Il y a trois espèces de leviers.

Dans celui de la première espèce (*fig.* 68), la puissance P et la résistance R sont appliquées sur les côtés opposés à partir du point d'appui C.

Dans celui de la seconde espèce (*fig.* 69), la résistance R est entre la puissance P et le point d'appui C.

Dans celui de la troisième (*fig.* 70), la puissance P est en- tre la résistance R et le point d'appui C.

95. Dans tous ces leviers, si on les regarde comme n'ayant pas de poids, l'équilibre dépend de la simple loi que voici :

La puissance multipliée par la perpendiculaire abaissée du point d'appui sur sa direction, doit être, pour qu'il y ait équilibre, égale à la résistance multipliée par la perpendicu- laire abaissée du point d'appui sur sa direction. Cette loi se déduit aisément du principe général que nous avons établi (art. 35), et que voici :

« Quand un nombre quelconque de forces, agissant dans le même plan, sont en équilibre, si l'on prend un point quelconque par rapport auquel on compte tous les momens des différentes forces du système, la somme du moment des forces qui tendent à faire tourner le système dans un sens, autour de ce point, est égale à celle des momens des forces qui tendent à le faire tourner dans l'autre sens. »

Dans chacune des espèces de leviers dont nous avons parlé, prenons le point d'appui, pour le point par rapport auquel les momens doivent être comptés ; menons les perpendiculaires C M et C N, du point d'appui C (1), sur les directions de la puissance et de la résistance, et d'après le principe de l'égalité des momens, il en résultera, pour chaque espèce de levier, la même loi d'équilibre $P \times C M = R \times C N$.

Il est évident, d'après cela, que lorsque C N est moindre que C M, R est plus grand que P, ou la résistance plus grande que la puissance, et cette inégalité peut s'augmenter tant qu'on le veut en diminuant la perpendiculaire C N. Ainsi l'on peut augmenter la résistance qu'une puissance donnée produira dans une étendue quelconque, en diminuant le bras de levier auquel elle est appliquée, ou rapprochant sa direction de plus en plus du point d'appui. Dans les leviers de la première et de la seconde classe, la résistance excède ordinairement la puissance ; dans ceux de la troisième classe elle est moindre que la puissance.

Il existe une erreur populaire prenant sa source dans ce fait, et qu'il est bon de remarquer. On croit que par l'intervention du levier, la plus grande résistance devient contre-balancée par la moindre puissance. Il n'en est pas ainsi. Une force plus grande ne peut, dans aucune circonstance, être détruite par une force moindre. Le fait est que par le moyen du levier, une portion de la résistance est supportée par le point d'appui, le tout se partageant entre

(1) Le levier est tenu en repos par *trois* forces ; mais si nous choisissons le point d'application de l'une d'elles pour le point par rapport auquel on mesure les momens, nous avons fait disparaître le moment de cette force, puisque la perpendiculaire sur sa direction étant nulle, le produit de la force par cette perpendiculaire sera zéro. Ainsi en choisissant le point C, le principe d'égalité des momens donne entre P et R un rapport *indépendant* de la réaction du point d'appui. Si nous eussions pris un autre point, ce rapport eût été *dépendant* de cette réaction que nous avons supposé ne pas connaître.

ce point et celui d'application de la puissance. La même remarque s'applique aux différens cas où, par l'emploi d'une machine, une moindre force arrive à en tenir une plus grande en équilibre.

96. Puisque dans chacun des cas le levier est maintenu en repos par trois forces, à savoir, la puissance, la résistance, et la réaction du point d'appui, il s'ensuit que les directions de ces trois forces doivent concourir en un même point (art. 22 . Dans chaque genre de levier, le point de rencontre de la puissance et de la résistance est en Z (*fig.* 68 à 70). Dès-lors la direction de la troisième force, qui est la réaction du levier, se trouve en ce point; or elle passe par le point C, dans tous les cas; donc en joignant Z C, cette ligne indiquera la direction de la réaction. Pour en déterminer la valeur, abaissons de l'une des extrémités A ou B deux perpendiculaires, l'une sur la direction de la force à l'extrémité opposée, et l'autre sur Z C. Dès-lors, d'après le principe de l'égalité des momens, le produit de la première perpendiculaire par la force est égale au produit de l'autre par la réaction du point d'appui; par conséquent si les perpendiculaires B K et B L partent de B (*fig.* 68),

$$P \times B K = (\text{réaction en } C) \times B L.$$

D'après les deux conditions ainsi établies, on peut aisément résoudre les problèmes suivans.

1º Connaissant la quantité et la direction de la force appliquée à l'une des extrémités d'un levier, déterminer celle qui doit être appliquée à l'autre extrémité opposée, juste pour la contre-balancer.

2º Connaissant les forces appliquées au bras d'un levier, trouver la pression sur le point d'appui.

97. Les conditions que nous avons établies déterminent, quelle que soit la forme du levier, le rapport d'égalité des momens étant vrai, les conditions d'équilibre pour des systèmes de forme quelconque.

La forme peut être angulaire comme celle des mouvemens de sonnette (*fig.* 71); courbe comme celle d'une pince (*fig.* 72), et d'une manivelle, ou composée comme celle du marteau ordinaire. Dans la pince (*fig.* 72), la puissance est appliquée par la main; le point d'appui est quelque substance dure sous laquelle s'engage la partie courbe de la pince, et la résistance est le poids à soulever.

Le levier coudé s'applique avec succès à la scie à bois mue par mécanique (*fig.* 73); un levier B A C est fixé par un joint au barreau C D qui s'attache à la scie en D. La puissance est appliquée en P, dans la direction B P; le point d'appui se trouve en A, et comme C doit marcher vers ce point et s'en éloigner alternativement, la scie a ce mouvement de va et vient.

Une paire de tenailles dont on se sert pour arracher un clou, combine une double action du levier. Les deux bras étant sollicités à leurs extrémités par des forces représentées chacune par P (*fig.* 74), saisissent le clou en R, avec une force d'autant plus grande que A R est moindre par rapport à A M, ou telle que $P \times AM = R \times R\dot{A}$. La tenaille agit encore pour tirer le clou d'après le principe d'un levier dont le point d'appui est C ; si l'on tire dans la direction de la résistance du clou et dans la direction où la pression de la main tend à le forcer par en bas, suivant les perpendiculaires C N et C N' ; cette dernière force sera moindre que la première dans le rapport suivant lequel C N' est moindre que C N.

Les ciseaux, cisailles, pincettes, tisonnier, fléaux de balance, etc., etc., sont des leviers de première classe, ayant la puissance et la résistance des deux côtés du point d'appui.

Les machines suivantes appartiennent à la seconde classe des leviers, ayant la puissance et la résistance du même côté du point d'appui, mais la puissance en étant plus éloignée.

La brouette — dans laquelle l'axe de la roue est le point d'appui; le poids de la brouette et le fardeau composent la résistance ; la force musculaire de celui qui la mène est la puissance. La rame d'un bateau — pour laquelle l'obstacle de l'eau au mouvement de la pelle de la rame, forme le point d'appui ; la résistance est la charge du bateau, et la puissance la force musculaire du rameur. Ainsi la force avec laquelle le bateau marche est à celle exercée par le rameur, comme la distance du milieu de la partie de la rame plongée dans l'eau au point où il tient la rame, est à la distance du même point au flanc du bateau. Les casse-noisettes ordinaires sont des exemples du même genre, le point d'appui étant dans la charnière, la résistance dans la coquille de lu noisette, et la puissance dans la main de celui qui fait marcher le casse-noisette.

A la troisième classe de leviers, dans lesquels la puissance est appliquée entre le point d'appui et la résistance, appartiennent les reins des animaux. Les points d'appui sont dans les jointures, la puissance dans les muscles qui l'exercent par l'intervention des tendons, dont les attaches sont très-près des points d'appui et les directions très-obliques à celle des reins ; arrangement indispensable pour en conserver la solidité et la symétrie. On voit dès-lors que la perpendiculaire menée du joint sur la direction du tendon, est nécessairement très-petite, et qu'en conséquence la puissance musculaire pour soutenir même le poids des reins est énormément grande.

La force musculaire animale est probablement l'une des plus grandes forces qui existent. Le grand Albatros a une puissance telle à ses ordres, qu'agissant dans une direction dont la distance perpendiculaire du joint à l'extrémité des ailes n'est guère que d'un centimètre environ, il peut les étendre de plus de quatre mètres, et en frapper fortement l'air pendant qu'elles sont ainsi étendues.

C'est également à cette troisième classe qu'appartiennent tous les leviers dans lesquels un petit mouvement de la puissance en produit un plus grand dans la résistance, et pour lesquels la puissance est moindre que la résistance. Le marche-pied du tour, une paire de pinces, ou l'ancienne paire de ciseaux à tondre les moutons, en sont des exemples.

98. Si la puissance et la résistance sont toutes deux perpendiculaires aux bras du levier (*fig.* 75 à 77), les perpendiculaires sur leurs directions, à partir du point d'appui, sont leurs distances mesurées par le bras de levier lui-même, et les conditions d'équilibre se réduisent alors aux suivantes :

Que la puissance et la résistance étant chacune multipliée par la distance de son point d'application au point d'appui, les produits soient égaux ; ou que

$$P \times CA = R \times CB.$$

La pression sur le point d'appui est évidemment égale à la somme de la puissance et de la résistance, quand elles agissent des deux côtés, comme dans les leviers de la première classe ; quand elles agissent du même côté, comme dans les leviers de seconde et de troisième classe, elle est égale à leur différence.

99. Nous avons considéré jusqu'ici les forces agissant sur le levier, comme n'étant qu'au nombre de trois, savoir : la puissance, la résistance, et la réaction du point d'appui.

Le levier cependant est en réalité soumis à un nombre infini d'autres forces, dans le poids de chacune de ses parties.

On a vu que leur influence sur l'équilibre du système était précisément la même que si elles étaient toutes rassemblées au centre de gravité. Soit W (*fig.* 78) le poids supposé rassemblé au centre de gravité G du levier A B. Le levier, outre les forces P et R en A et B, est encore sollicité par une troisième force W, verticale en G. Menons C K perpendiculaire sur cette verticale qui passe en G. Il est alors nécessaire pour l'équilibre, que les momens de P et de W soient ensemble égaux à celui de R (art. 55), ou que

$$P \times CM + W \times CK = R \times CN.$$

Il est évident que le poids du levier augmente ou diminue la résistance, suivant que le centre de gravité est de l'autre côté du point d'appui qu'elle, ou du même côté. Il est évident aussi que si le levier est fait de manière que son centre de gravité tombe précisément au point de support, ou le fasse osciller librement sur ce point, son poids n'aura aucune influence sur l'équilibre, et pourra être supposé ne pas exister.

100. *Balance romaine.* — Tel est le cas de la balance romaine, ou peson italien (*fig.* 79). Un plateau ayant été suspendu au bras du levier le plus court, ce bras est rendu assez pesant pour maintenir tout le système en équilibre sur le point d'appui F. L'effet du poids de la balance est ainsi neutralisé. Le bras le plus long est divisé en parties égales, chacune à la longueur du bras le plus court, et porte en outre des subdivisions. Un poids P, mobile sur ce long bras de levier, y est suspendu au moyen d'un anneau. Suivant que ce poids est placé sur la première, la seconde, la troisième, etc., etc., des divisions du bras de levier, son moment est évidemment égal à celui du même poids dans le plateau, ou bien au double, au triple, etc; conséquemment il contre-balance un poids égal, double ou triple, etc., dans le plateau. Supposons que les subdivisions soient des dixièmes,

chacune d'elles sur lesquelles le poids P sera porté, à partir de F, étant égale à un dixième de F B, accroîtra son moment d'un dixième de $P \times F B$. Pour conserver l'équilibre, le moment du poids dans le plateau doit s'accroître de la même quantité, tandis que la distance F B reste la même ; conséquemment le poids lui-même doit s'accroître d'un dixième de P, auquel cas le moment s'accroîtra d'un dixième de P $\times$ F B, ainsi qu'il le faut. On voit dès-lors que si l'on fait mouvoir P d'une fraction quelconque des divisions ou subdivisions, le poids dans le plateau devra s'accroître d'une même fraction de P, pour que l'équilibre ne soit pas troublé, et qu'en conséquence on peut peser tout article mis dans le plateau, à l'aide de l'échelle des divisions ou des subdivisions, ou même d'une quelconque de leurs fractions.

101. *Peson.* — Celui actuellement en usage (*fig.* 80) diffère un peu de la romaine. Il a deux points d'appui, par lesquels il peut être indistinctement suspendu, et deux échelles de divisions qui leur correspondent en partant de chacun des côtés opposés du long bras. Cet instrument est rarement fait pour s'équilibrer de lui-même sur l'un ou l'autre de ses points d'appui ; l'erreur qui résulterait de l'action inégale de son poids, se corrigeant en commençant les divisions à partir du point où le poids P équilibre lui-même l'instrument. Les divisions y sont aussi des parties égales à la distance du point d'appui au crochet de support des objets à peser ; et les subdivisions en sont des fractions égales.

Il est évident que puisque P, quand il est au commencement des divisions, ou bien au zéro de l'échelle, détermine l'égalité des momens de l'un ou de l'autre côté du point d'appui ; il faut, quand on le meut, lui faire équilibre par un poids suspendu au crochet et qui soit la même fraction ou le même multiple du poids, que l'espace parcouru sur le bras du levier l'est des subdivisions ou des divisions de l'échelle. Chaque division ou subdivision du grand bras correspond ainsi à un poids égal au même multiple ou à la même fraction du poids mobile, que cette division ou subdivision est multiple ou fraction du petit bras.

102. *Balance danoise* (*fig.* 81). — Elle diffère du peson, en ce que c'est son point d'appui qui est mobile, et non plus le poids. Sa construction est plus simple que celle de toute autre balance, car ce n'est qu'une verge portant un poids à

l'une de ses extrémités, un crochet à l'autre, et un anneau mobile entr'elles deux, servant de point d'appui, et par lequel on suspend la balance. L'objet à peser s'attache au crochet, et le point d'appui se meut sur la verge jusqu'à ce qu'on arrive à l'équilibre. On lit alors son poids sur une échelle de divisions tracées à cet effet sur la verge.

103. *Balance ordinaire* (*fig.* 82). — Elle se compose d'un fléau rigide dans lequel sont fixés transversalement, en son milieu et à ses extrémités, trois axes F, S et S'; celui du centre F sert de support au fléau, et les deux autres S et S' à suspendre les plateaux. Le fléau est ordinairement symétrique par rapport à deux lignes, l'une qui le traverse en longueur et l'autre en largeur.

Les forces agissant sur le fléau sont :

1° Son propre poids ;

2° Les poids des plateaux et de leur contenu ;

3° La réaction du point d'appui. La première peut être supposée réunie à son centre de gravité G, qui se trouve évidemment sur la ligne transversale de symétrie du fléau.

La seconde agit sur le fléau en ses points S et S', et quand ces poids sont égaux on peut les supposer réunis en K, point d'intersection de la ligne S S' qui les joint avec la verticale de symétrie ; quand ils sont inégaux, leur résultante est très-près du point de suspension du plus fort poids.

La résistance du point d'appui est au point de son contact avec la surface qui supporte la balance. Soient K, F, G les points où nous venons de trouver que les forces agissant sur le fléau peuvent être supposées réunies; la résultante du poids dans les plateaux agissant en K, celle du poids du fléau agissant en G, et la réaction du point d'appui en F. Les deux premières peuvent être considérées comme des forces agissant sur un levier mobile autour de F. Il y aura équilibre quand leurs momens autour de ce point seront égaux. Si les poids dans les plateaux sont inégaux, en sorte que le point K ne tombe pas sur la ligne de symétrie A B, il est évident que cette égalité des momens ne pourra exister dans une position inclinée du fléau, que lorsque le produit de la perpendiculaire Fm (*fig.* 83) par la somme des poids des plateaux, étant la force qui agit en K, sera égal à Fn multipliée par le poids du fléau.

On dit cette balance la plus sensible de toutes, parce que la moindre inégalité de poids cause la plus grande déviation de l'horizontalité du fléau. Or cette déviation est évidemment plus grande, d'abord suivant que la distance de A B où le point K est amené par l'inégalité des poids est plus grande, et que la longueur du fléau est plus considérable. Ensuite cette déviation est d'autant plus grande que le point K', intersection de A B avec S S' qui joint les points de suspension, est plus distante de F (1). La déviation est d'autant plus grande enfin, que le poids du fléau agissant en G est moindre et que ce point est plus près du point d'appui. Le point K est ordinairement amené à une coïncidence parfaite avec F, quand la balance n'est pas chargée, la ligne qui joint les points de suspension passant par le point d'appui. Le point G se met un peu en dessous du point d'appui. On peut se demander si cet arrangement est le meilleur.

On voit que, dans la position horizontale du fléau, s'il est symétrique, le moment de son poids réuni en G disparaît, puisqu'il agit suivant la verticale A B passant en F. Le fléau ne peut donc rester dans cette position, qu'autant que les momens des poids agissant en S et S' sont égaux; ou si les distances K S et K S' sont égales, qu'autant que les poids eux-mêmes sont égaux. Une telle balance indiquera donc parfaitement si les poids placés dans les plateaux sont égaux, et ce sera une bonne balance.

D'ailleurs si les distances K S et K S' sont inégales, le fléau ne pourra rester horizontal qu'avec des poids inégaux dans les plateaux; et quoiqu'il reste bien en équilibre quand il n'y a pas de poids dans les plateaux, ce sera une fausse balance. On peut cependant s'en servir pour peser aussi bien qu'avec une autre, si après avoir placé dans l'un des plateaux des poids tels qu'ils fassent équilibre à l'objet à peser dans l'autre, on l'enlève et qu'on observe quels poids placés dans ce plateau d'où on l'a enlevé rétablissent l'équilibre; ce dernier poids sera précisément celui de l'objet à peser, et cette méthode, *de la double pesée*, est peut-être la plus exacte de toutes

(1) Cette élévation des points de suspension sur le fléau ne doit d'ailleurs pas excéder certaines limites au-delà desquelles la plus faible inégalité de poids renverserait le fléau.

celles qu'on peut employer pour s'assurer du poids d'un objet quelconque.

104. Il y a peu de machines usuelles d'une construction plus difficile qu'une bonne balance ; surtout quand elle est destinée à peser de lourdes masses. La combinaison de sa solidité et de son ajustage exige une grande habileté de la part de l'artiste.

La *fig.* 84 représente une balance faite par M. *Bate* pour déterminer le poids de l'étalon *Bushel* (30 litres, 280), et cette balance est remarquable par la combinaison de son ajustage et de sa solidité.

La légèreté étant essentielle à la sensibilité de la balance, le fléau est fait de bois sec, et la forme qu'on lui a donnée le rend plus solide qu'il ne l'eût été avec plus de masse.

Le fléau est percé près de son centre de gravité, et dans cette ouverture est logée transversalement une masse solide de bronze L, dans laquelle est une pièce d'acier poli en forme de coin, qu'on nomme couteau (1), dont la section est représentée en F (*fig.* 85), et qui garnit complètement le travers du fléau. Ce couteau est soigneusement ajusté à angles droits à la surface du fléau, au moyen de vis que l'on voit dans la figure, et de manière à pouvoir glisser au-dessus du centre de gravité de la masse, à l'aide de vis de rappel qu'on ne voit pas dans la figure.

Passant par la même ouverture, mais entièrement détachée du fléau et reposant sur les colonnes C C' d'un autre côté, se trouve une autre masse de bronze, sur laquelle est fixée une plaque d'acier M, traversant le fléau et supportant le couteau sur toute sa longueur.

Quand la balance est en action, cette plaque en supporte tout le poids et celui des masses à peser, tandis que le couteau est le point d'appui sur lequel oscille le tout.

Dans la traverse que supportent les colonnes C C' et qui porte la plaque d'acier M, est une ouverture dans laquelle passe

(1) On avait cru d'abord que le tranchant du point d'appui était essentiel à la sensibilité d'une balance, et c'est pour cette raison qu'on se servait souvent de couteaux très-minces pour points d'appui. Mais on a prouvé depuis qu'un angle assez considérable pouvait être donné au bord du point d'appui, sans empêcher l'oscillation, et avec plus de chance de ne pas s'endommager si facilement.

une pièce de bronze en forme de fourche N qui fait partie
de l'assemblage D E D', entièrement détaché du fléau quand
la balance fonctionne, mais qui peut l'élever par le mouvement du pied H, de manière à ce que la fourche en N atteigne
une pièce saillante L dans la masse qui porte le couteau et
qui est fixée dans le fléau. En continuant le mouvement du
pied H, le fléau et avec lui le couteau peuvent être soulevés
de la plaque sur laquelle ils reposent, en sorte qu'on évite la
fatigue de pressio *continuelle* sur le couteau.

Sur des pièces saillantes aux extrémités du fléau, et précisément à égales distances du point d'appui, sont fixés en
travers du bras supérieur deux autres couteaux F' (*fig.* 86),
semblables au premier, à angles droits au plan de la surface. Ils
sont ajustés de même, mais leurs tranchans sont *par en haut.*
Les plateaux sont attachés chacun par un crochet à une pièce
représentée en S' et composée de deux parties, dont chacune,
en forme d'étrier, reçoit l'extrémité du fléau, et s'y lie en dessus
par une plaque d'acier M', qui repose sur le tranchant du
couteau ; tandis qu'elle porte en dessous une traverse où s'ac-
croche le plateau. On a ainsi la suspension parfaitement exacte
du plateau sur le fléau, et d'où dépend surtout la sensibilité
de la balance; avec l'inclinaison du fléau, n'arrive pas la révolution simultanée des deux plateaux autour de leur support; l'effet de l'extrémité montante du fléau est le même sur
le plateau que s'il était suspendu à une distance beaucoup
plus grande de son point d'appui que son point actuel de
suspension ; l'effet de l'extrémité descendante du fléau est le
même sur le plateau que s'il était suspendu à une distance
bien moindre. Ces deux causes existant toujours à la fois,
même à un faible degré, tendent à empêcher le mouvement du
fléau et peuvent affecter sérieusement sa sensibilité.

L'assemblage D E D' porte à ses extrémités deux fourchettes de bronze N', semblables à celles en L, de chaque côté
du fléau. Quand l'assemblage est à son point le plus bas, ces
fourchettes sont à quelque distance du fléau et le laissent osciller librement ; mais quand l'assemblage s'élève par l'effet
du pied H, elles atteignent les pièces saillantes L' et L'' dans
les étriers, et soulèvent les plaques qui les portent du couteau
sur lequel elles reposent. Les couteaux sont ainsi mis à l'abri
de tout dommage quand la balance ne fonctionne pas, et les

plateaux sont soulagés avant que les poids qui les chargent ne soient retirés, ce qui apporte de grandes facilités dans l'usage de cette balance (1). L'ajustage des couteaux dans leurs positions convenables se fait par des vis de rappel qui se meuvent horizontalement ou verticalement. Celui du couteau dans le milieu en un point immédiatement au-dessus du centre de gravité du fléau, qui est le plus difficile, est facilité par le moyen de petits contre-poids vissés sur des fils métalliques représentés dans les figures comme faisant saillie horizontale aux extrémités du fléau. En les vissant plus près ou plus loin du point d'appui, on obtient un très-faible mouvement correspondant du centre de gravité du fléau, jusqu'à ce qu'il arrive à la position voulue par rapport au point d'appui.

105. *Balance à levier courbe.* — Un levier courbe A B C (*fig.* 87), portant un poids à son extrémité C, et à son extrémité A un crochet soutenant un plateau, est mobile sur un axe B. Il est évident que le moment du bras B C varie avec la perpendiculaire B D à la direction du poids C, et par conséquent avec l'inclinaison de B C. Chacun des poids différens placés dans le plateau produira donc un équilibre dans quelque nouvelle position de B C. Ces positions correspondantes à différens poids peuvent être déterminées par expérience ou calcul, et marquées sur un rapporteur F G, C indiquant toujours le poids du plateau.

106. *Leviers composés.* — On peut faire agir des leviers *l'un sur l'autre*, et augmenter ainsi tant qu'on veut la puissance d'un système.

Soient (*fig.* 88) A P' et B P'' deux leviers agissant autour des points d'appui F, F''; sur leurs extrémités plaçons-en un troisième P' P'' dont la résistance des points d'appui F' soit dans une direction opposée à celle des autres. Une puissance P appliquée en A produira en P' une résistance d'autant plus grande, que A F sera plus grand que P'F; cette résistance

(1) M. *Bate* vient d'ajouter un perfectionnement à cet ajustage. Le fléau et les plateaux sont d'abord suspendus sur des axes cylindriques, puis, par le mouvement du pied H, ils arrivent sur les couteaux. On a ainsi la facilité de mettre le poids dans les plateaux presqu'égaux, avant de donner à la balance cette extrême sensibilité qui en rend l'ajustage si difficile.

agissant, comme puissance, sur le levier P' P'', produira une
résistance en P'', ou une puissance sur le levier P''R, d'autant plus grande en P', que P'F' est plus grand que P''F';
ainsi, par une suite de leviers, la résistance qu'une puissance donnée peut produire, s'accroîtra indéfiniment.

Deux leviers de première et de seconde classe sont joints
quelquefois par une verge P'R' (*fig.* 89); la résistance R',
prolongée en P' par l'action de la force P, est telle que

$$P \times PF = R' \times R'F$$

et la résistance produite en R, par l'action de R' prolongée
en P', est telle que

$$R' \times P'F' = RF' \times R$$

d'où, en multipliant ces deux équations l'une par l'autre, et
éliminant le facteur commun R', on tire

$$P \times PF \times P'F' = R \times R'F \times RF'$$

et l'on en conclut la puissance nécessaire à produire une résistance donnée, ou réciproquement.

Les leviers dont on se sert pour ôter les roues d'une voiture, en élevant l'essieu, sont de ce genre.

107. *Machine à peser ou bascule.* — Une combinaison
très-ingénieuse de leviers sert à peser les voitures. Une plate-forme de grandeur suffisante pour que la voiture y puisse
reposer, est supportée à ses angles par un système de quatre
leviers dont les points d'appui sont fixes dans une maçonnerie solide, à peu de distance des points angulaires, et qui
convergent suivant les diagonales du rectangle de la plate-
forme, vers son point central. Ils reposent sur un autre levier,
dont le point d'appui est à peu de distance de ce point de con-
vergence, et qui passe sous la plate-forme, son extrémité opposée se rendant dans le bureau du peseur.

Supposons que la distance du point où chacun des angles
de la plate-forme repose sur un levier convergent, au point
d'appui de ce levier, soit un dixième de la longueur du levier; supposons encore que la distance du point d'appui d'un
grand levier au point où il supporte les extrémités des petits
leviers, soit un dixième de la distance du point d'appui à
l'extrémité du levier dans le bureau du peseur; supposons
enfin qu'un poids de 4000 étant mis sur la plate-forme, cha-

que extrémité en supporte le quart ou 1000 ; et aussi qu'un poids de 1000 appliqué à chaque point de chaque levier convergent, où il supporte la plate-forme, soit tenu en équilibre par un poids de 100 appliqué à celle de ses extrémités qui est au centre de la plate-forme ; le tout sera représenté par un poids de 400 au centre de la plate-forme, et cette pression étant transmise à l'une des extrémités du grand levier, sera équilibrée par un poids de 40 à l'autre extrémité de ce levier, dans le bureau du peseur. Ainsi un poids de 40 suffit pour peser un fardeau du poids de 4000.

108. *Points d'appui des leviers.* — Le point d'appui d'un levier (*fig.* 90) est ordinairement fait en forme de prisme triangulaire et soutient la pression sur un de ses angles, n'opposant dès-lors aucune résistance appréciable au mouvement du levier autour de ce point. Il fait partie du levier et repose sur des plans horizontaux fixés dans un montant à chacune de ses extrémités, ou comme dans la balance de l'art 104, il le pénètre, ou bien il est fixé de support à la surface du levier sur un plan qui la traverse. Nous avons supposé jusqu'ici que le point d'appui fournissait une réaction égale et opposée à la résultante des forces sur le levier, dans chaque position qu'il est fait pour prendre ; mais ceci n'est vrai que dans certaines limites. Si la résultante fait avec la perpendiculaire, à la surface sur laquelle agit le point d'appui, un angle plus grand que l'angle limite de résistance, il est clair qu'il glissera sur cette surface et que l'équilibre sera détruit.

Cette condition détermine les cas d'équilibre, possibles, suivant les circonstances décrites dans les propositions précédentes, et dans d'étroites limites comparativement.

109. Si l'on voulait étendre ces limites, il faudrait, par quelque disposition mécanique, empêcher la tendance du levier à glisser, dans certaines circonstances, sur son point de support. Pour y parvenir, le point d'appui peut être changé, au lieu d'un prisme triangulaire, en un cylindre, et au lieu de rester sur un plan, il peut être fait pour rester sur la surface intérieure d'une ouverture cylindrique, dans la masse destinée à soutenir sa réaction. Ainsi confectionné, il devient un axe de rotation. Cet axe, comme le point d'appui, peut être fixé au levier et inséré à chaque extrémité en saillie de la colonne de support, ou bien il peut être fixé, lui-même, dans ses supports et inséré dans le levier. On verra plus tard

que la première disposition a de grands avantages sur l'autre. Tandis que l'on gagne évidemment ainsi l'avantage d'une position constante du point de support, quelle que soit la position du levier, ou quelles que soient les forces qui agissent sur lui, on perd l'entière liberté de rotation que donne l'autre disposition. On le comprendra facilement. Quand les surfaces du levier et de son support sont en contact, en un seul point, comme dans le cas du point d'appui triangulaire, il est évidemment nécessaire à l'équilibre que la résultante des forces qui le sollicitent, passe par ce point ; autrement la réaction du support qui a lieu seulement alors ne pourrait soutenir cette résultante ; et le levier ayant été ainsi placé en équilibre, la plus légère altération des forces qui le sollicitent, changeant la direction de leur résultante, serait suffisante pour entraîner le mouvement de tout le système. Dans l'autre cas, le levier et son support sont en contact suivant toute la surface de l'ouverture cylindrique ou de la douille, et si la résultante des forces agissant sur le levier passe par cette surface, ils seront soutenus, quelle que soit la direction de cette résultante, pourvu seulement que cette direction ne fasse pas, avec la perpendiculaire à la surface, un angle plus grand que l'angle limite de résistance. Ainsi (fig. 91) si P E est la direction de la résultante et que l'on joigne C E (C étant le centre de l'axe, et C P la perpendiculaire à sa surface), cette résultante sera soutenue par la réaction du support, quelle que soit sa direction, pourvu seulement que l'angle P E C soit moindre que l'angle limite de résistance. Il suit de là que les forces agissant sur le levier peuvent être infiniment variées dans certaines limites, tant en quantité qu'en direction, sans le faire tourner. Plus grande est la longueur du levier, plus grande est la distance dans laquelle une variation donnée de forces agissant sur lui peut faire mouvoir leur résultante, la moindre étant donnée par les limites dans lesquelles cette variation est praticable. On a supposé ici que les dimensions de l'axe restent les mêmes. Il est évident qu'en diminuant ces dimensions, on peut resserrer les limites possibles, dans lesquelles une variation des forces ne produit pas un mouvement correspondant du levier dans une certaine étendue ; c'est-à-dire que l'on peut diminuer, autant qu'on le veut, les effets du frottement de l'axe.

110. *Roues des voitures.* — Nous sommes en mesure,

d'après ce qui précède, d'expliquer la théorie de l'axe d'une roue de voiture.

Supposons qu'au lieu d'être mobile autour d'un petit axe à son centre, elle fût mobile autour d'un axe ayant un diamètre presque égal au sien, en sorte que la roue formât en réalité un même anneau enveloppant son axe. Il est clair alors que le frottement sera le même que si la roue était serrée et traînée sur une route de même matière que l'anneau. Or nous avons fait ressortir la différence qu'il y a entre le frottement d'un axe de ces dimensions et un axe plus petit, comme l'essieu d'une voiture, et la même différence existe entre le frottement d'une voiture traînée sans roues ou à roues enrayées, et celui d'une voiture roulant en liberté sur ses roues (1).

Dans les obstacles, la roue fait fonction d'un levier de première classe (*fig.* 92). Soit A l'obstacle, et C P la ligne de traction, C R une verticale passant par C. Alors les forces agissant sur la roue sont la réaction de l'obstacle en A, le poids de la voiture supportée par son essieu et agissant sur la roue suivant la direction C R, plus la traction des chevaux suivant la direction C P. Menons par A les perpendiculaires A M et A N sur C P et C R; il y aura dès-lors équilibre quand la force des chevaux sera telle que son produit, multiplié par A M, soit égal à celui du poids multiplié par A N; force qui n'est guère plus grande que celle nécessaire pour traîner la roue par-dessus l'obstacle.

(1) S'il n'y avait pas de frottement sur l'essieu, la théorie de la roue serait la même que celle d'un cylindre roulant [art. 85].

CHAPITRE IX.

111. *Irrégularités dans l'action de la force appliquée à l'extrémité d'un levier, dont la direction passe toujours par le même point. — Moyen d'y remédier.—112. La roue et son essieu. — 114. Modification de la roue et de l'essieu, de manière que la puissance puisse s'accroître indéfiniment. — 116. Le Treuil. — 117. Le Cabestan.— 118. Roues marche-pieds. — 120. Roues mues par des chevaux qui marchent dessus. — 121. Fusées.*

111. L'*effet* d'une force appliquée à l'extrémité d'un levier dépendant de la longueur de la perpendiculaire du point d'appui sur la direction de cette force, varie nécessairement sans cesse avec le mouvement du levier, pourvu que la force ne soit pas, dans chaque position, faite pour agir à la même distance perpendiculaire de son point d'appui.

Ainsi un homme qui, restant dans la même position, applique sa force, au moyen d'une corde, à l'extrémité d'un levier, et élève ainsi un poids attaché à l'autre extrémité (1), ne peut pas produire le *même effet* en différentes positions du bras de levier par la *même dépense* d'énergie musculaire. Il trouvera que ses efforts devront être plus *grands*, à mesure que la perpendiculaire du point d'appui sur la direction de la corde qu'il tire est *plus petite*.

Une disposition bien simple lui procure les moyens de donner une grande uniformité à l'effet de sa force ainsi appliquée.

Soit (*fig.* 95) P F Q un levier de forme quelconque; à ses deux extrémités, P et Q, fixons deux arcs de cercle A B et C D qui ont tous deux leur centre au point d'appui ou sur l'axe F. Supposons que ces arcs fassent partie de la masse

---

(1) C'est le cas d'un pont-levis ou de la bascule pour tirer de l'eau dans les jardins près de Londres.

du levier, et que les cordes auxquelles les forces P et Q sont appliquées, soient attachées à l'extrémité supérieure de chacun de ces arcs.

A mesure que l'extrémité du levier est tirée en bas, la corde se déroulera de l'arc, en sorte que sa direction lui sera toujours tangente, et la perpendiculaire sur cette direction du point d'appui sera un rayon de l'arc ; par conséquent elle restera la même, quelle que soit la position du levier.

La perpendiculaire sur la direction de la force étant toujours la même, son *effet* sera le même.

On a mis ce principe en usage pour convertir le mouvement vibratoire de l'arbre de la machine à vapeur, en un mouvement longitudinal convenable au travail des pompes (*fig.* 94).

112. *Roue et Essieu.* — L'action du levier est nécessairement limitée et intermittente dans la communication du mouvement. Ainsi, quand un poids est attaché par une corde à l'extrémité d'un levier, on ne peut lever ce poids par l'action du levier, qu'à une certaine hauteur, égale, au plus, à deux fois la longueur du bras où il est attaché. La roue et l'essieu offrent une disposition qui permet d'étendre l'action du levier à toute distance, et de la rendre continue ; ces avantages y sont combinés avec l'uniformité d'effet dont nous avons parlé dans le dernier article.

Concevons deux arcs circulaires AB et CD (*fig.* 93), qui se continuent en fermant le cercle entier ; au lieu de l'extrémité d'une corde attachée à la circonférence en B, qu'elle y soit roulée un certain nombre de fois. La corde à l'extrémité de laquelle on fait agir Q, étant d'une longueur suffisante, l'action de P pour donner le mouvement à Q, peut être continuée à toute distance. La valeur de P pour produire cet effet doit être plus grande que celle qui, multipliée par FP, donne un produit égal à celui de Q par Q F. Elle est évidemment peu importante quant à ce qui concerne ces conditions d'équilibre, qui sont les largeurs des bords des deux cercles où s'enroulent les cordes. La plus petite est ordinairement étendue sur un cylindre appelé l'essieu. L'autre est plus étroite et se nomme la roue.

113. La roue et l'essieu (*fig.* 95) sont ordinairement employés à l'élévation des poids ; ils nous mettent à même, à l'aide d'une petite force ou d'un poids, d'élever un poids beaucoup

plus considérable. Pour que la puissance et le poids puissent en soutenir un autre, il faut que la puissance multipliée
par le rayon de la roue soit égale au poids multiplié par le
rayon de l'essieu, et que le rayon de la roue soit plus grand
que celui de l'essieu ; il est dès-lors évident que la puissance
doit être moindre que le poids, sans quoi l'égalité ci-dessus
ne pourrait avoir lieu. Ainsi la roue ayant 18 centimètres
de rayon, l'essieu 3 centimètres, et le poids à soulever étant
36 kilogrammes, puisque 3 centimètres multipliés par 36
kilogrammes, dont le produit est 108, doivent être égaux à
18 centimètres multipliés par la puissance, il est clair que
la puissance doit être égale à 6 kilogrammes, puisque ce
nombre multiplié par 18 donne 108 pour produit.

Il est évident que théoriquement l'on peut accroître la
puissance de la roue et de l'essieu indéfiniment en accroissant le rayon de la roue et diminuant celui de l'essieu ; mais
en pratique cela devient impossible. Car si le rayon de la
roue est grandement accru, il devient difficile et même impossible d'y appliquer la puissance; tandis que si le rayon
de l'essieu est par trop diminué, l'essieu devient trop faible et incapable de supporter le poids.

114. La disposition suivante (*fig.* 96) paraît remédier à
cet inconvénient et nous mettre à même d'accroître indéfiniment la puissance de la roue et de l'essieu. Supposons
trois cercles tournés dans le même bloc de bois et ayant
leur centre commun en C ; attachons une corde à la circonférence du second cercle en A, passée autour d'une poulie Q, et roulée en sens inverse sur le dernier des trois cercles. Le poids est attaché à la poulie Q, et la puissance **P**
est appliquée à la corde qui s'enroule sur le plus grand cercle. Or il est évident que les forces en A' et A", agissant d'un
même côté du centre, tendent à soutenir la force agissant
en A. Puisque la pression de R est également supportée par
les deux cordons Q A et Q'A', qui chacun en portent la
moitié, il est clair que la force agissant en A' est égale à
celle agissant en A, et la soutiendrait sans l'aide de **P**, si la
distance C A' à laquelle elle agit était égale à C A; elle sera
d'autant plus près de la soutenir, que ces distances se rapprocheront plus de l'égalité; en sorte que nous pouvons
faire la force additionnelle à **P** aussi petite que nous vou-

drons, en diminuant la différence des rayons C A et C A' (1).
Ainsi la force P nécessaire pour produire l'équilibre peut
être diminuée, et la puissance de la machine augmentée en
proportion convenable.

115. Toutes les conditions d'équilibre seront évidemment
les mêmes, si les cercles ne sont pas dans le même plan.

Les deux cercles intérieurs (*fig.* 97) sont ordinairement
des cylindres sur le même axe, et la force P est appliquée
comme dans le vindas.

Quelquefois les cylindres sont placés sur différens cylindres, et le même mouvement est communiqué à tous les deux
par l'intervention d'une roue d'engrenage.

Plus la corde est enroulée sur l'essieu, plus le point à
partir duquel elle est suspendue se meut sur sa longueur,
et tend à se rapprocher de l'extrémité, en gênant sa révolution sur l'axe. Cette tendance est quelquefois contrariée
par la courbe que l'on donne à la surface de l'essieu. Cette
courbure s'accroît rapidement vers les extrémités de l'axe,
et à mesure que la corde arrive à s'enrouler près de ces
points, elle glisse vers le centre.

116. *Treuil ou Vindas.* — La puissance, au lieu d'être
appliquée à l'essieu par l'intermédiaire d'une roue, est quelquefois appliquée par le moyen d'un levier fixé à son extrémité et terminé en manivelle dont le manche est parallèle à l'axe (*fig.* 98). La machine alors s'appelle treuil ou
vindas. Si la puissance est appliquée par la main du manœuvre dans une direction perpendiculaire au bras de son
levier, les conditions de l'équilibre sont alors les mêmes
que s'il y avait une roue.

117. *Cabestan.* — Si le cylindre, au lieu d'avoir son axe
horizontal, est placé verticalement, la machine prend le
nom de cabestan.

La puissance est appliquée au cabestan par le moyen
d'une suite de leviers placés à égales distances autour de
lui, dans la direction des rayons. On applique en même
temps à chacun d'eux un ou plusieurs manœuvres.

Le cabestan est surtout en usage pour lever les ancres
des vaisseaux. Quelques tours de câble sont enroulés sur le

----

(1) M. *Saxton* a appliqué ce principe à la construction d'une poulie très-ingénieuse.

cylindre et suffisent pour l'empêcher de glisser ; et à mesure qu'il s'enroule d'un bout, on le déroule de l'autre. Il est évident que dans cette opération le câble tend continuellement à s'enrouler d'une extrémité à l'autre du cylindre. Pour l'empêcher on lui donne une forme conique, ainsi qu'on le voit (*fig.* 99), et vers le bas son épaisseur s'accroît très-rapidement, en sorte que lorsqu'il arrive à s'enrouler près de cette extrémité, il glisse continuellement sur le plan très-incliné de la face du cône.

118. *Roues marche-pieds.* — La force musculaire des jambes étant beaucoup plus grande que celle des bras, diverses méthodes ont été mises en usage pour l'employer dans les roues marche-pieds, à communiquer le mouvement à l'axe.

Les *fig.* 100 et 101 représentent deux de ces roues. Dans la première (*fig.* 100) le poids du corps et la force musculaire développée par l'individu en s'élevant lui-même (la réaction etant supportée par la machine) se *combinent* pour produire le mouvement. Cette roue marche-pieds est souvent en usage dans les prisons, et la réaction de la force musculaire est supportée par la barre que tiennent les prisonniers. La seconde roue (*fig.* 101) paraît avoir de grands avantages sur l'autre, par l'économie des forces, de l'espace, et du mécanisme.

119. On a employé divers modes de combinaisons du poids du cheval avec sa force musculaire pour mettre des machines en mouvement.

La *fig.* 102 représente une de ces combinaisons. L'avant-train du cheval repose sur une plate-forme fixe, et son arrière-train sur la circonférence d'un cylindre qui est mis en mouvement par le poids du cheval, combiné avec la force musculaire de ses jambes de derrière.

120. Si le poids ou la force à vaincre est constamment la même, et qu'on doive la vaincre par une puissance variable, il est évident que la puissance doit être appliquée à différentes distances de l'axe. Pour y parvenir, la roue (*fig.* 103), au lieu d'être un cylindre, doit être un cône tel, qu'en l'imaginant divisé par des sections transversales à égales distances, les rayons de ces sections puissent croître ou diminuer exactement dans la proportion suivant laquelle la puissance à employer doit diminuer ou augmenter ; en sorte

que la petite puissance, ainsi disposée par l'enroulement du câble sur le cône à la plus grande distance, produise le même effet que la grande puissance à la distance la plus petite.

121. La roue conique d'une montre, qu'on nomme fusée, est construite sur ce principe. La force du ressort en spirale (*fig.* 104) qui s'y enroule et communique le mouvement à la montre, est la plus grande après qu'il y est enroulé, et diminue continuellement à mesure que l'enroulement se développe; la différence de force correspondante aux différens degrés d'expension, étant très-considérable. Il suit de là que s'il n'y avait pas de frein à l'action variable du ressort, la montre irait de plus en plus lentement à partir du moment où la spirale commence à se dérouler; et à moins que le cadran ne fût inégalement divisé, on ne pourrait s'en servir pour marquer le temps. La fusée change cette puissance variable, en une puissance égale qui donne un mouvement uniforme. Le ressort, en se déroulant, entraîne avec lui le cylindre creux dans lequel il est renfermé et qu'on nomme le barillet. A la surface extérieure de ce cylindre est attachée une chaîne, dont le reste s'enroule sur une spirale creuse pratiquée dans la surface de la fusée, et attachée à son extrémité la plus large.

Quand la montre est montée, la chaîne occupe tout le creux sur la fusée et va depuis son extrémité la plus petite jusqu'à la circonférence du barillet. Le ressort agit alors avec la plus grande force; mais la chaîne qui communique son mouvement à la fusée, agit sur sa moindre extrémité, et dès-lors avec moins de tirage et avec son moindre effet. A mesure que le ressort se déroule et que sa force diminue, la chaîne agit continuellement sur les parties de la surface de la fusée plus distante de son axe, et par conséquent avec plus de tirage ou d'effet. A mesure que le pouvoir du ressort s'affaiblit, son action sur la montre se renforce, et par un ajustage convenable de la forme de la fusée relativement à sa force, il est évident que son action peut être rendue uniforme.

La forme conique de la fusée est quelquefois donnée au barillet du vindas. La corde étant attachée à sa plus mince extrémité, la puissance agit avec le plus grand avantage mécanique quand le tout est déroulé, et le poids de la corde ajouté à celui de la masse à élever. D'ailleurs, comme le poids de la corde diminue à mesure qu'elle s'élève, elle s'enroule sur une partie du barillet d'un diamètre plus considérable.

CHAPITRE X.

122. *Système de Roues dentées, modification de leviers composés.* — 124. *Conditions d'équilibre d'un système de roues dentées.* — 125. *Le frottement va en diminuant quand on diminue la grandeur des dents.*

122. Nous avons expliqué les avantages que l'on peut retirer de l'action combinée de deux ou de plusieurs leviers l'un sur l'autre. Mais la difficulté de communiquer le mouvement à l'aide d'une combinaison de leviers, en rend l'application, dans la pratique, à peine possible pour quelques usages utiles. Le plus léger mouvement de l'un des leviers suffit pour dégager son extrémité de celle qui le suit (*fig.* 105), et la chaîne se trouvant ainsi rompue, le système croule, sans qu'il soit possible de l'éviter, puisqu'on ne peut produire le moindre mouvement en définitive sans un mouvement assez violent des premiers leviers.

125. Supposons que deux leviers A B, *a b* (*fig.* 106), dont l'un A B communique le mouvement à l'autre *a b*, soient sur le point de dégager leurs extrémités l'une de l'autre, après quoi leur action l'un sur l'autre finirait par cesser. Pour continuer le mouvement, supposons deux autres leviers A'B' et *a' b'*, fixés sous de tels angles aux premiers, que lorsque les premiers viennent à se dégager, ceux-ci viennent justement à s'engager.

L'action des deux systèmes l'un sur l'autre continuant par cette seconde paire de leviers, jusqu'à ce qu'ils soient *aussi* désengagés ; on peut alors la continuer par une troisième paire de leviers A'' B'', *a'' b''*, puis par une quatrième, et ainsi de suite jusqu'à ce que la révolution soit complète, et

de même pour un nombre de révolutions des deux systèmes
de levier. Au lieu de deux, on peut combiner plusieurs systèmes de la même manière, et leur action combinée continuera pendant un nombre quelconque de révolutions. Les
parties des leviers qui agissent l'un sur l'autre sont presqu'à leurs extrémités, et par conséquent tout le reste du
système peut former un solide continu. Cette disposition
est celle de la roue dentée, ou d'engrenage.

124. *Roues d'engrenage.* — Supposons que deux de ces
roues soient fixées sur deux essieux (*fig.* 107), ayant les mêmes centres qu'elles C et C'. Enroulons ces essieux de
cordes dans la même direction et portant les poids P et W.
Soient T et T' deux cames ou dents à l'instant de leur contact au point Q, et soit Q M M' la direction suivant laquelle
la pression a lieu de l'une sur l'autre. Menons par C et C'
des perpendiculaires C M et C'M' à cette ligne.

Alors pour que la roue dont le centre est C puisse être
en repos, le moment de la pression en Q doit être égal à
celui du poids P; ou bien la pression en Q multipliée par
C M doit être égale au poids P multiplié par C A (article 56). Il s'ensuit que la pression en Q doit être égale au
produit de P par C A, divisé par C M. On trouvera de
même qu'il est nécessaire à l'équilibre de l'autre roue, que
la force en Q soit égale au produit de W par C' A', divisé
par C' M'. Ainsi la pression en Q est égale à la fois aux
deux quantités

$$\frac{C\ A \times P}{C\ M} \quad \text{et} \quad \frac{C'\ A' \times W}{C'\ M'}$$

Ces quantités sont donc égales l'une à l'autre, et l'on a

$$\frac{C\ A \times P}{C\ M} = \frac{C'\ A' \times W}{C'\ M'}$$

D'où l'on tire

$$P = \frac{C'\ A' \times C\ M}{C\ A \times C'\ M'} \times W$$

Or il est évident que la dent T ne peut donner de mou-

vement à T', sans glisser en même temps sur sa surface
en Q, et elle ne peut se mouvoir le long de sa surface, à
moins que la direction de M T, suivant laquelle elle presse
dessus, ne soit dans l'angle limite de résistance (art. 72), et
ne soit par conséquent très-inclinée par rapport à la face
de la dent; mais plus M Q est incliné vers Q T', moindre
est la perpendiculaire C' M', et plus grande est la perpendiculaire C M ; ainsi plus grande est la fraction

$$\frac{C' \ A' \ \times \ C \ M}{C \ A \ \times \ C' \ M'}$$

Et plus grande est la puissance P, nécessaire pour mettre
en mouvement un poids donné W.

Il y a donc une grande perte de puissance, dans la machine, par le glissement des dents sur les surfaces l'une de
l'autre. Cette perte de puissance serait évitée si la disposition était telle que dans le mouvement de la machine les
dents pussent rouler au lieu de glisser l'une sur l'autre.
C'est dans ce but qu'on leur a donné différentes formes
courbes. Mais une discussion géométrique sur la nature
de ces courbes n'est pas du ressort d'un ouvrage élémentaire. On peut d'ailleurs établir généralement qu'elles appartiennent à cette classe de courbes qui sont engendrées
par le mouvement d'un point sur la circonférence d'un cercle, roulant sur un point d'un autre cercle, et qu'on nomme
Epicycloïde ou *hypocycloïde*, suivant que le cercle mobile
roule en dehors ou en dedans d'un cercle fixé.

Il est encore un autre objet pour lequel il devient plus
important de modifier les formes des dents des engrenages.

Il est aisé de voir, à l'inspection de la *fig.* 107, que le
mouvement uniforme de la roue C autour de son axe ne
produit pas nécessairement un mouvement uniforme dans
la roue C'. En effet, la vitesse angulaire communiquée à C'
diminue depuis la position dans laquelle les bords des dents
sont dans la même ligne droite jusqu'à celle où elles se
quittent.

Après tout, au reste, il est à peine possible de construire
des roues qui satisfassent à toutes ces conditions; et fussent-
elles construites, l'usée inégale de la machine en aurait
bientôt altéré les formes.

125. Le frottement est ce qu'il y a de mieux à éviter ; et l'on peut obtenir une parfaite uniformité de mouvement, en multipliant les dents et les faisant très-petites. Quand la force n'est pas considérable, on peut obtenir une disposition assez convenable pour rendre imperceptible toute irrégularité de mouvement.

Quand les dents sont petites, il est évident que chacune des deux en contact abandonne l'autre immédiatement après avoir dépassé la ligne qui joint les centres des roues, et qu'elles peuvent être considérées comme se touchant seulement quand elles sont sur cette ligne (*fig.* 108). Or pendant que les surfaces des dents sont sur cette ligne, le mouvement du point de contact est perpendiculaire à toutes deux ; elles n'ont donc aucune tendance à glisser l'une sur l'autre, et il n'y a pas de frottement. Là, par conséquent, la pression de l'une sur l'autre est perpendiculaire à leur surface commune, et les perpendiculaires C M et C'M' (*fig.* 107) coïncident avec C Q et C'Q (*fig.* 108). Les conditions d'équilibre deviennent donc

$$P = \frac{C'A' \times C Q}{C A \times C'Q} \times W$$

Et l'on y peut regarder C Q et C'Q comme égales aux rayons des roues, à raison de la petitesse des dents. Il s'ensuit, comme règle, pour trouver la puissance de combinaison de deux roues dentées : multiplier la distance à laquelle la puissance est appliquée, à partir du centre de la première roue, par le rayon de la seconde roue, et multiplier la distance à laquelle le poids agit, à partir du centre de la seconde, par le rayon de la première ; le quotient de ces produits donnant le rapport de la puissance au poids, ou la puissance du mécanisme.

126. Généralement si des roues engrènent l'une sur l'autre, en nombre quelconque, et que l'on suppose que les distances auxquelles agissent la puissance et le poids, à partir des centres de leurs roues respectives, forment les termes extrêmes d'une série, dont les termes intermédiaires sont les rayons des roues d'engrenage ; alors prenant le produit des termes impairs de la série, et le divisant par celui des termes pairs, le quotient représentera la puissance du système.

Ainsi (*fig.* 109) les forces P et W agissent aux distances

C A et C$_5$ B$_5$, à partir du centre des roues auxquelles elles sont appliquées respectivement ; les écrivant donc, comme termes extrêmes d'une série dont les termes intermédiaires sont les rayons des autres roues, dans l'ordre qu'elles occupent, on aura la série

C A, C B, C$_1$ A$_1$, C$_1$ B$_1$, C$_2$ A$_2$, C$_2$ B$_2$, C$_3$ A$_5$, C$_5$ B$_5$.

Puis divisant le produit des termes impairs de cette série, par celui des termes pairs, on aura pour expression de la puissance de la machine.

$$\frac{C\,A \,\times\, C_1\,A_1 \,\times\, C_2\,A_2 \,\times\, C_3\,A_5}{C\,B \,\times\, C_1\,B_1 \,\times\, C_2\,B_2 \,\times\, C_5\,B_5}$$

CHAPITRE XI.

127. *La manivelle.* — **129.** *L'excentrique.* — **150.** *Le levier de la presse Stanhope.* — **131.** *Le renvoi de mouvement.*

127. *La manivelle.* — A l'extrémité **M** (*fig.* 110) du levier **C M**, mobile autour du centre **C**, concevons une verge **M N** qui lui soit jointe par un assemblage, lui permettant de tourner librement autour de ce point. Cette disposition est celle d'une manivelle. Les deux forces appliquées agissent l'une suivant la direction de la verge **M N**, et l'autre (à l'aide d'une roue d'engrenage ou par tout autre moyen) sur un essieu dans lequel C M est fixé par son extrémité C, tandis que l'essieu C M tourne autour. Les conditions d'équilibre sont (art. 56) que le moment de la force appliquée à l'essieu soit égal au produit de la force en N M multipliée par la perpendiculaire C m.

Or comme les positions de **C M** et de **M N** changent (*fig.* 111 et 112), de manière à venir jusqu'en ligne droite, la perpendiculaire C m diminue continuellement, et quand cette position est atteinte, elle devient nulle. La force **M** doit donc s'accroître continuellement, afin que l'égalité des momens puisse subsister, et aucune force, quelque grande qu'elle soit, ne suffit pour conserver cette égalité. En effet le moment de la force appliquée à l'essieu, a une valeur déterminée ; mais aucune force multipliée par C m ne peut avoir de valeur déterminée, quand cette ligne devient nulle. L'équilibre, dans ces circonstances, est donc impossible, et il y a une position de la manivelle dans laquelle elle ne supporte l'action d'aucune force, tant petite soit-elle, appliquée à son essieu. Quand la force musculaire du bras est appliquée (*fig.* 113) pour donner le mouvement rotatoire soit à une roue, soit au treuil, cette action est précisément analogue à celle d'une manivelle.

128. Par le moyen d'une manivelle, le mouvement en longueur peut être converti en mouvement circulaire. Supposons que la verge R M (*fig.* 114) ne puisse se mouvoir que dans le sens de sa longueur. A son extrémité M, attachons une seconde verge M N à l'aide d'un assemblage, et joignons-la à une troisième C N par un autre assemblage, qui porte, à angles droits à son extrémité, un essieu mobile en C, dans une douille ou sur un pivot. La verge C N faisant sa révolution par le moyen de son essieu entraînera l'extrémité N de la verge M N dans son mouvement de rotation, et communiquera ainsi un mouvement alternatif de va et vient suivant la longueur de M R ; ou réciproquement, le mouvement de va et vient de M R fera tourner C N autour de C et entraînera son essieu dans ce mouvement de rotation.

129. *L'excentrique.* — Il y a une autre disposition pour convertir le mouvement circulaire continu en mouvement rectiligne 'alternatif. Un cercle est fixé à l'essieu d'une roue, ou manivelle, qui porte la puissance en un point C (*fig.* 115), qui n'est pas son centre ; L N est un assemblage dans lequel est une ouverture circulaire précisément de la grandeur du premier cercle, et qui est placée dessus ou faite pour le contenir. L'extrémité N de cet assemblage peut être jointe à une verge mobile seulement dans une direction verticale, et disposée pour appliquer la force de la machine.

La tension sur l'assemblage est évidemment dans la direction de la ligne M N, passant par le centre M du cercle, et autour duquel elle est symétrique. Prenons donc C pour centre du mouvement, et menons C K perpendiculaire sur M N, si la force P appliquée pour faire tourner le cercle sur son axe C, reste la même, l'effort multiplié par C K doit rester le même. Ainsi donc, à mesure que C K diminue, l'effort doit augmenter, et réciproquement. La force R, indispensable à l'équilibre, peut être considérée comme variant presqu'autant que l'effort sur l'assemblage.

La puissance de l'excentrique est d'autant plus grande que l'axe autour duquel tourne le cercle est moins·distant de son centre.

130. *Levier de la presse Stanhope.* — Il y a quelques faits relatifs à la combinaison de deux manivelles, qui sont dignes d'attention. Concevons deux manivelles assemblées par une verge commune M N (*fig.* 116) et ayant leur centres de mouvement en C et C'. Supposons qu'une force donnée communique le mouvement au système par la révolution de C M. On a vu que l'effort produit par cette force, dans la verge M N, sera plus grand à mesure que C M et M N seront plus près d'arriver en même ligne droite (art. 127). Cet effort se transporte en N et tend à communiquer le mouvement à C'N. Si donc le système est disposé de manière que lorsque C M et M N sont presqu'en ligne, M N soit perpendiculaire à C'N, de manière à agir sur le levier à son plus grand avantage, il est évident qu'il se produira une force énorme tendant à faire tourner l'essieu auquel le levier est attaché. Cette disposition de leviers est celle employée dans la presse Stanhope. L'essieu C',guide la vis qui presse le papier à imprimer, avec une force énorme contre les caractères.

131. *Renvoi de mouvement.* — C'est une disposition qui, sous diverses formes, entre dans la construction d'une foule de mécanismes, et dont l'usage a pour but, en général, de convertir un mouvement continu de rotation, en mouvemens divers rectilignes.

C E (*fig.* 117) est une verge pouvant se mouvoir dans le sens de sa longueur, soit par son propre poids, soit à l'aide d'un ressort, et mise en contact avec le bord d'une masse irrégulière A D; cette verge porte avec elle la partie du mécanisme à laquelle on doit communiquer un mouvement irrégulier; et les irrégularités du bord de la masse A D sont faites, par expérience, comme il convient pour assurer ce mouvement irrégulier, lorsque la masse tourne régulièrement sur son axe B, autour duquel elle est mobile.

Quelques-unes des combinaisons les plus ingénieuses de ce mécanisme sont en usage pour les métiers à tulle. L'extrême variété des mouvemens entrelacés qui doivent dériver du mouvement régulier du piston de la machine à vapeur, ou de la continuité du mouvement d'une roue hydraulique, jointe à leur précision, à leur rapidité, à leur délicatesse extrême, la rangent parmi les prodiges de science de la mécanique-pratique.

La relation entre la puissance appliquée pour donner un mouvement de rotation au renvoi, et celle par laquelle il glisse, peut, dans chacune de ses positions de transmission, être calculée ainsi qu'il suit.

Par le point où il glisse en contact avec le bord du renvoi, menons une ligne oblique à la perpendiculaire sur sa surface, sous un angle égal à l'angle limite de résistance, et à partir de l'axe du renvoi, abaissons une perpendiculaire sur cette ligne. La résistance entre le renvoi et le glissement se calculera (art. 86) en divisant le moment de la force appliquée à faire tourner le renvoi (c'est-à-dire son produit par la longueur de la manivelle), par sa perpendiculaire. Mais toute la résistance du renvoi et du coulisseau, ou l'un sur l'autre, n'est pas entièrement employée à communiquer le mouvement à ce dernier; une partie est supportée pour les surfaces entre lesquelles il se meut et qui servent à le diriger. Pour obtenir la portion de toute la force *effective* employée à faire mouvoir le coulisseau, il faut multiplier la résistance par le co-sinus de l'angle que la ligne de résistance fait avec la direction du coulisseau.

Il est évident, d'après ce qui précède, que l'on doit donner au bord du renvoi une forme telle, qu'il soit impossible au coulisseau de l'éviter, quelque *faible* d'ailleurs que soit la pression du coulisseau.

CHAPITRE XII.

Théorie de la vis. — Vis de rappel. — Vis de micromètre.
— Vis sans fin. — Vis conique. — Vis Hunter.

132. *La vis.* — C'est une combinaison du plan incliné et
du levier. Il est clair que l'équilibre de la masse M (*fig* 64)
dépend des forces qui agissent dessus et de l'inclinaison de
cette portion du plan incliné avec lequel elle se trouve en
contact; sans avoir rien de commun avec la forme ou l'inclinaison des autres parties du plan. Supposons maintenant
que la portion du plan avec laquelle M est en contact, soit
excessivement petite, et que cette portion du plan restant
sans altération, le reste soit enveloppé autour d'un cylindre
vertical, la ligne A B s'enveloppant sur sa base, de manière
à ramener les extrémités A et B l'une vers l'autre. Le plan
alors prendra la forme représentée dans la *figure* 118. Les
points A et B coïncidant en A ; A E C étant la surface, et A C
le dos du plan.

Supposons le tout mobile autour d'un axe O O', coïncidant
avec celui du cylindre, et soit *n' n* la force appliquée au dos
du plan dans une direction autour de l'axe. Cette force se
propagera en Q, et agira sur ce point parallèlement à la base
du plan, précisément comme elle l'eût fait avant si le plan
eût été courbe, en sorte que l'équilibre *subsiste* dans les
mêmes circonstances.

Nous pouvons supposer la force *n n'* engendrée au moyen
d'un levier ayant son point d'appui en L sur l'axe du cylindre, et sollicité par une force P appliquée à son extrémité
suivant la direction P P'. La pression convenable en *n* sera
engendrée par une force beaucoup plus petite en P.

On a vu (art. 86) que l'effet de la force *n n'* appliquée au
dos du plan incliné mobile, sur un obstacle M, s'opposant lui-
même au mouvement du plan, et agissant sur sa surface, est
toujours dans la direction limite de la résistance du plan, c'est-
à-dire inclinée à la perpendiculaire sur cette surface, sous un

angle égal à l'angle limite de résistance. Connaissant donc la valeur de la force $n\,n'$ ou Q, qui agit parallèlement à la base du plan ; et aussi la direction de la résistance q, on peut trouver la valeur de cette dernière (art. 80). Quand les forces qui maintiennent en place la masse M (ordinairement sa cohésion avec les autres parties de la masse), ne sont pas suffisantes pour produire cette résistance, la masse M sera élevée et mue sur la surface du plan.

Supposons maintenant un second plan incliné s'enroulant sur le cylindre à partir du point C, et ayant sa base parallèle à la base du cylindre. L'équilibre d'une masse ayant la même pression sur lui, sera précisément semblable à celui que nous avons trouvé pour l'autre. Supposons une série de pareilles masses toutes pressées contre le plan par des forces égales et semblables, occupant toute la longueur du plan et en contact avec chacune de ses parties. Les conditions de l'équilibre pour chacune seront les mêmes, et peuvent être amenées par l'action d'un levier semblable à P L ; ou bien un simple levier placé à l'extrémité du cylindre pourra faire fonction de tous ces leviers séparés. Ainsi construit, l'instrument sera une vis ; A D est sa base, A E C est un de ses filets, et A C est la distance entre ses têtes. La force imprimée au levier sera sur le point de communiquer le mouvement au tout, quand elle sera telle qu'elle dirige la pression sur les différens points de la tête de la vis, de manière à faire avec sa perpendiculaire des angles égaux à l'angle limite de résistance.

133. La vis que nous venons de décrire s'appelle mâle ; et si au lieu d'envelopper le cylindre en dehors, elle y était creusée en dedans, sa surface aurait formé la tête de la femelle ou écrou. Si les diamètres des deux cylindres et les dimensions des plans sont les mêmes, les deux vis, mâle et femelle, se conviendront exactement, et leurs filets coïncideront. Si l'un étant fixe, l'autre tourne sur son axe, il y aura, outre le mouvement de rotation, un mouvement de translation dans le sens de l'axe.

134. La vis d'un sergent (*fig.* 119) et celle d'un étau (*fig.* 120) sont des exemples de vis de rappel. Dans la première, l'écrou, ou la femelle, est fixe, et la vis, ou le mâle, est mobile ; dans la seconde, l'écrou est mobile, et la vis reste fixe.

Si la vis est fixe, de manière qu'elle puisse tourner simplement autour de son axe, tandis que l'écrou ne peut se mouvoir que longitudinalement, alors le mouvement de rotation donné à l'une communiquera un mouvement longitudinal à l'autre. Cette disposition (*fig.* 121) s'appelle *vis de micromètre*, et plus généralement *vis de rappel*.

155. Les matières que l'on doit soumettre à de grandes pressions, sont, pour la plupart, par leur nature, plus ou moins compressibles et cèdent plus ou moins ; il est néanmoins indispensable d'agir toujours sur elles sans interruption, et avec la même force, quelque modification que subisse leur forme. De toutes les puissances mécaniques, la vis est celle qui est le mieux calculée pour ce genre de pression

L'action du levier marche continuellement suivant sa position, et à raison de ce que la surface sur laquelle elle s'exerce cède ou résiste, la vis opérant dès-lors une pression égale, dans la même direction, et sans relâche.

156. La puissance de la vis est d'autant plus grande que l'inclinaison du plan qui forme son filet et l'angle limite de résistance de la surface sont moindres, et d'autant plus que son rayon est moindre par rapport à la longueur du levier à l'extrémité duquel la puissance est appliquée. Dès-lors, si le frottement est le même et qu'on se serve du même levier, la puissance de la vis sera d'autant plus grande que son diamètre sera plus petit et la distance moindre entre ses filets, ou que le pas de la vis sera plus fin.

157. D'ailleurs, en diminuant le diamètre de la vis, et accroissant la finesse du filet, on diminue sa force, car il n'y aurait pas, sans cela, de limite à sa puissance.

157. *La vis Hunter* (*fig.* 122), qui porte le nom de son inventeur, obvie en grande partie à ces inconvéniens. Elle consiste dans la combinaison de deux vis, dont l'une travaille dans l'autre. La puissance de cette double vis ne dépend pas des distances entre les filets des deux vis qui la composent, mais de la différence entre ces distances. Dès-lors les filets peuvent être d'une épaisseur et d'une force quelconque, pourvu qu'ils ne diffèrent guère d'épaisseur entr'eux.

De simples vis d'ailleurs peuvent avoir une prodigieuse puissance. La première impulsion que reçoit la carène d'un vaisseau qu'on lance à la mer, provient de l'action d'une petite vis. Une première vis assure l'assise sur laquelle il repose, en avant des coulisses, et la vis retirée, le vaisseau glisse à l'eau par son propre poids. Par l'action d'une vis, une volumineuse balle de coton, telle qu'il n'en faudrait que quelques-unes pour encombrer un vaisseau, sont réduites en paquets si minces, que cette substance, l'une des plus légères connues, devient assez pesante pour ne plus surnager dans l'eau. Les usages de la vis sont innombrables. Il n'est pas de charpente si dure, qu'une vis ne puisse traverser; et une fois fixée, il n'est pas de puissance qui puisse l'arracher, en agissant seulement dans la direction de sa longueur et sans la détourner. C'est ainsi que l'on assemble deux morceaux de bois assez ferme pour n'en plus faire qu'un seul. De grands piliers de bâtimens ont été ramenés d'une position inclinée, à celle verticale, à l'aide d'une petite vis mue par une faible force. La vis sert à exprimer le jus des substances végétales ; c'est un grand agent du paquetage, du monnayage et de l'impression en tous genres.

158. La vis est quelquefois combinée avec la roue dentée, et constitue ainsi ce que l'on appelle la *vis sans fin*. Cette combinaison peut s'obtenir en plaçant l'axe de la vis dans le plan de la roue (*fig.* 123), ou bien à angles droits avec lui, comme dans la vis américaine sans fin.

Dans l'un et l'autre cas, les roues doivent avoir une conformation convenable à l'inclinaison du filet. La distance entre deux filets de la vis doit être exactement égale à la largeur d'une dent de la roue ; en sorte qu'une *complète* révolution de la vis est nécessaire pour mouvoir la circonférence de la roue d'une distance égale à une seule de ses dents.

159. Quelquefois la vis, au lieu d'agir sur des dents *en saillie* sur le bord de la roue, est faite pour agir sur le filet d'un écrou *creusé* dans son bord (*fig.* 124), disposition qui présente l'avantage d'une forme plus convenable et d'une action plus ferme de la vis sur la circonférence de la roue.

On a vu qu'une roue dentée constitue de fait une série de leviers, et que la vis n'est autre chose qu'un plan incliné en spirale. La vis sans fin n'est donc qu'une combinaison du plan incliné et du levier.

140. Au lieu d'être engendré par une spirale autour *d'un cylindre*, le filet de la vis peut être formé par une spirale autour d'un cône (*fig.* 125). Une vis de cette forme combine, avec la pression d'une vis cylindrique, l'action d'un coin, et

sa puissance pour pénétrer dans un corps solide s'accroît à raison de ce qu'elle se termine en pointe. La vrille et la tarière sont des applications de cette forme de vis, qui permet de la retirer promptement.

CHAPITRE XIII.

141. *Flexibilité.* — 142. *Tension.* — 143. *Frottement d'une corde.* — 144. *Poulie.* — 145. *Simple poulie fixe.* — 147. *Simple poulie mobile.* — 148. *Moufle espagnole.* — 150. *Premier système de poulies.* — 151. *Second système de poulies.* — 152. *Combinaison des deux systèmes.* — 156. *Poulie Sméaton.* — 157. *Poulie White.*

141. Un corps flexible diffère d'un solide en ceci, *qu'il ne résiste que suivant certaines directions à l'action d'une force tendant à altérer sa forme ou à séparer ses parties, tandis qu'un solide exerce cette puissance en toute direction.*

Une corde est un corps flexible, sous la forme d'un mince cylindre, ordinairement formé des fibres de certaines substances végétales tressées ensemble. On la dit parfaitement flexible, quand elle résiste bien à l'action des forces qu'on lui peut appliquer dans le sens de sa longueur. Ce pouvoir de résistance se nomme tension.

La tension sur chaque partie d'une corde soumise à l'action de forces appliquées à ses extrémités (*fig.* 126), est la même. Supposons en effet la corde A A' en repos, les forces agissant sur ses extrémités sont alors égales (art. 5). Or la tension en A' étant la résistance que la corde oppose à la force en ce point, est égale à cette force, et par conséquent à la force A. Cela est vrai, quel que soit le point A' pris sur la corde ; la tension en un point quelconque est donc égale à A.

Une corde tendue en ligne droite donne donc un moyen facile de transmission de la force d'un point sur un autre. Ce n'est pas d'ailleurs seulement, quand elle est tirée suivant la même *ligne droite*, qu'une corde a la propriété de transmettre une force d'un point à un autre ; elle conserve cette propriété quand elle est *courbe*. En effet une ligne *courbe* peut se concevoir comme composée d'un nombre infini de *lignes droites*, dont l'inclinaison l'une sur l'autre est si excessivement petite que chacune peut être considérée comme en ligne droite avec sa voisine. D'après cela, il est évident que, quelle que soit la tension de la première de ces lignes, elle sera transmise à la seconde, et ainsi de suite dans toute la courbe.

La corde nous donne donc aussi un moyen de transmission de force, en ligne courbe, et la reproduisant à *l'une des extrémités* de cette ligne (*fig.* 127), quelles que soient sa forme et sa longueur, avec la même énergie qui est imprimée à *l'autre extrémité.*

Mais la difficulté consiste à la courber ; car il est évident qu'à raison de sa *flexibilité*, elle ne peut conserver aucune forme *courbe* qui lui soit donnée, à moins que ce ne soit sous l'action de *certaines forces*. La méthode la plus convenable d'y suppléer, est de la tendre sur quelque corps solide dont la réaction lui conserve la courbe voulue. Si cette *réaction* était exercée partout, seulement dans une direction *perpendiculaire* à la surface, elle ne détruirait pas cette égalité de tension dont nous avons parlé. En effet elle ne pourrait être affectée tant que l'action serait *perpendiculaire* à la tension. Mais malheureusement il n'est pas de surface dont la réaction s'exerce ainsi (art. 75).

142. La résistance d'une surface peut toujours se décomposer en deux, une dans la direction de la perpendiculaire à la surface, et l'autre dans la direction de la surface elle-même. *Cette dernière résistance* s'oppose à la tension de la corde, qu'elle diminue continuellement avec une telle rapidité, qu'il y a peu de tensions assez puissantes pour ne pas être entièrement détruites par deux ou trois tours de la corde rouée (1).

_____

(1) Les faits suivans relatifs au frottement des cordes sont d'une importance assez grande pour trouver place ici, quoique les principes sur lesquels ils reposent n'y puissent être expliqués.

Si une corde enveloppe une partie quelconque d'un cylindre, le frottement sera le même, quel que soit le rayon du cylindre, pourvu seulement que l'angle sous-tendu au centre par l'arc, suivant lequel

Il devient dès-lors impossible de transmettre la force par ce moyen, à moins d'une grande perte.

143. La poulie est une machine destinée à obvier à cette difficulté, et qui sert à transmettre la tension d'une corde, sans la diminuer sensiblement, en permettant de la courber dans toute direction voulue. C'est un étroit cylindre ayant une gorge creusée à son bord, et mobile autour de son centre à l'aide d'un axe supporté dans un assemblage qu'on nomme chape (*fig.* 152 et 155). L'essieu est quelquefois fixé par ses deux extrémités dans la chape, en passant par un trou au centre de la poulie, et quelquefois il est fixé dans la poulie, en tournant dans les trous des côtés de la chape qui le reçoivent.

elle s'enroule, soit le même. Si la corde ne fait qu'un demi-tour du cylindre, sous-tendant un arc de 180° au centre, ou un tour entier, sous-tendant un arc de 560°, peu importe le rayon du cylindre, le frottement sera toujours le même. Si l'on fait un demi-tour; un tour et demi; deux tours et demi, et ainsi de suite, les frottemens correspondans seront représentés par une série de nombres dont chacun est égal au précédent, multiplié par le carré du premier terme de la série.

En général, l'indication du frottement pour un demi-tour, peut être représentée par 5; pour un tour et demi, deux tours et demi, etc., etc., ce sera donc 5 × 9 ou 27; 27 × 9 ou 245; 245 × 9 ou 2187, etc.

Si donc R représente la résistance agissant à l'extrémité d'une corde, et P la puissance nécessaire pour la contre-balancer à l'autre extrémité, l'enroulement donnera pour un demi-tour P = 5R; pour un tour et demi P = 27R; pour deux tours et demi P = 245R; pour trois tours et demi P = 2187, etc.

Nous pouvons, d'après ce qui précède, expliquer aisément la raison pour laquelle le nœud qui réunit les deux extrémités d'une corde, résiste efficacement à l'action de toute force qui tend à les séparer. Si la corde s'enroule sur un cylindre, comme dans la *fig.* 128, et qu'à ses deux extrémités soient appliquées deux forces P et R, on voit, d'après ce que nous venons de dire, que P ne contre-balancera pas R, à moins qu'il ne soit égal à 9 fois cette force. Or si le cordon auquel R est attaché, passe sous l'autre cordon de manière à en être pressé contre la surface du cylindre, comme on le voit en *m* (*fig.* 129); alors, pourvu que le frottement produit par cette pression ne soit pas moindre qu'un neuvième de P, le cordon ne se mouvra pas même quoique la force R cesse d'agir. Si les deux extrémités du cordon sont nouées de manière à passer sous l'enroulement (*fig.* 150), il y aura besoin d'une moindre pression sur chaque. Or en diminuant le rayon du cylindre, cette pression peut s'accroître indéfiniment, puisque, par une propriété connue des courbes funiculaires, elle varie en raison in-

144. *Poulie fixe.* — Supposons deux forces P et R (*fig.* 134) agissant dans une direction quelconque aux extrémités d'une corde passant sur une poulie ayant sa chape *fixe* et qu'on appelle dès-lors *poulie fixe.* Le frottement entre la corde et la surface l'empêchera de glisser sur cette surface, ainsi que nous l'avons expliqué déjà. Les forces P et R tendront donc, chacune, à communiquer le mouvement à la poulie autour de son axe, et puisqu'elles agissent à des distances perpendiculaires égales C M et C M', de l'axe, cette tendance ne sera détruite qu'autant qu'elles seront égales l'une à l'autre (1). Cela donne un moyen de transmission de force, sans altération ou diminution de force d'une direction à une autre sous un angle quelconque avec la pression, et agissant à une distance quelconque. On peut changer ainsi la force de haut en bas (*fig.* 133) en une force de bas en haut (*fig* 132), et réciproquement. Par la combinaison de deux ou de plusieurs poulies, il n'est pas de chemin, quelque long et tortueux qu'il soit, par lequel on ne puisse transmettre ainsi une pression égale.

Quand les forces agissant sur une poulie sont en directions parallèles, il est évident que la pression sur l'axe est égale à leur somme, ou deux fois l'une d'elles, ajoutée au poids de la poulie.

verse du rayon. On peut donc diminner assez le rayon d'un cylindre, pour qu'aucune force ne soit assez grande pour en chasser une corde roulée dessus (*fig.* 130), même sans qu'une extrémité reste libre et sans application d'aucune force. Supposons la corde double (*fig.* 131) et enroulée comme précédemment, il est évident qu'on peut encore faire le cylindre assez petit pour qu'aucunes forces P et P' appliquées aux extrémités de l'une des doubles cordes, ne soient suffisantes pour les en retirer, dans quelques directions qu'elles y soient appliquées.

Otons maintenant le cylindre. La corde alors étant serrée, au lieu d'être enroulée sur un cylindre, se repliera sur elle-même, aux points *m* et *n*, et la corde, au lieu d'être passée en ces points sur le cylindre par une force agissant sur une portion de la circonférence, sera passée par une force plus considérable agissant tout autour d'elle. Tout ce que nous avons dit de l'impossibilité de détacher la corde, aura lieu encore à un plus haut degré. Enfin, aucune force P et P' agissant pour tirer les cordes P et P', ne pourra défaire le nœud.

(1) On ne tient compte ici ni du frottement de la poulie sur son axe ni de son frottement contre sa chape.

145. Quand leurs directions ne sont pas parallèles, la pression sur l'une est égale à leur résultante. Cette résultante peut se déterminer ainsi qu'il suit : soient M, M' (*fig.* 152 et 153) les points où les cordes abandonnent les poulies. Joignons C M et C M', ces lignes sont perpendiculaires à R M et P M', les dernières étant tangentes en M et M'. Joignons M M', cette ligne sera perpendiculaire à C Z. D'où il suit que les trois lignes C M, C M' et M M', formant le triangle C M M', sont perpendiculaires aux directions des trois forces qui maintiennent la poulie en repos, et sont par conséquent proportionnelles à ces forces 1) ; en sorte que si l'on en prend une pour représenter l'une des forces, les autres représenteront les autres forces. Si donc C M représente la puissance P, M M' représentera la résistance R ; et cette résistance peut être déterminée par la proportion

$$C\,M : M\,M' :: P : R$$

Employant la même puissance, mais enroulant diverses parties du cordon sur la poulie, il est clair que l'on augmente

(1] On peut le prouver de la manière suivante : soient A B, A C A D (*fig.* 153) trois lignes représentant, en grandeur et en direction, trois forces tenant une masse en repos et formant dès-lors (art. 16) les côtés et la diagonale d'un parallélogramme.

De *chacun* des points P, Q, R, dans les *directions* de ces lignes, menons les perpendiculaires P c, Q a, R b ; et prolongeons-les jusqu'à ce qu'elles se coupent deux à deux, pour former le triangle $a\,b\,c$.

C'est un principe connu de géométrie, que si deux lignes sont inclinées l'une à l'autre, sous un angle quelconque, et qu'on mène à chacune des perpendiculaires, ces dernières sont inclinées sous le *même* angle.

Il s'ensuit que P c et Q c sont inclinées l'une à l'autre sous le même angle que le sont A D et A C ; ou que l'angle P c a est égal à l'angle D A C. Par la même raison, l'angle c a b est égal à l'angle C A B. Or l'angle C A D est égal à son alterne A C B ; donc les deux angles C A B et A C B sont respectivement égaux aux deux angles c a b et a c b ; par conséquent les triangles sont équiangles et semblables. Si l'on divise A C en un certain nombre de parties égales, et a c en *autant de parties,* il y aura autant de parties de même longueur que la première dans A B et B C, respectivement, qu'il y en a de même longueur que la seconde dans a b et b c. Or B C est égal à A D comme côtés opposés d'un même parallélogramme. Il s'ensuit que si l'un des côtés a c du triangle a b c est pris pour représenter la ou que l'on diminue la pression sur l'axe dans la même proportion que l'on augmente ou que l'on diminue la corde M M' de l'arc suivant lequel elle touche la poulie. La plus grande valeur de la résistance est celle pour laquelle P et Q deviennent parallèles, M M' devenant un diamètre du cercle (*fig.* 134) et égale à deux fois C M; en sorte que la plus grande résistance est égale à deux fois la puissance.

146. Dans l'établissement des conditions d'équilibre de la poulie fixe, nous avons négligé le poids de la corde. Mais, dans la pratique, ce poids constitue un élément important du calcul. En premier lieu, tout son poids doit évidemment s'ajouter à la pression sur l'axe. En second lieu, si la longueur du cordon de l'un des côtés de l'axe excède celle de l'autre côté, le poids de l'excès doit s'ajouter à *celle* des forces du côté de laquelle il agit. Dans presque tous les cas, cet excès existe. Si donc une poulie fixe sert, ainsi que cela a lieu souvent, à élever des matériaux sur les échafaudages d'un bâtiment en construction, l'une des extrémités de la corde étant tenue par une personne à la hauteur de laquelle le poids est élevé; il est clair que dès que le poids s'élève, l'excès du poids de la corde est en faveur de la puissance et tend à soulager le manœuvre; en sorte que lorsque le poids arrive à sa plus grande hauteur, l'effort nécessaire pour l'élever est diminué de beaucoup. Ce poids de la corde peut même être tel, qu'après une certaine hauteur il suffise seul pour élever le fardeau avec une rapidité qui n'est pas sans inconvénient. Pour prévenir cet inconvénient, l'extrémité d'une corde est quelquefois attachée au poids, de manière à se détourner d'elle-même à mesure qu'il monte, balançant ainsi le poids de la corde qui s'ajoute à la puissance.

147. *Poulie simple mobile.* — Dans ce genre de poulies (*fig.* 136), au lieu d'avoir la puissance et la résistance aux deux extrémités d'une corde, l'une de ces extrémités s'attache à un obstacle invincible; la puissance agit sur l'autre, et la résistance R en est la résultante, appliquée à la chape. On peut prouver de la même manière que ci-dessus, que si le rayon

---

force A C, à laquelle il a été mené perpendiculaire, quant à la *grandeur*, les deux autres côtés *a b* et *b c* représenteront en *grandeur*, aussi, les deux autres forces A B et A D auxquelles on les a menées respectivement perpendiculaires.

de la poulie est pris pour représenter la puissance, la corde M M' (*fig* 152 et 153) de l'arc de contact représentera la résistance. Ainsi la plus grande résistance possible, étant celle où les cordons sont parallèles et la corde M M' double du rayon, est deux fois la puissance. Il s'ensuit qu'avec une poulie de ce genre, une force de 100 peut élever un poids de 200.

Dans la pratique, la poulie fixe et la poulie mobile sont ordinairement combinées comme on le voit (*fig*. 136), le même câble passant sur toutes deux.

148. *Moufle* (1) *espagnol.* — C'est un système de trois poulies (*fig*. 137), dont l'une est fixe et les deux autres sont mobiles. Ces dernières ont leurs chapes attachées par le même câble P' Z' P'', passant sur la poulie fixe Z'. La puissance P est faite pour agir sur un second câble passant sur la première poulie, sous la troisième et fixé en Z. La tension sur le câble P P' Q Q' Z est partout la même (art. 141) et égale à la puissance P ; tandis que la tension sur le câble P Z', et par suite sur P'' Z', est égale à deux fois la puissance. Dès-lors la troisième poulie est supportée par trois forces, les tensions de P' Q', Z Q, et Z' P'', dont deux sont égales à la puissance P, et la troisième au *double* de cette puissance. En somme, la force qui supporte la résistance est égale au quadruple de la puissance, ou bien R = 4 P. Les deux poulies mobiles étant ici suspendues aux extrémités d'un même câble, se contre-balancent évidemment.

149. La *fig*. 138 représente un autre système de deux poulies fixes et d'une poulie mobile. Le même câble passe sur toutes les trois, amenant la puissance à l'une de ses extrémités ; il passe sur la première poulie fixe A, sous la poulie mobile P₁, et sur la poulie fixe P₂, pour revenir s'attacher à la chape de la poulie mobile en P₃. La résistance R est supportée ici par les tensions *égales* des trois cordons A P₁, P₂ C, et P₂ P₃, formant en somme trois fois la tension de l'une d'elles, c'est-à-dire trois fois P, ou R = 3P.

150. *Premier système de poulies.* — On peut combiner plusieurs poulies mobiles de manière à augmenter la puissance d'un système. Supposons que la première poulie C (*fig* 139),

(1) Ce nom de *moufle* s'applique en général à toute espèce de système de poulies ; mais il est plus ordinairement employé pour désigner un système de poulies enfilées dans une même chape.

sur laquelle passe le câble P C D, ayant une de ses extrémités
sollicitée par la puissance P, et l'autre fixée à l'obstacle im-
mobile D, soit attachée par sa chape à une seconde corde
P₁ C₁, passant sur une seconde poulie attachée à un second
point fixe D₁; qu'une troisième poulie s'attache de même à la
seconde, et ainsi de suite.

Supposons enfin que la dernière poulie porte un poids R.
Puisque les cordons C₃ P₃ et C₃ D₃ supportent également à
eux deux le poids R, chacun d'eux en porte moitié, et la
tension sur le cordon P₃ C₃ est moitié du poids R. Or les
cordons C₂ P₂ et C₂ D₂ supportent également cette tension;
chacun d'eux en supporte donc moitié, ou ¼ de R. De même
P₁ C₁ et C₁ D₁ se divisent la tension sur P₂ C₂ , chacun
portant ⅛ de R, et C P et C D en portant chacun moitié ou
¹/₁₆ de R, ce qui est, par conséquent, la valeur de la force
P nécessaire à l'équilibre, ou bien R = 16 P. On peut ainsi
déterminer la puissance nécessaire pour supporter le poids,
quel que soit le nombre des poulies intermédiaires, en divisant le poids par le nombre résultant de la multiplication
de deux fois autant de fois par lui-même qu'il y a de poulies.

Nous avons négligé ici les poids des poulies; la puissance
additionnelle nécessaire d'ailleurs pour les supporter se cal-
cule aisément en considérant le poids de chacune comme une
force appliquée séparément à *cette poulie*. Ainsi, pour supporter la première poulie, moitié de son poids doit être ajouté
à la puissance. Pour supporter la seconde, il suffit du ¼ de
son poids, de ⅛ pour la troisième, et de ¹/₁₆ pour la quatrième. En les ajoutant à la puissance on a tout ce qui est nécessaire à l'équilibre.

Dans la *fig.* 159, les poulies augmentent de diamètre, à
partir de la première. La raison en est que les pressions sur
les axes s'accroissant continuellement, si l'on ne fait que
d'une force suffisante l'axe de la première, celui de la seconde
doit être d'un diamètre plus grand que celui de la force suffisante, celui de la troisième plus grand encore, et ainsi de
suite. Les essieux augmentant de diamètre, les frottemens
sur ces essieux s'accroissent aussi. Il faut donc que les diamètres des poulies deviennent de plus en plus grands, afin
que chacun puisse agir avec la même puissance pour contre-
balancer ce frottement.

151. *Second système de poulies.* — Dans le système que nous venons de décrire, la résistance sur la corde de la dernière poulie et les poids des différentes poulies agissent contre la puissance ou tendent à accroître la résistance. Nous allons décrire un système dans lequel les tensions des cordes de toutes les poulies agissent immédiatement sur la résistance, et dans lequel les poids des poulies *favorisent* la puissance ou agissent de concert avec elle.

P_1, P_2, P_3 (*fig.* 140) sont des poulies mobiles, et P_4 est une poulie fixe. Un câble passant sur la poulie P_4 est attaché par l'une de ses extrémités à une barre portant un poids R, et par l'autre extrémité à la chape d'une poulie mobile P_3, sur laquelle passe un second câble agissant de même sur R, et portant une troisième poulie P_2 ; le nombre des poulies peut ainsi s'accroître indéfiniment. Le câble qui passe sur la dernière poulie supporte l'action de la puissance P.

Or la puissance P, par le moyen du câble $P\,P_1\,p_1$, supporte une portion du poids R égale à P et transmet sur la corde $P_2\,p_2$, par laquelle la poulie P_1 est suspendue, une tension égale à $2P$, et conséquemment elle supporte en p_2 une portion ultérieure du poids, égale à $2P$. Cette tension de $2P$ sur $P_2\,p_2$ produit de nouveau sur $P_3\,p_3$ une tension égale à $4P$, et supporte par conséquent, en p_3, une portion du poids égale à $4P$. On verrait de même que la portion du poids soutenue en p_4 est égale à $8P$. Ainsi le poids P est fait pour supporter aux points p_1, p_2, p_3, p_4, des portions du poids R, égales à P, $2P$, $4P$, $8P$, respectivement ; et tout le poids supporté égale $15P$, ou bien $R = 15P$.

On peut calculer, d'une manière analogue, le rapport de la puissance à la résistance du poids, quel que soit le nombre des poulies dont le système soit composé. Nous avons ici négligé les poids des poulies ; il est évident qu'ils agissent tous pour *supporter* le poids R. Leur effet dans ce sens doit être calculé comme précédemment. Les poulies doivent s'accroître de grandeur, à partir de celle qui porte la puissance, pour les mêmes raisons que dans le système précédent.

152. Les deux systèmes précédens se modifient quelquefois en combinant avec chaque partie mobile, une poulie fixe d'un diamètre moitié moindre. Le câble passe dessus, et retourne s'attacher à la chape. Chaque poulie mobile, alors, au lieu d'être soutenue par les tensions égales des deux câbles, est

soutenue par les tensions égales de trois (*fig.* 141) ; ces tensions sur les câbles successifs, au lieu d'être, par suite, le *double*, sont le *triple* l'un de l'autre. Le rapport de la puissance et de la résistance peut, en ayant égard à cette différence, se calculer précisément de la même manière que précédemment.

153. Dans la pratique, on n'emploie que rarement, ou même pas du tout, les systèmes de poulies que nous venons de décrire. Les poulies en général sont mises en usage, non-seulement pour surmonter de grandes résistances, mais pour produire un degré plus ou moins considérable de *mouvement continu*. Or, revenant à la *fig.* 140, il est évident qu'en raccourcissant chaque cordon qui passe sur une poulie, d'une certaine quantité, nous ferons mouvoir la poulie elle-même et nous raccourcirons le cordon voisin auquel cette poulie est attachée, seulement de moitié de cette quantité ; et donnant ainsi un certain mouvement à la puissance, nous ferons mouvoir les diverses poulies, à partir de la première, chacune en des espaces égaux à la moitié de celui parcouru par la poulie précédente. Les poulies se sépareront ainsi rapidement l'une de l'autre. Celle qui porte la puissance descendra vite, et deviendra inutile, avant même que la résistance soit remontée sensiblement.

C'est pour cela qu'on a inventé un autre système de poulies dont on fait habituellement usage, et qui, sans avoir la même puissance avec le même nombre de poulies, ou la même liberté de frottement, est d'un emploi beaucoup plus commode.

154. A et B (*fig.* 142) sont deux blocs dans chacun desquels une série de poulies est disposée, l'une au-dessus de l'autre, et chacune mobile sur un essieu séparé. Le bloc supérieur A est fixe, et le bloc inférieur B est mobile, emportant le poids R. Un câble portant la puissance passe sur la poulie supérieure du bloc d'en haut et sur la poulie inférieure du bloc d'en bas, et ainsi de suite jusqu'à ce que son extrémité vienne se fixer à l'extrémité du bloc d'en haut. La tension du câble est la même partout, et par conséquent la puissance est la même partout. Or l'effet de ces tensions sur le bloc d'en bas, si elles sont parallèles l'une à l'autre, est égal à leur somme, ou bien à autant de fois la puissance P qu'il y a de cordons

passant sur le bloc d'en bas. Si donc il y a six cordons, comme dans la *fig.* 142, R = 6P.

Il y a, dans la pratique, un inconvénient à se servir de ce système, et qui provient de ce que la longueur des blocs empêche d'élever le poids à une distance considérable du point auquel le système est suspendu.

155. Pour obvier à cet inconvénient, on a disposé un système dans lequel les poulies, au lieu d'être enfilées l'une *au-dessous* de l'autre dans chaque moufle, ce qui nécessite une grande longueur des moufles, sont simplement *côte à côte* et séparées par des chapes qui leur permettent de tourner sur le même axe (*fig.* 143). Un inconvénient dans l'usage de cette espèce de moufle, c'est que les cordes changent de plan en passant d'un moufle à l'autre, en sorte que, quoiqu'elles soient parallèles *l'une à l'autre*, de chaque côté du moufle, elles ne le sont pas respectivement à celles qui sont du côté opposé du même moufle. Il en résulte un tirage oblique des câbles sur les poulies, ce qui tend à accroître les frottemens et à détruire les axes.

156. *Poulie Sméaton* (*fig.* 144). — Le célèbre Sméaton a disposé un système de poulies d'une manière fort ingénieuse. Les deux moufles renferment chacun dix poulies, en deux rangées l'une au-dessous de l'autre, et un seul câble passe sur toutes dans l'ordre indiqué par les chiffres. La tension étant la même sur le câble, partout, chaque brin agit sur la résistance avec une force égale à la puissance. La totalité de l'action est égale à la puissance répétée autant de fois qu'il y a de leviers.

La seule objection contre le système, c'est que chaque poulie tournant sur un axe séparé, le câble perd une partie de sa tension en passant dessus (1), en sorte que les tensions sur

(1) La perte totale par le frottement peut se déterminer aisément. Nous avons vu (art. 109) que la poulie ne peut pas être mise en mouvement, à moins que la résultante Z de la puissance et de la résistance ne passe en N (*fig.* 146), de sorte que l'angle C N Z soit égal à l'angle limite de résistance. Il s'ensuit que C N étant oblique par rapport à B P et A R, sous un angle égal à l'angle limite de résistance ; et M N étant mené par N parallèlement à B P ou A R, R est telle que

$$P \times MB = R \times MA$$

D'où l'on tire la valeur de R. La différence entre R et P est la perte par le frottement. [*Voyez l'appendice.*]

les brins diminuent continuellement à partir de celui sur lequel agit directement la puissance, et leur somme est beaucoup moindre que celle que nous avions déterminée.

157. *Poulie White* (*fig.* 145). — C'est un système de moufles où toutes les poulies tournent sur le *même* axe. A et B sont les moufles dans lesquels les poulies, au lieu d'être rangées l'une sous l'autre, ou côte à côte, sont concentriques l'une *sur* l'autre. Le même câble passe successivement sur toutes, commençant à la plus grande poulie du moufle supérieur, et elle est attachée au centre du moufle inférieur.

Supposons que les deux moufles soient rapprochés l'un de l'autre à une distance quelconque. Le câble $C C_1$ sera alors raccourci d'une longueur égale à cette distance, et cette longueur sera celle du brin qui passe sur la poulie C_1 et sur la poulie C_2 ; mais en venant sur la poulie C_2, il se raccourcira de même que $C C_1$. Donc en passant sur C_2, il aura deux fois la longueur du brin passant sur C_1. En passant sur C_3, il aura une longueur de brin égale à celle sur C_2, plus la longueur dont a été raccourcie $C_2 C_3$, c'est-à-dire qu'il aura trois fois la longueur du brin qui passe sur C_1 ; et ainsi de suite. Les longueurs des brins qui passent sur les poulies seront donc respectivement comme les nombres 1, 2, 3, 4, etc. Ceux qui passent sur les poulies du moufle supérieur étant comme les nombres impairs de la série, et ceux qui passent sur les autres comme les nombres pairs (1), il est évident que les dimensions des poulies doivent être calculées de manière à ce que chacune reçoive le brin qui vient de la précédente. Il est aisé de voir que pour que cela ait lieu, leurs rayons doivent être dans le moufle supérieur comme les nombres 1, 3, 5 etc., et dans le moufle inférieur comme les nombres 2, 4, 6, etc.

---

(1) Or pendant que les deux moufles sont près, toutes les poulies de chacun, puisqu'elles sont fixées ensemble, tournent sous le même angle. Les différentes longueurs des cordes sont donc tirées des arcs sous-tendant les mêmes angles dans les poulies, et leurs longueurs égales à celles des arcs. Les arcs sous-tendant le même angle en différentes poulies du même moufle sont donc l'un à l'autre comme les nombres 1, 3, 5, etc., pour le moufle d'en haut, et 2, 4, 6, etc., pour le moufle d'en bas. Mais les arcs sous-tendant des angles égaux sont comme les rayons. Les rayons des différentes poulies sont donc dans le même rapport.

C'est une grande difficulté de faire des poulies de ces dimensions précises, surtout puisque le rayon du brin doit, dans chaque cas, être ajouté à celui de la poulie. Cette difficulté est si grande qu'elle rend impossible l'exécution d'une poulie de ce genre. La moindre déviation, même celle de l'épaisseur du brin, suffit pour rendre la tension beaucoup moindre sur certains brins, et détruit tous les avantages de leur arrangement.

CHAPITRE XIV.

158. *Les conditions d'un système rigide sont nécessaires, mais non suffisantes à l'équilibre d'un système de forme variable.* — 162. *Le polygone de verges suspendues.* — 164. *La chaînette.* — 169. *Le polygone de verges debout.* — 173. *Assemblage de verges ou de cordes.* — 176. *Rigidité des bâtis de charpente.* — 179. *Arches en bois.*

158. *Equilibre d'un système de forme variable.* — Les conditions de l'équilibre d'un *système rigide* sont nécessaires à l'équilibre d'un système de *forme variable*, mais elles ne sont pas *suffisantes*.

Imaginons en effet un système qui permette une variation dans la distribution de ses parties en équilibre, à raison de certaines forces qui agissent dessus et de certaines résistances que présentent ces parties. Supposons alors ces parties liées entr'elles, en sorte que le tout devienne solide, en laissant comme devant les forces qui agissent dessus. Alors le pouvoir additionnel de résistance ainsi donné aux parties du système, ne s'éloignant pas du pouvoir de résistance qu'elles avaient avant, et qui était suffisant pour maintenir un équilibre parmi les forces appliquées qui sont restées les mêmes, il est clair que l'équilibre subsistera. Mais le système est rigide maintenant. Les forces qui agissaient sur lui et le maintenaient en repos, quand sa forme était variable, sont donc telles qu'elles produiraient un équilibre sur lui quand même il deviendrait rigide. Elles sont donc, par conséquent, sujettes aux conditions d'équilibre d'un système rigide.

159. *L'inverse* de la proposition n'a évidemment *pas lieu.* Il ne s'ensuit pas que si un certain nombre de forces sont en équilibre sur un système rigide, elles resteront en équilibre quand la forme du système est sujette à variation. Ainsi les forces P et Q peuvent être suffisantes pour tenir en équilibre la force R (*fig.* 147), tant que la verge P Q R reste inflexible ; mais si l'on admet un joint en R, l'équilibre cessera évidemment.

160. Si la masse solide (1) A B (*fig.* 148 et 149) est sollicitée par deux forces égales et opposées, P, Q, elle se tiendra en repos. Mais si la masse peut se diviser suivant l'intersection M N, l'équilibre sera détruit, soit parce que la partie supérieure viendra à tourner sur son angle M (*fig.* 148), la direction des forces P, Q se trouvant *en dehors* de la surface commune M N par laquelle les masses agissent l'une sur l'autre (art. 55) ; soit parce que la partie supérieure glissera sur la surface de la partie inférieure, la direction de la ligne P Q étant en dehors de l'angle limite de résistance (*fig.* 149).

161. Ces exemples sont pris de deux classes importantes de corps de forme variable, c'est-à-dire :

1° Systèmes formés de verges ou de cordes, dont les parties sont *liées ensemble* suivant leurs angles, mais *mobiles autour.*

2° Systèmes de corps solides en contact, dont les surfaces communes *ne sont pas autrement liées entr'elles* que par leur commune pression.

A la première classe appartiennent les polygones de cordes ou verges, liées, assemblées, et formant des courbes semblables à celles en usage pour la suspension des ponts. A la dernière classe appartiennent les constructions de toute espèce.

Par rapport à toutes, le principe est que les forces qui les maintiennent en repos quand leur forme est susceptible de variation, les maintiendraient également si le système était rigide.

162. *Equilibre d'un polygone de verges ou de cordes (polygone funiculaire).* — Soient P₁, P₂, P₃, etc..., P₅ (*fig.* 150), un

(1) Nous faisons abstraction du poids de la masse.

polygone de verges ou de cordes, que nous supposerons sans poids, et sollicité sur ses angles pour les forces P_1, P_2.... P_5. Ces forces tiendraient le système en équilibre, s'il était rigide. Il s'ensuit que si ces forces étaient réunies en un seul point, et appliquées en ce point parallèlement à leurs directions, elles seraient en équilibre (art. 57). Toutes les forces P_1, P_2.... P_5, appliquées sur l'un des angles du polygone, parallèlement à leurs directions actuelles, maintiendront donc ce point en équilibre.

Mais de plus, il est clair que si l'on suppose appliquée sur le côté du polygone, dans la direction de sa longueur, une force égale à la tension sur ce côté, et qu'on enlève toute cette partie du polygone qui est vers la direction de cette tension, le reste du polygone restera en équilibre.

Si donc nous appliquons suivant la direction du côté P_2 P_3, une force égale à la tension de ce côté, nous pourrons enlever la portion P_3, P_4, P_5 du polygone sans troubler l'équilibre du reste. Il s'ensuit que les forces appliquées à P P_1 P_2 P_3, le maintiendront en équilibre comme s'il était rigide, et que si on les réunit en P_2, elles maintiendront ce point en repos.

Par conséquent, les forces agissant sur une portion quelconque du polygone P P_1 P_2, sont telles que si elles étaient appliquées au point extrême P_2, elles seraient en équilibre avec la tension du côté P_2 P_3 se terminant à ce point.

163. Cette proposition nous conduit à plusieurs conclusions d'une grande importance en pratique. Supposons que les forces P_1 P_2 soient remplacées par des poids suspendus aux angles du polygone (*fig.* 151). Il suit de ce qui précède que si les poids P_1, P_2, P_3, étaient tous suspendus au point P_3 comme le représente P_3 P'_1 P'_2, et que la force P fût aussi appliquée en ce point suivant sa parallèle P'; ces forces produiraient précisément la même tension qui existait déjà sur le cordon $P_2 P_3$, et qu'en conséquence elles auraient cette tension pour leur résultante. Il s'ensuit dès-lors que plus les poids sont lourds et nombreux sur la branche $P P_3$ du polygone, plus la tension est grande sur le côté $P_3 P_4$. La tension sur un polygone de ce genre est donc la plus grande à ses points de suspension, et la moindre au point milieu entr'eux.

164. La *chaînette*. — Tout ceci a lieu, quel que soit le nombre des côtés du polygone, et par conséquent pour un polygone d'un nombre infini de côtés. Dans ce cas le poly-

gone devient une courbe, et si les poids sont égaux entr'eux,
ce sera celui formé par une corde ou par une chaîne d'é-
gale épaisseur, suspendue par ses extrémités.

Une semblable ligne courbe est, par conséquent, plus
sujette à rompre près de ses points de suspension que près
de son point le plus bas, et pour être de force égale partout, elle doit être renforcée près des points de suspension.
On l'appelle la chaînette, ou courbe de la chaîne, et c'est
celle formée par la chaîne ou le câble d'un vaisseau à l'ancre
(fig. 152). La force agissant sur le vaisseau, ou la tension
sur telle partie de la chaîne qui s'y trouve attachée, est,
d'après les principes que nous venons d'expliquer, la même
que si la résistance horizontale, que fournit l'ancre, était
appliquée immédiatement en ce point, et que tout le poids
du câble y fût librement suspendu.

La courbe de la ligne en usage pour remorquer un bateau, est une chaînette. La force effective sur la barque
est la même que si la force du cheval lui était immédiatement appliquée, dans une direction parallèle à celle suivant
laquelle il tire, et à quoi il faut ajouter le poids du cordon ;
en sorte que la force effective est réellement la résultante
de ces deux forces.

165. Nous avons établi une condition d'équilibre d'un
polygone de verges ou de cordes, résultant de son identité
avec l'équilibre d'un système rigide. Il y a de plus cette
autre condition, que si l'on prend toutes les forces, à l'exception de celles qui agissent sur les extrémités du polygone,
et qu'on trouve la direction de leur résultante, les deux
côtés extrêmes du polygone étant prolongés, rencontreront cette direction dans le même point. La raison en est
évidente, car le système devenant rigide, nous pouvons substituer la résultante aux forces dont elles ont été les composantes, et l'équilibre doit subsister. Les forces étant ainsi
réduites à trois, deux desquelles agissent suivant les directions des côtés extrêmes, et la troisième suivant la direction
de leur résultante, elles doivent se rencontrer en un même
point (art. 22). Ainsi (fig. 153), le polygone étant chargé des
poids P_1, P_2, P_3, ... P_6, si l'on trouve la verticale R T passant par le centre de gravité de ces poids, et que l'on prolonge P A et P_6 B, ces lignes rencontreront R T en un même
point T.

166. Semblablement, dans la courbe funiculaire ou chaînette (*fig.* 154), si l'on y mène deux tangentes aux points
de suspension A et B, ces tangentes étant dans les directions des forces qui soutiennent la courbe en ces points,
se rencontreront prolongées sur la verticale GT passant par
le centre de gravité de la courbe.

Représentons par GT le poids de la courbe AB, et menons GN et GM parallèles aux côtés BT et AT. Les lignes
NT et MT représenteront alors les tensions (art. 21). Ainsi
GT étant divisé en autant de parties égales qu'il y a d'unités de poids dans la corde ou chaîne AB, autant il y aura
de ces parties dans MT et NT, autant il y aura d'unités
de poids dans les tensions en A et B. Or à mesure que la
corde est tendue plus raide, le point G s'approche de plus
en plus, et la ligne GT diminue continuellement. GT étant
toujours divisé en un même nombre de parties égales (c'est-
à-dire autant qu'il y a d'unités de poids dans AB), il est
clair que ces parties continueront à diminuer de grandeur.
Si donc MT et NT restent les mêmes, les nombres de ces
parties contenues dans ces lignes, respectivement, s'accroîtront continuellement, et les tensions en A et B s'accroîtront
aussi. Mais à mesure que AB se tend, les tangentes AT et
BT s'approchent de plus en plus d'être sur la même ligne
droite. GN et GM qui leur sont parallèles approchent donc
de plus en plus aussi d'une ligne droite parallèle à la pression, et les distances TM et TN continuent de croître.
Puis donc que les tensions s'accroîtraient si TM et TN
étaient constans, elle croîtront beaucoup plus encore dans
les circonstances où elles se trouvent maintenant.

167. Or si GT est infiniment petit, ses parties seront infiniment petites, et leur nombre en sera infiniment grand
dans MT et NT. Il faudrait donc des tensions infinies en A
et B pour redresser la courbe. En d'autres termes, aucune
ligne flexible, sollicitée à ses extrémités par des forces de
grandeur déterminée, ne peut être tirée par elles de manière
à devenir droite (1).

----

(1) Les deux propriétés suivantes de la chaînette ne peuvent être
démontrées autrement qu'en s'appuyant sur des principes dont nous
ne supposons pas que les lecteurs à qui ce livre est destiné aient

168. Les propriétés de la chaînette ont acquis une grande importance depuis l'usage général de cette courbe dans les ponts suspendus. Cependant la courbe des chaînes supportant le tablier de ces ponts n'est pas une chaînette rigoureusement. Dans la chaînette, le poids est censé distribué de manière qu'une longueur égale en soutienne une égale partie. Or le poids du tablier n'est pas ainsi réparti sur les chaînes. Les verges de suspension (*fig.* 156) sont, à la vérité, placées à distances égales les unes des autres ; mais les longueurs des portions de courbe qu'elles comprennent sont différentes ; celles près des points les plus bas de la chaîne sont seulement égales aux parties du tablier qu'elles coupent, tandis que celles près des extrémités sont plus grandes. Dès-lors la chaîne employée à supporter le tablier d'un pont suspendu, ne doit pas affecter rigoureusement la forme d'une chaînette. Si la chaîne était sans poids, la pression sur le tablier lui ferait prendre la forme d'une parabole.

C'est en réalité une courbe intermédiaire entre la chaînette et la parabole, et participant des propriétés de ces deux courbes.

169. *Polygone de verges debout.* — Nous avons, dans notre discussion du polygone de verges chargé de poids, supposé qu'il était suspendu. Tout ce que nous avons dit a lieu également pour un polygone debout. Toute la différence consiste en ceci, que l'effort sur les verges du polygone suspendu tend

connaissance. Leur grande importance, dans la pratique, réclame ici pour eux leur place.

Trouver la longueur de la chaîne P M (*fig.* 155) qui, étant passée sur une poulie en un point P de la chaînette, supporterait la tension en ce point, son point le plus bas M tirant la ligne horizontale CMD. Alors la tension en un autre point Q serait supportée par le poids de la chaîne Q N, menée semblablement de Q sur la même horizontale C D.

La méthode suivante donne un moyen facile de trouver *géométriquement* la distance de la ligne C D au point le plus bas E de la chaînette (*fig.* 157). Menons les horizontales A L et H E K, ainsi que la verticale L E F N ; prenons une ligne droite LM, égale en longueur à la courbe E B, et telle qu'à partir de L elle rencontre H K en M. Par M menons M N perpendiculaire à M L et rencontrant N E en F. La ligne horizontale C D passera par F. Cette ligne une fois déterminée, les tensions de tous les points dans la courbe sont connues par la propriété mentionnée au commencement de cette note.

à les allonger, tandis que dans l'autre il tend à les comprimer. Or la *verge* est censée avoir le pouvoir de résister aussi bien à l'un des efforts qu'à l'autre. Dans l'un des cas les forces agissent toutes, à *partir* des angles du polygone, tandis que dans l'autre elles agissent *vers* ces angles (*fig.* 158). Le cas du polygone debout est donc précisément le même que si toutes les forces, à chacun de ces angles, avaient leurs directions renversées. Si elles étaient en équilibre avant, elles y *resteront* donc.

170. On en tire cette importante conclusion, que la position dans laquelle un polygone debout, chargé de poids, restera, est la même que celle qu'il prendrait étant chargé des mêmes poids et *suspendu*.

171. Nous avons supposé sans poids les verges qui composent le polygone, ce qui n'a jamais lieu. Mais notre supposition n'introduira aucun désordre dans le calcul, si l'on ajoute au poids agissant à chaque angle du polygone, moitié du poids des deux verges qui forment cet angle. En effet, le poids de chaque verge, que nous supposerons d'égale épaisseur, a pour résultante une force agissant suivant la verticale qui passe à son centre de gravité, et qui peut se décomposer en deux forces égales passant par ses extrémités.

172. Nous avons ainsi un moyen très-facile de déterminer, dans la pratique, les positions suivant lesquelles un nombre quelconque de charpentes peuvent se disposer en un polygone tel qu'elles se supportent l'une l'autre. Prenons une corde, et mesurons sur elle des distances respectivement égales, en longueur, aux côtés du polygone. Attachons à ces points des poids, égaux chacun à la demi-somme du poids des côtés adjacens ; alors les deux extrémités de la corde étant tenues à une distance égale à la longueur de la base du polygone, la forme que prendra la corde, abandonnée à elle-même, sera celle suivant laquelle il faudra disposer les charpentes.

173. *Equilibre d'un assemblage de Verges ou de Cordes.* — Précisément de la même manière que précédemment, on peut faire voir que puisque les conditions d'équilibre d'un système rigide peuvent s'obtenir dans un système de forme variable, les forces agissant sur l'assemblage de verges ou cordes doivent être en équilibre si elles étaient appliquées

en un seul point du système (art. 57); dès-lors que ces portions d'assemblage, chargées de poids, à mesure qu'elles sont plus près des points de suspension, sont plus sujettes à céder; qu'aussi, quelle que soit la forme que prenne cet assemblage *suspendu*, ce sera celle dans laquelle il restera quand on le placera *debout*.

174. Quand un assemblage ou polygone funiculaire, chargé de poids, est suspendu, son centre de gravité est à son point le *plus bas*, et son équilibre est dit *stable*; en sorte que si on le dérange de cette position, il y reviendra. Il n'est donc pas nécessaire à la permanence d'un système de ce genre, que ses parties soient rigides, ou ses angles inflexibles. Mais si l'on renverse cette figure, son centre de gravité sera à son point le *plus haut*, et son équilibre deviendra *instable*; en sorte qu'une fois déplacé, le système ne se remettra plus en équilibre, et que changeant de figure, il tombera par terre.

Pour l'équilibre continu d'une charpente debout, il est donc essentiel que ses joints soient raidis. Or cela ne peut avoir lieu par aucune particularité du joint en lui-même; car les différentes parties d'un tel joint étant situées extrêmement près du centre vers lequel chaque verge tend à se mouvoir, sont, d'après le principe du levier, promptement renversées par l'action d'une force, quelque faible qu'elle soit, agissant à l'extrémité de la verge. Il est donc nécessaire que chaque joint soit raidi par une charpente subsidiaire. De cette nécessité de renforcer provient une plus grande économie de l'assemblage suspendu, que de celui debout. Dans le polygone *suspendu*, ou courbe, la seule précaution nécessaire est que les parties ne se *brisent* pas séparément. Dans celui *debout*, il faut se mettre en garde tant contre leur *flexibilité* que contre les chances de compression. Ainsi les ponts en chaînes de fer contiennent *moins* de matériaux et sont moins coûteux de beaucoup que les ponts à arches en fer. D'un autre côté, une difficulté sérieuse dans l'usage des ponts suspendus, est leur disposition à vaciller. Nous donnerons des explications à ce sujet, en traitant de la dynamique.

175. Outre cette économie, résultant de la petite quantité de matériaux nécessaires à leur construction, les ponts suspendus ont une prééminence qui tient à ce qu'ils sont

indépendans du lit de la rivière qu'ils traversent. On peut ainsi se frayer un passage dans un endroit qui serait impraticable soit par la rapidité du courant, soit par la hauteur des rives, et où l'on ne pourrait *fonder* les supports nécessaires aux arches d'un pont de *pierre* ou de *fer*.

176. Il y a plusieurs modes de donner de la rigidité à un système de verges; mais tous se réduisent, directement ou indirectement, à la disposition en *triangles* des verges qui le composent.

De toutes les figures simples de géométrie, le triangle est la seule dont on ne puisse altérer la force sans altérer les dimensions des côtés (1), et qui ne peut céder par conséquent sans que les angles se séparent ou que les côtés se brisent. Ainsi un triangle dont les angles ne peuvent se disjoindre et dont les côtés sont d'une force suffisante, est parfaitement rigide; et l'on ne peut en dire autant d'aucune autre figure plane. Un parallélogramme peut avoir ses côtés d'une force infinie, et ses joints assez solides pour ne pas se briser, et cependant être fait de manière que sa forme soit altérée par la moindre force qui agira dessus. Cela est vrai de toutes les figures de quatre côtés et de tous les polygones, à un degré moindre ou plus grand. C'est pour cela que dans tout assemblage, on prend soin de combiner, autant que possible, les compartimens en triangles. Ceci fait, on sait que la rigidité du système peut s'assurer en donnant une force convenable à la charpente et aux joints.

La charpente d'une simple barrière offre un exemple de ce principe. La forme extérieure est ordinairement un parallélogramme rectangulaire. Si les barres qui la composent (*fig.* 159) sont simplement disposées parallèlement aux côtés, en sorte que l'ensemble ne présente qu'une série de parallélogrammes, la barrière aura bientôt sa forme altérée.

Une barre diagonale (*fig.* 160) remédie au mal, en changeant les parallélogrammes en *triangles* et donnant une parfaite rigidité au système.

(1) C'est un corollaire de la proposition d'Euclide : « Que sur la même base et sur le même côté de cette base, il ne peut y avoir deux triangles ayant leurs côtés terminés à une extrémité de base égale l'une à l'autre, avec leurs côtés terminés à l'autre extrémité. »

177. Dans les cintres dont on se sert pour supporter les pierres qui composent une arche, au fur et à mesure qu'on les pose, et *avant* que la mise en place de la clef les rende capables de se soutenir mutuellement dans leurs positions respectives, par leur pression; il est de la plus grande importance qu'une rigidité parfaite se conserve sous la pression énorme et inégale à laquelle le système doit être assujetti. On y parvient en donnant une grande force aux charpentes du cintre et les disposant en triangles bien joints à leurs angles. La *fig.* 161 représente un des cintres employés pour supporter les voussoirs de la grande arche du pont de Londres, pendant sa construction.

178. On donne quelquefois une forme triangulaire aux compartimens de la charpente d'un pont de bois (*fig.* 162), ou du comble d'un large bâtiment, en combinant deux ou plusieurs polygones. Le dessin représente le comble de la cour des douanes à Cherbourg; il est de très-grande dimension.

179. Si nous concevons un nombre infiniment grand de polygones de ce genre, dont les côtés seront infiniment petits, la charpente deviendra une arche continue en bois, maintenant en usage pour les ponts et les combles des grands édifices.

La *fig.* 163 donne le dessin d'une arche de ce genre, ayant 235 *fect* (71 mètres) de large. Il y en a un exemple à Moscou au manège militaire, et un autre au pont de Bamberg qui fut construit par *Wiebeking*. Le plus grand pont de bois qui paraisse avoir été jamais construit, est celui sur le Limmat, près l'abbaye de Wettingen. Il avait 590 *fect* (118 mètres) de longueur; il fut bâti en 1778 par deux charpentiers, les frères *Grubenmann*, et fut détruit pendant la guerre de 1799. Il était construit d'après le principe des arches en bois.

On peut construire des ponts excessivement plats de ce genre (*fig.* 164). Le pont appelé Oète, en Picardie, bâti par *Coffenette*, a 126 *fect* (48 mètres) de largeur, et son couronnement est seulement de 6 *fect* 5 *inches* (1^m, 9^0) au-dessus de l'eau. Le pont sur le Schuylkill, à Philadephie, appelé le Colosse, est de 340 *fect* (103 mètres) de large; son élévation au-dessus de l'eau est de 20 *fect* (6 mètres), et son tablier de 7 *fect* (2 mètres) de largeur.

Un pont d'une seule arche de 250·*fect* (76 mètres) de large, et de 27 *fect* (8 mètres) de hauteur, a été construit à Piscatagua, près Porsmouth, aux États-Unis, en 1796,

CHAPITRE XV.

181. *Equilibre de corps solides en contact.* — 184. *L'Arche.* — 186. *La ligne de pression.* — 189. *Les points de rupture.* — 191. *La chute de l'arche.* — 192. *Tassement de l'arche.* — 193. *Voûte et dôme.* — 194. *Histoire do l'arche.*

180. Soit M M₁ (*fig.* 165) un corps solide sollicité par un nombre quelconque de forces P₁, P₂, P₃, etc. ; la résultante d'un certain nombre d'entr'elles, R, étant égale et opposée à celle des autres, R₁.

Supposons le corps coupé par un plan MM₁ ; une question se présente quant aux *nouvelles* conditions nécessaires pour que les forces qui maintenaient le corps en repos lorsqu'il formait une seule masse continue, persistent à l'y maintenir quand il est séparé en deux solides. Cette question est d'une grande importance dans la théorie de la construction, et nous la discuterons avec détails.

181. Supposons que les forces agissant sur les différentes parties du corps soient remplacées par leurs résultantes R, R₁, qui seront égales et opposées. La première condition est que la ligne suivant laquelle agissent R et R₁, étant prolongée, passe par le plan d'intersection MM₁. En effet si elle tombait en dehors de ce plan (*fig.* 166), il est tout-à-fait évident que les deux parties du corps tourneraient autour du point M. Les forces R et R₁ doivent être, de fait, soutenues par les pressions sur les différens points des surfaces en contact. Ces surfaces doivent donc être telles que les résultantes des pressions sur leurs différens points soient en direction opposée aux forces R et R₁. Or ces résultantes sont évidemment *dans* les limites qui renferment les pressions elles-mêmes. Si donc les directions

de R et R, sont *hors* de cette limite, elles ne peuvent être soutenues.

Pour que la résultante des pressions sur les surfaces qui sont en contact en MM₁, soit opposée à la direction de RR₁, il n'est pas nécessaire que ces surfaces soient continues; elles peuvent être appliquées l'une contre l'autre en un certain nombre de points isolés, la résultante des pressions sur elles ayant sa direction, comme ci-dessus, dans l'espace renfermé par une série de lignes *droites* joignant les points extrêmes d'application; tout ce qu'il faut, c'est que la direction des forces R et R, passe dans cet espace (art. 56). Ainsi la masse peut être creuse, les surfaces en contact formant un anneau continu; ou bien, l'une des surfaces peut s'appuyer contre la saillie de l'autre.

182. Cette condition n'est cependant pas la seule nécessaire à l'équilibre des deux corps. Il est évidemment nécessaire, en outre, que la direction des résultantes R et R, ne fasse pas avec la perpendiculaire au plan MM₁, un angle plus grand que l'angle limite de résistance : autrement, aucune résistance d'une surface ne pourrait supporter la force que lui imprimerait l'autre, et les deux surfaces glisseraient l'une contre l'autre (art. 72).

Il faut donc que ces deux conditions soient remplies pour que l'équilibre soit complet.

En voici un exemple des plus simples :

183. Soit demandé de déterminer dans quelles directions le fût cylindrique AB (*fig.* 167) doit être coupé en un point P, de manière que ses parties conservent leurs positions. En premier lieu, il est clair que la résultante des forces agissant sur la plus haute portion *coupe* le plan MM₁; ces forces n'étant autres que les poids de ces parties, et leur résultante agissant par leur centre de gravité. Il n'y a donc pas de possibilité que cette partie supérieure *tourne sur* le bord de celle inférieure.

Pour empêcher que la portion supérieure ne *glisse* sur l'autre, il faut seulement que la résultante dont la direction est verticale, ne fasse pas avec la perpendiculaire MM₁ un angle plus grand que l'angle de résistance. Nous avons déjà vu (art. 79) qu'il n'en peut être ainsi, tant que ce plan n'est pas incliné à *l'horizon* sous un angle plus grand que cet angle. Menons donc, par le point donné, les plans

MM₁, M'M'₁, inclinés à l'horizon, dans des directions opposées, sous des angles égaux à l'angle limite de résistance. Alors le cylindre coupé dans toute direction intermédiaire à ces plans, restera la partie supérieure posée sur celle inférieure.

184. Supposons maintenant que la masse A₃ A B B₃ (*fig.* 168), dont le centre de gravité est en G, immédiatement audessus de sa base, et qui se tient ferme tant qu'elle forme un solide continu, soit coupée suivant les directions A₁ B₁, A₂ B₂, et qu'on demande de déterminer dans quelles circonstances ce système de pierres, ainsi disposé, restera en équilibre. Prenons G₁ centre de gravité de la pierre la plus élevée, et G₂ centre de gravité commun de cette pierre et de celle inférieure. Il est alors nécessaire, pour l'équilibre, 1° que la verticale G₁ g_1 coupe le joint A₂ B₂, et que sa direction tombe dans l'angle limite de résistance ; ou bien, en d'autres termes, que G₁ g_1 ne tombe pas au-delà du point B₂, ou que A₂ B₂ ne soit pas incliné à l'horizon sous un angle plus grand que l'angle limite de résistance (art. 79) ; car, sans cela, la pierre A₃ B₃ A₂ B₂ tournerait sur B₂ ou glisserait en bas de A₂ B₂. 2° Ceci ayant assuré que la première pierre restera sur la seconde, il est nécessaire en outre que la verticale G₂ g_2, du centre commun de gravité G₂, des deux premières pierres, coupe le plan A₁ B₁, et que ce dernier plan soit aussi incliné à l'horizon sous un angle moindre que l'angle limite de résistance ; autrement, les deux premières pierres tourneraient sur le point B₁, ou glisseraient sur la surface A₁ B₁. On peut faire voir de même, quand la division est faite pour un grand nombre de parties, qu'en prenant le centre de gravité de la pierre la plus élevée, le centre commun de gravité des deux plus élevées, celui des trois plus élevées, etc., et menant des verticales par ces points, il faut que ces verticales, en premier lieu, coupent les joints inférieurs de chacun des systèmes ainsi formés ; et, en second lieu, qu'aucun des joints ne soit incliné à l'horizon sous un angle plus grand que l'angle limite de résistance.

185. Supposons que la pierre la plus élevée d'un système de ce genre soit pressée par une force horizontale P (*fig.* 169), les conditions de l'équilibre deviennent alors beaucoup plus compliquées. Pour les déterminer, prenons une horizontale M N d'une longueur indéterminée et une verticale a b. Divisons a b en autant d'unités qu'il y en a dans la force P, et

prenons $b b_1$ contenant autant de ces unités qu'il y en a dans le poids de la pierre de la clef. Alors si l'on joint $a b_1$, cette ligne contiendra autant des unités de longueur ci-dessus qu'il y a d'unités dans la pression sur la surface $A_3 B_3$, et sera perpendiculaire à la direction de cette pression (*note* de l'art. 45). Car la première pierre est maintenue en repos par trois forces, savoir la force P, son poids, et la pression (1) sur la surface $A_3 B_3$; ces trois forces se rencontrent donc en un même point, qu'elles maintiennent en repos ; elles sont donc proportionnelles aux côtés d'un triangle formé par des lignes menées perpendiculairement à leurs directions. Or $a b$ et $b b_1$ sont menées perpendiculairement aux directions de deux de ces forces, c'est-à-dire de la force P et du poids de la pierre agissant en G_4. Elles représentent aussi les deux forces en grandeur ; donc la ligne $a b_1$ qui complète le triangle, représente la troisième force en grandeur et se trouve perpendiculaire à sa direction. Prolongeons alors la direction de P jusqu'à ce qu'elle rencontre la verticale de G_4 en m_1, et par m_1, menons $m_1 m_2$ perpendiculaire à la direction de $a b_1$. Cette ligne sera dans la direction de la résultante de pression sur $A_3 B_3$.

Si de même l'on prend $b_1 b_2$, contenant autant des unités de longueur ci-dessus qu'il y en a dans le poids du second voussoir ; puisque cette ligne et $a b_1$ représentent en grandeur deux des forces agissant sur le second voussoir, et sont perpendiculaires à leurs directions ; si l'on joint $a b_2$, cette ligne représentera la troisième force, c'est-à-dire la pression sur $A_2 B_2$ en grandeur, et perpendiculairement à sa direction.

Alors si l'on prolonge $m_1 m_2$ jusqu'à sa rencontre avec la verticale de G_3 en m_2, et qu'on mène $m_2 m_3$ perpendiculaire à $a b_2$, cette ligne sera dans la direction de la résultante des pressions sur $A_2 B_2$. Ainsi les lignes $m_1 m_2, m_2 m_3, m_3 m_4$, etc., peuvent être menées dans les directions des résultantes des pressions sur les différens joints. Elles forment ensemble une ligne polygonale qu'on nomme la *ligne de pression*.

186. Il est nécessaire à l'équilibre de la construction, d'a-

---

[1] Il serait peut-être plus correct d'appeler cette force la *résultante* des pressions sur les différens points de la surface commune des voussoirs.

bord que cette ligne ne coupe nulle part la surface extérieure $A_1 A_2 A_3 A_4$, etc., ou la surface intérieure $B_1 B_2 B_3 B_4$, etc.; car si elle coupe l'une ou l'autre de ces surfaces en un point quelconque n, toute la pression de la construction en dessus agit sur le joint A B immédiatement au-dessous du point d'intersection, autour duquel il tourne nécessairement. Il est en outre indispensable à l'équilibre que les directions des lignes $m_1 m_2$, $m_2 m_3$, etc., suivant lesquelles agissent les pressions aux différentes surfaces, soient dans les angles limites de résistance à ces surfaces.

Maintenant les lignes $a b_1$, $a b_2$, etc., et les lignes $A_3 B_3$, $A_2 B_2$, etc., si on les prolonge, font respectivement ensemble le même angle que les lignes $m_1 m_2$, $m_2 m_3$, etc., font avec les perpendiculaires aux surfaces des joints, les premières lignes étant respectivement perpendiculaires aux dernières. La condition ci-dessus se réduit d'elle-même à ceci, que les lignes $a b_1$, $a b_2$, etc., et $A_3 B_3$, $A_2 B_2$, etc., étant prolongées, fassent respectivement l'une avec l'autre des angles qui ne soient pas plus grands que l'angle limite de résistance. Si elles sont parallèles l'une à l'autre, ou si elles ne font pas d'angles l'une avec l'autre, alors les directions des pressions $m_1 m_2$, $m_2 m_3$, etc., sont perpendiculaires à leurs surfaces respectives, et les pierres ne glisseraient pas lors même qu'il n'y aurait pas de frottement. Cette proportion dans les dimensions des pierres par lesquelles cette direction de pression s'exerce, est la mieux calculée pour assurer la stabilité de la construction.

187. Pour déterminer ces dimensions, ayant pris encore $a b_1$ pour représenter la force horizontale P, et la divisant en autant d'unités de longueur qu'il y a d'unités de force, nous n'aurons qu'à mener par a les lignes $a b_1$, $a b_2$, etc., parallèles aux joints successifs, et déterminer les nombres des unités de longueur de $b b_1$, $b_1 b_2$, $b_2 b_3$, etc., respectivement. Ces nombres donneront les unités de poids que les voussoirs respectifs peuvent contenir.

188. Si les lignes $a b_1$, $a b_2$, etc., sont menées, faisant avec les joints des angles égaux à l'angle limite de résistance, et qu'on prenne, comme tout-à-l'heure, des voussoirs contenant autant d'unités de poids respectivement qu'il y en a de longueur dans les lignes $b b_1$, $b b_2$, etc., alors les directions de pressions $m_1 m_2$, $m_2 m_3$, etc., feront avec les perpendiculaires aux surfaces des joints, des angles égaux chacun à l'angle li-

mite de résistance, et les pierres seront sur le point de glisser *vers le haut*, si $a\,b_1$, $a\,b_2$, etc., font leurs angles avec les joints, plus près de la verticale; elles seront sur le point de glisser *vers le bas*, si elles s'en éloignent davantage. Les pierres étant prises de ces dimensions, la construction est dite à la limite de son mouvement. Elle résistera, en ce qui regarde le frottement, sans aucun autre système de pierres intermédiaires.

189. Il est évident que la situation de la ligne de pression dépend de la grandeur de la force P. Si cette force est trop grande, elle coupera la surface extérieure, et si elle est trop petite, ce sera la surface intérieure; dans l'un et l'autre cas, l'équilibre sera détruit. La plus grande valeur de P, pour l'équilibre, est celle qui fait que la ligne de pression arrive juste en contact avec la surface extérieure; et sa moindre valeur est celle qui la met en contact avec la surface intérieure. Cette dernière est la force qui empêche la tendance de la construction à se précipiter vers P.

Supposons cette force P maintenue par une égale tendance d'une semblable construction, à la chute en direction opposée, il y aura formation d'une arche.

190. Les conditions d'équilibre d'une arche sont alors précisément celles que nous venons d'établir, avec cette condition additionnelle, que la ligne de *pression* touche sa surface intérieure, nommée l'intrados, en certains points R R' appelés les points de rupture, et que la pression sur la clef soit la moindre possible que chaque demi-arche puisse supporter.

La ligne de pression ne peut pas *couper* l'intrados de l'arche; car si cela arrivait, toute cette partie de la demi-arche, qui est au-dessus du point d'intersection, tournerait sur le point immédiatement en dessous de ce joint. Mais cela est impossible, car, avec quelque force que cette portion tende à rouler, elle est contre-balancée par une tendance égale de révolution dans l'autre demi-arche.

Quoique la ligne de pression ne puisse pas couper l'intrados, elle peut cependant arriver à couper l'extrados ou la courbe extérieure de l'arche.

191. Supposons qu'elle coupe l'extrados en S et S'. Toute la force sur l'arche, compris son poids, agissant comme si elle était concentrée dans la ligne de pression, il est évident que les deux portions de l'arche, au-dessus de S et de S', jusqu'au couronnement, se renverseront sur les joints immédia-

tement au-dessous de ces points. Mais l'arche cédant ainsi au couronnement, les voussoirs supérieurs tendront à tomber (*fig.* 171), en tournant sur leurs angles inférieurs, et cette tendance sera plus grande aux points R et R' où la pression est le moins capable de résister à cette révolution. L'arche alors se séparera au couronnement et aux joints immédiatement en dessous de R, R', S, S'.

C'est précisément ce qui a été observé entre la manière de tomber d'une arche, dans les expériences faites à ce dessein par M. *Gauthey* et le professeur *Robinson*.

Le premier ruinait les piles des vieilles arches pour les faire tomber, ce qui avait invariablement lieu comme nous venons de le détailler. Le professeur *Robinson* faisait des modèles en craie et les chargeait sur le couronnement jusqu'à ce que la ligne de pression coupât l'extrados ; les arches s'écroulaient alors, et les expériences donnèrent constamment les mêmes résultats.

Il est évident que les matériaux de l'arche doivent également céder à ces points où la ligne de pression approche presqu'entièrement de l'intrados. Aussi, dans les expériences du docteur *Robinson*, observe-t-on qu'ils se fendillaient et cédaient avant une rupture complète.

Ayant chargé ses arches au couronnement jusqu'à ce qu'elles tombassent, il observa que les points où les matériaux commençaient à céder n'étaient pas précisément ceux où la rupture finale avait lieu. Ce fait présente une confirmation remarquable de ce que nous avons dit dans ce chapitre. Il est manifeste que suivant cette théorie, avec quelques variations dans la moindre force P (*fig.* 169) qui maintiendrait la demi-arche, si on l'appliquait à son sommet, il y aurait un changement correspondant dans la position des points R et R'. Or quand on accroît la charge sur le sommet de l'arche, la force P croît évidemment. Il en résulte une variation dans la forme de la ligne de pression tendant à assurer le point de contact avec l'intrados un peu plus bas dans l'arche.

C'est précisément ce que le professeur *Robinson* observa. L'arche commençait à se détruire en un point à moitié distance du sommet et du point où la rupture finale avait lieu.

L'existence des points R et R', autour desquels les deux parties supérieures de l'arche ont une tendance à changer, et vers lesquels on observe que les matériaux cèdent d'abord, ont été dès long-temps connus aux hommes de pratique. Les ingénieurs français les ont nommés points de rupture de l'arche, et la détermination de leur position par un mode d'essai forme un trait remarquable de la théorie suspecte et maladroite qui avait été jusque-là appliquée à cette branche de la statique.

192. On voit (*fig.* 170) qu'au-dessus des points R et R', la direction de la ligne de pression est telle qu'elle produit dans les voussoirs une tendance à glisser *en bas* l'un de l'autre, tandis qu'au-dessous de ce point il y a tendance à ce qu'ils glissent *vers le haut*.

Il s'ensuit qu'on doit s'attendre que lorsque le centre d'une arche se déplace, le mouvement des voussoirs (puisqu'ils peuvent avoir un mouvement l'un sur l'autre, à raison de ce que le ciment cède, ou, s'il n'y a pas de ciment, à raison du contact trop rapproché auquel les condamne une pression additionnelle) tend à faire glisser en bas ceux qui sont *au-dessus* des points R et R', et à faire glisser en haut ceux qui sont *au-dessous* de ces points.

Ce mouvement des voussoirs entr'eux, par le déplacement du centre, produit ce qu'on nomme le *tassement* de l'arche, et l'on observe que ce tassement a précisément lieu comme nous venons de le détailler.

Le célèbre ingénieur français *Perronet* nous a laissé, dans son mémoire sur le cintrement et le décintrement des ponts, le détail des circonstances qui avaient lieu en plaçant les cintres de nombre de grandes arches construites sous sa direction.

Au pont de Nogent, avant de remettre le cintre de l'arche, il fit tailler trois lignes sur sa *face*; l'une *horizontalement* immédiatement au-dessus du sommet, et les deux autres partant *obliquement* des extrémités de cette horizontale et dirigées de chaque côté vers l'eau. Après que le cintre fut mis en place, on observa que ces lignes avaient leurs formes très-altérées, et même leurs positions relatives sur la face de l'arche. Toutes ces trois droites étaient devenues des courbes. L'horizontale avait *fléchi* dans toute sa longueur; sa plus grande inflexion étant juste au-dessous de la clef, ce qui indiquait un mouvement vers le bas de tous les voussoirs sur lesquels la ligne avait été tracée. Les lignes obliques aussi

avaient, de chaque côté, fléchi de leur position *vers le haut*
de l'intrados de l'arche, ou *vers le bas* au-dessus de certains
points correspondans à R et R'; en dessous de ces points
l'inflexion était à partir de l'intrados de l'arche ou vers le
haut.

Ainsi, parmi les voussoirs sur lesquels les obliques avaient
été tracées, il fut reconnu un mouvement *vers le bas* dans
ceux au-dessus de R et R', et un mouvement *vers le haut*
dans ceux au-dessous de ces points.

Les mêmes phénomènes furent observés dans le tassement
d'autres grandes arches construites par *Perronet*, et notam-
ment dans celles du pont de Neuilly.

193. *Voûtes et dômes.* — Les théories de l'équilibre de la
voûte et du dôme sont entièrement analogues à celles de l'arche.

Dans la voûte, une masse s'avance en saillie sur une pile,
et s'étend symétriquement par rapport au plan vertical passant par le centre de sa pile, jusqu'à ce qu'elle rencontre une
masse égale et semblable qui part d'une pile opposée.

Ce n'est réellement rien autre chose qu'une arche dont les
voussoirs varient aussi bien en *largeur* qu'en *épaisseur.* Le
centre de gravité des différens voussoirs élémentaires de cette
masse sont tous dans son plan de symétrie. La ligne de pression est donc dans ce plan, et sa théorie rentre dans celle que
nous avons donnée déjà. Pour les voûtes d'arête ordinaires sur
quatre pieds droits, chaque pierre *opposée* se *contre-butte* et
chaque pierre adjacente se *réunit*, se prêtant un support mu-
tuel et formant une couverture continue.

Cette voûte est la plus solide de toutes les arches, et si l'on
a des matériaux de force suffisante pour les pieds droits et les
parties aux environs des saillies des arches, elle peut être
bâtie de toutes grandeurs et couvrir des espaces considérables.

Il est remarquable que les architectes modernes, qui ont
porté les dimensions de l'arche simple jusqu'à leurs limites
de grandeurs, ont été fort timides dans l'emploi de cette
voûte.

194. Si au lieu d'arche en saillie, on suppose une voûte
continue, diminuant ses dimensions à mesure qu'elle s'élève
et s'arc-boutant de toutes parts à son couronnement, on a le
dôme, dont la théorie est évidemment analogue à celle de l'arche et de la voûte d'arête.

195. *Histoire de l'arche.* — Le premier pont n'a probablement été qu'un tronc d'arbre jeté d'une rive à l'autre de quelque torrent de la montagne.

Le mode de communication étant ainsi fourni par accident, les hommes ont aussitôt appris à l'employer en développant les ressources de l'art; et quelque distantes que fussent les rives, ils apprirent à les joindre à l'aide de charpentes ou de maçonneries supportées par des piliers. L'application de cette matière d'un pont semble avoir constitué tout l'art des constructeurs jusqu'à une période comparativement récente dans l'histoire du genre humain. Elle est cependant aussi fatale à la navigation que peu convenable au passage des courans rapides et profonds.

Aussi trouvons-nous que les Egyptiens, quoique répandus en foule sur les deux rives du Nil, n'ont jamais établi sur ce fleuve de ponts permanens.

Le Tigre et l'Euphrate dont les rives étaient couvertes d'une nation de la plus haute antiquité et d'une grande civilisation, les Chaldéens, n'avaient pas de ponts autres que des ponts de bateaux; et du temps de Périclés il n'y avait même pas de pont de pierre sur le Céphise à Athènes.

On dit la nécessité mère de l'invention; mais il est certaines choses auxquelles elle a été bien lente à donner naissance. La découverte de l'arche en est un mémorable exemple. Les Egyptiens, les Chaldéens et les Grecs furent tous d'admirables maçons, et cependant ils ne surent jamais faire une arche. Les premiers Européens qui paraissent en avoir fait la découverte, sont les Etrusques; et les modèles d'arche les plus anciens ont été trouvés, dit-on, dans les ruines de la ville étrusque de Valaterra.

Les Chinois paraissent avoir connu le secret de l'arche, de temps immémorial. Il est réellement difficile de trouver une disposition utile qui ne soit pas actuellement connue de ce peuple singulier, et une période dans l'histoire où ils ne la connussent pas. Certainement ils employaient l'arche long-temps avant qu'on y songeât en Europe. Elle couvre les portes de leur grand mur; ils s'en servaient dans la construction des monumens élevés à leurs morts illustres (1) et pour leurs

_____

(1) Les arcs de triomphe et monumentaux sont tellement répandus en Chine qu'ils y donnent un caractère particulier aux sites de ses

ponts. *Kircher*, dans son ouvrage *China illustrata*, parle de ponts de pierre de trois à quatre milles (4 à 5 kilomètres) de longueur, et d'une arche de 600 *feet* (183 mètres) de large.

Des Etrusques le secret de l'arche passa aux Romains, et fut de suite employé à la construction de ponts sur le Tibre. Il en subsiste plusieurs, et ce ne sont d'ailleurs que des modèles grossiers de l'art de faire des ponts. Leurs arches étroites sont supportées sur des piles massives qui forment un obstacle sérieux au courant, et elles renferment un principe de faiblesse dans leur plus grande force.

Les Romains ont d'ailleurs construit dans d'autres parties de leurs provinces, des ponts d'une force et d'une beauté extraordinaires. De tous ces ponts, celui d'Alcantara est le plus remarquable peut-être ; sa chaussée est de 140 *feet* (42 mèt.) au-dessus du niveau du courant qu'il traverse, et ses arches ont 100 *feet* (30 mètres) de large. Il fut bâti par *Trajan*, sous le règne duquel fut érigé aussi un pont sur le Danube, dont *Dion Cassius* raconte diverses choses incroyables, quoiqu'il n'en eût vu que ce que l'on en voit encore, la fondation d'un pilier. *Trajan* avait bâti ce pont pour conquérir les Daces, et son successeur le détruisit pour restreindre leurs excursions dans l'empire.

Dans les temps orageux qui suivirent la chute de l'empire romain, on ne bâtit plus de ponts. Les rivières furent, pour la plupart, passées à gué ou en bac ; ce fut un sujet fréquent de combats entre les barons voisins qui s'en emparaient tour-à-tour pour rançonner les voyageurs.

Ce fut au commencement du douzième siècle qu'un vacher, nommé *Benezet*, parut dans la cathédrale d'Avignon, et annonça à la multitude la mission spéciale qu'il avait reçue du ciel pour l'érection d'un pont sur le Rhône en la cité d'Avignon.

Par des efforts presque miraculeux, ce singulier enthousiaste réussit, en peu d'années, à bâtir un pont, qui, tant par rapport à sa dimension considérable que par rapport aux difficultés que présentent les localités, mérite d'être rangé parmi les monumens les plus remarquables érigés par l'industrie et l'habileté d'un homme. Malheureusement une crue du

paysages. Il est remarquable que les Chinois et les Romains aient également érigé des arcs en l'honneur de leurs grands hommes.

Rhône l'a détruit en partie. Les travaux de *Benezet* ne cessèrent d'ailleurs pas avec le pont ; il obtint une place parmi les saints du calendrier romain, et devint le fondateur d'un ordre religieux, appelé les Frères du Pont, et qui construisirent quelques-uns des plus beaux ponts que l'on voit en Europe. Celui du Saint-Esprit sur le Rhin n'a pas moins d'un mille (1609 mètres) de longueur, et celui de la vieille Brionde sur l'Allier est une seule arche à plein cintre de 180 *fect* (55 mètres) de large. C'était la plus grande arche connue jusqu'à celle de Chester qui a 200 *fect* (61 mètres). Le vieux pont de Londres, ouvrage de *Peter* de *Colechurch*, est de la même date ; mais il souffrirait beaucoup à la comparaison avec les travaux des Frères du Pont. Depuis ce temps jusqu'à présent, l'art de bâtir les ponts a fait des progrès continuels, et la plupart des rivières du continent sont couvertes d'arches immenses dont les travaux des premiers âges sont bien loin sous les rapports de la grandeur et de la perfection des détails.

L'art paraît avoir atteint son apogée dans les magnifiques constructions dernièrement érigées sur la Tamise, à Chester, et qui n'ont rien de comparable dans l'univers.

~~~~~~

CHAPITRE XVI.

197. *Elasticité.* — 199. *mode de détermination de la loi d'élasticité, par la torsion.* — 201. *Expériences prouvant l'existence de l'élasticité du plomb, et sa loi.* — 203. *Ductilité.* — 204. *Altération permanente de structure interne.* — 207. *Etendue suivant laquelle la propriété de ductilité peut être développée.* — 208. *Mesure de l'élasticité; module d'élasticité.* — 209. *Compression directe ou extension;* — *la force perturbatrice doit être appliquée au centre de gravité de la section.* — 210. *Compression oblique ou extension.* — 211. *Axe neutre et surface neutre.*

196. *Force des matériaux.* — Dans la partie précédente de cet ouvrage, nous avons supposé que les divers corps solides dont nous avons discuté l'équilibre, étaient composés de parties incapables de séparation ou déplacement.

De tels corps solides n'existent pas dans la nature, et c'est une abstraction scientifique. Tous les corps qui nous environnent cèdent plus ou moins et sont plus ou moins *compressibles* (1); et toutes leurs parties semblent admettre un certain degré de *déplacement* et de *séparation*.

Il paraît, d'après de nombreuses expériences faites sur

---

(1) *L'incompressibilité* de certaines substances a été affirmée, et entr'autres celle de l'eau. On dit que des académiciens de Florence ayant renfermé de l'eau dans une sphère creuse en or, et clos hermétiquement, en la soudant, l'ouverture par laquelle l'eau avait été introduite, firent marteler la sphère et trouvèrent que plutôt que de diminuer de volume, l'eau se frayait un passage à travers les pores du métal. Il a été depuis complètement affirmé que l'eau souffre la compression, et il y a toute raison de croire qu'elle possède cette propriété de compressibilité en *commun* avec toutes les autres substances matérielles.

la force des matériaux, que le déplacement des particules des corps solides est sujet aux lois suivantes :

197. 1° Que lorsque ce déplacement ne s'étend pas au-delà d'une certaine distance, chaque particule tend à retourner à la place qu'elle occupait précédemment dans la masse dont elle fait partie, avec une force exactement proportionnelle à la distance suivant laquelle elle a été déplacée.

2° Que si ce déplacement s'étend au-delà d'une certaine distance, la particule ne tend plus à regagner sa première position, et reste passivement dans la nouvelle position qu'elle a prise, ou prend quelqu'autre position différente de celle dont on l'a dérangée.

L'effet de la première de ces lois, quand il se montre dans la tendance *commune* des particules qui composent une portion déterminée d'une masse, pour revenir à une position relative au reste de la masse, ou relative l'une à l'autre, et dont ces particules avaient été déplacées, se nomme *élasticité*.

Il y a lieu de croire qu'elle existe dans tous les corps, entre des limites plus ou moins étendues, qui sont déterminées par la seconde loi ci-dessus énoncée.

198. Il est impossible, par aucun procédé direct, de déplacer aucune des particules d'un corps, dans la partie de ce très-petit espace où s'exerce la loi de parfaite élasticité, de manière à mesurer la force avec laquelle cette particule reprend sa première position, et de déterminer, *directement*, si cette force est ou n'est pas proportionnelle au déplacement.

Au reste il y a plusieurs méthodes *indirectes* pour produire le déplacement voulu et mesurer la force qu'il développe. La suivante est probablement la plus simple et la meilleure.

199. Prenons un petit cylindre ou fil de la substance à examiner, et concevons-le divisé en un certain nombre d'élémens cylindriques très-déliés, ou lames, formés par des sections imaginaires du fil faites excessivement près à près. Rouons le fil une fois en rond ; il est évident que chacune des lames, en rouant tout le fil, a dû se mouvoir en conservant sa *même distance* de celle immédiatement en dessus d'elle ; car il n'y a pas de raison pour que l'une s'écarte plus que l'autre. Il est évident aussi que si nous prenons le déplacement de

chaque lame sur celle au-dessus, en commençant à partir du haut, et ajoutant ensemble tous ces déplacemens, leur somme serait exactement la révolution que la plus basse lame du fil a dù décrire. Ainsi l'angle sous lequel chaque lame est for-cée de tourner sur la surface de celle qui est au-dessus, peut être trouvé en divisant une révolution, ou quatre angles droits, par le nombre des lames (1), ou bien l'on peut trou-ver la *distance actuelle* à laquelle chaque particule sur la surface du fil est amenée, en divisant sa circonférence ou rond par sa longueur ; et supposant le fil formé de surfaces concentriques avec sa surface *extérieure,* le déplacement de chaque particule contenue dans chacune d'elles se trouvera en divisant de même *sa* circonférence par sa longueur.

Il est dès-lors apparent que lorsqu'un fil métallique est plié en rond, *chacune de ses particules* supporte un certain dé-placement dépendant, pour sa grandeur, de sa position en dessous de la surface du fil.

Or si toute la masse ainsi roulée *retourne dans sa pre-mière position,* quand on l'abandonne à elle-même, il s'en-suit que chaque particule, à quelque distance qu'elle se soit écartée, doit être également rentrée dans sa première posi-tion par rapport aux particules qui lui sont immédiatement adjacentes.

Il s'ensuit aussi que si toute la masse tend à reprendre la position dont elle a été dérangée, avec une force pro-portionnelle à l'angle de tension, chaque particule tend éga-lement à reprendre la position dont elle s'est écartée, avec une force proportionnelle à la distance suivant laquelle elle s'est déplacée.

En effet, supposons que le tout se compose de cylindres *creux* concentriques, ou de tubes, et considérons chacun d'eux en particulier; il est évident que le déplacement de chacune des parties est le *même ;* et par conséquent *tout* le déplacement est proportionnel à celui de chacune des parti-cules du cylindre. Il est évident aussi que la *force* produi-sant le déplacement de chaque partie du cylindre est la même ;

(1) Il est évident pour ceci qu'en accroissant ou en diminuant la longueur du fil, on peut varier la quantité du déplacement de chaque particule jusqu'au point où on le désire.

donc *toute la force* déplaçant le cylindre est proportionnelle à celle produisant le déplacement de chaque particule.

Il en résulte que si *toute* la force est proportionnelle à *tout* le déplacement qu'elle produit, alors chaque force composante est proportionnelle aussi à cette portion du déplacement total qu'*elle* produit.

Or, tout le déplacement des parties d'un cylindre creux, ou tube, est proportionnel à l'angle suivant lequel le tube est roulé. Si donc la force qui le roule est proportionnelle à cet angle, il suit de ce qui précède que la force produisant le déplacement de chaque particule est proportionnelle à ce déplacement. Supposons que des tubes semblables aux précédens soient placés l'un dans l'autre, formant une masse continue, et que des forces y soient appliquées, roulant le tout sous le même angle. Alors si la *somme* de ces forces est proportionnelle à cet angle, il s'ensuit que chacune d'elles lui est proportionnelle; et s'il en est ainsi, dès-lors chaque particule, d'après ce que nous avons dit, est déplacée avec une force proportionnée à son déplacement.

Mais la somme des forces produisant le déplacement des tubes élémentaires est la même que la force déplaçant le cylindre solide. Il s'ensuit donc que si cette force est proportionnelle à l'angle de torsion, la loi de parfaite élasticité a lieu par rapport aux particules qui composent le cylindre; chacune d'elles s'efforçant de retourner à sa première position avec une force proportionnelle à la distance à laquelle elle s'est écartée.

200. Les conditions supposées précédemment et qui remplissent celle de parfaite élasticité dans certaines limites, que nous avons établie au commencement de ce chapitre, sont précisément celles qu'on a prouvé s'obtenir de tous les corps solides que l'on a jusqu'ici soumis à l'expérience.

Il est certains corps dans lesquels on l'a depuis long-temps reconnu, comme par exemple dans l'acier et dans diverses espèces de bois ; mais il y en a d'autres dans lesquels les propriétés élastiques ne sont pas apparentes du tout, et nous citerons un exemple de ces derniers.

201. Prenons un fil de plomb (1), d'un cinquantième

---

(1) Des expériences d'un genre semblable ont été faites avec une grande variété de substances, et toutes tendent à prouver l'existence

d'*inch* (5 dix-millièmes) de diamètre, et de dix *fect* (3 mètres)
de long; fixons-le ferme au plafond, et laissons-le pendre
verticalement; attachons à l'extrémité inférieure un indicateur
comme l'aiguille d'une montre ; sur quelque chantier immédiatement au-dessous, divisons en degrés un cercle de centre correspondant au point le plus bas du fil. Plions maintenant le fil deux fois en rond, et abandonnons-le ensuite à
lui-même. On verra enfin l'indicateur qui a été roulé deux
fois avec le fil autour de la circonférence du cercle, retourner et faire quatre révolutions entières, c'est-à-dire deux révolutions en arrière, ou bien au-delà de sa première position ; il reviendra de nouveau dans la direction où on l'a
tordu, et après avoir long-temps oscillé en arrière et en
avant, chaque oscillation diminuant d'amplitude, il reviendra, en définitive, précisément dans sa première position.
En outre, si les forces avec lesquelles l'aiguille, après avoir
été tordue sous différens angles, tend à retourner dans sa
première position, sont mesurées avec soin, on les trouvera
proportionnelles aux angles de torsion (1).

202. Maintenant tordons le fil en rond quatre fois au lieu
de deux. En l'abandonnant à lui-même, il oscillera comme
avant, et finira par rester en repos ; mais il ne se trouvera
plus dans la position dont on l'avait retiré, et deviendra trop
court pour cette position, presque de deux révolutions.

Les particules du fil ont donc quelques-unes d'elles déplacées si loin qu'elles ne peuvent plus rentrer dans leur première place, et un nouvel arrangement a lieu parmi elles :
celles vers le centre n'ayant été que faiblement déplacées, sont
probablement toutes revenues ; celles plus éloignées ont continuellement subi un déplacement de plus en plus permanent, jusqu'à ce qu'à la circonférence, le déplacement soit

des propriétés élastiques, même dans celles où l'on s'y attendait le
moins. Un petit cylindre ou fil de terre à pipe, par exemple, étant
soumis à la torsion, montra des propriétés manifestant l'existence
d'une parfaite élasticité dans toutes ses particules, aussi bien qu'on
eût pu l'espérer du meilleur acier. Seulement les limites de l'élasticité
étaient fort différentes dans les deux cas.

(1) Il y a tant de précision à cela, que des balances, dites de torsion,
destinées à mesurer des forces trop petites pour être sensibles à une
balance ordinaire, ont été construites sur ce principe.

égal à deux fois la circonférence du fil divisé par sa longueur.

Le fil, dans ces circonstances, est dit avoir pris du *jeu*.

203. Il est remarquable qu'après cette altération des positions relatives des particules, elles semblent avoir conservé
le même rapport entr'elles. Chaque particule est affectée par
les particules au milieu desquelles elle a repris position,
précisément comme elle l'eût été pour celles qu'elle a quit-
tées ; car si après avoir pris du *jeu*, on tord de nouveau, on
trouvera que l'élasticité est la même qu'avant.

Cette propriété en vertu de laquelle les particules d'une
masse peuvent se mouvoir entr'elles, passant à chaque nouvelle position dans le même rapport à l'égard des particules qui les entourent dans cette position, qu'elles étaient
avec celles adjacentes à toute autre position précédente, se
nomme *ductilité*. L'expérience précédente nous montre ainsi
deux des propriétés les plus importantes des corps solides.

1º Leur élasticité résultante de la tendance de chaque
particule à revenir à la position d'où elle a été déplacée,
avec une force proportionnelle au déplacement.

2º Leur ductilité étant cette propriété par laquelle ce déplacement, quand il est fait dans de certaines limites et en
certaines circonstances, se détermine *permanent*, les particules déplacées prenant de nouvelles positions dans la masse
et entrant dans la même relation par rapport aux particules
qui viennent à les environner, qu'elles l'étaient par rapport
à celles qui les environnaient précédemment.

204. Nous avons dit que le déplacement, qui appelle dans
son existence la propriété de ductilité, doit avoir lieu dans
certaines limites et en certaines circonstances.

Si le déplacement est moindre qu'il n'est nécessaire pour
l'amener dans ces limites, la particule retournera, en vertu
de sa propriété d'élasticité, exactement à sa première position et y restera. Si le déplacement de la particule est trop
grand pour se tenir dans les limites de la ductilité, il *ne restera pas*, avec les particules dans la direction desquelles il a
été mu, dans la même espèce de relations dont il est sorti :
une séparation partielle de la masse aura décidément lieu, en
ce qui concerne chaque particule, ainsi qu'une altération
permanente de structure. Cette altération de structure intérieure se présentant par un nombre considérable des parti-

cules qui composent la masse, affectera sensiblement sa force. Elle peut d'ailleurs avoir lieu sans présenter à la surface de la masse aucune indication de ce changement intérieur qui s'est opéré. Ainsi un canon, s'il est tiré avec une charge de poudre produisant un effort (1) au-dessus de la force élastique de certaines portions de la matière dont il est composé, éprouvera une altération permanente de structure, et un second coup le brisera. Il a été prouvé qu'un canon de grandes dimensions, ainsi poussé à bout par une charge excessive, peut être brisé en pièces par un seul coup d'un marteau de forge (2).

D'après le même principe, un fil peut être brisé en le pliant et le redressant plusieurs fois au même endroit. A chaque pli, une altération permanente de structure a lieu par rapport à certaines particules qui composent la section vers laquelle on le courbe. Certaines de ces particules se séparent l'une de l'autre, et par un pli répété, cette séparation s'étend à la totalité d'une section du fil. Une altération de structure intérieure paraît s'opérer dans quelques corps par l'influence seule du temps. Ainsi la *pierre* n'a qu'une force très-incertaine ; une altération de ce genre marchant *continuellement* chez elle, sans que ses effets en soient apparens que par un grand nombre d'années.

205. Les propriétés d'élasticité et de ductilité en vertu desquelles les particules du corps peuvent subir un déplacement sans altération permanente de structure intérieure, sont, pour la *pratique*, des plus importantes. Nous avons déjà remarqué que la destruction de *force* de ce genre contenue dans un corps se *mouvant*, et qui s'exerce à *l'impact*, ne peut avoir lieu si ce n'est avec un certain degré d'affaissement dans les parties de la masse contre laquelle

_____

(1) L'effort qui produit des altérations permanentes de structure varie d'un quart à un cinquième de celui nécessaire pour produire une entière rupture.

(2) Tout ce qui précède, dans l'auteur anglais, n'est relatif qu'aux canons de fonte de fer ; ceux en bronze s'étonnent, se fendillent, se déchirent ; mais quand le bronze est convenable, ils n'éclatent jamais en morceaux ; et cela tient précisément à l'élasticité et à la ductilité de l'alliage.   N. du T.

elle heurte. Puis donc que les parties du corps cèdent à chaque force de la nature de l'impact qui les heurte, cet *affaissement* ou *déplacement* de leurs particules est nécessairement suivi d'une altération permanente de structure, et peu de masses peuvent conserver leurs formes pendant un temps considérable, car il en est bien peu qui ne soient pas sujettes à l'action de certaines forces de heurt. Une averse de grêle, ou même de pluie, suffit pour réduire en poudre chaque chose sur la surface de la terre; rien ne peut sortir de nos mains qui soit capable de supporter le plus faible impact qu'il ne peut manquer de recevoir, et la substance sur laquelle on le place peut elle-même se réduire en poussière ; des substances peuvent se trouver suffisantes pour supporter la pression du poids d'un homme qui s'y *reposerait*, et ne l'être plus pour qu'il s'y meuve en sûreté.

206. La meilleure manière de mettre en œuvre la propriété de ductilité, est probablement celle de l'impact. En variant la valeur de la force du heurt, on peut arriver promptement à cette valeur du déplacement dans les particules d'un corps, qui est justement nécessaire pour lui donner ce qu'on nomme techniquement une *assiette* ; le corps ayant, dans ces circonstances, précisément la même propriété qu'avant, en répétant les coups on reproduit un nouveau déplacement dans les limites de la ductilité, et on peut le façonner ainsi de toute forme, en l'étendant suivant une surface voulue. La propriété de ductilité, ainsi développée par l'impact, se nomme malléabilité. Dans certains métaux, et dans l'or spécialement, elle se présente avec une étendue étonnante.

207. Une autre méthode de mettre en action cette propriété du corps, et spécialement des métaux, est celle adoptée dans la tréfilerie. En voici un exemple tiré des ouvrages de *Réaumur*, dont nous conserverons les anciennes mesures françaises. Le fil doré en usage alors pour la broderie et la passementerie se faisait ainsi. Un cylindre d'argent, du poids de 360 onces, était couvert avec une feuille d'or du poids de 6 onces au plus. Toute la masse pesant alors 366 onces était passée à la filière d'acier, les trous diminuant graduellement de diamètre jusqu'à ce qu'au dernier enfin elle fût convertie en un fil tel que 202 pieds de ce fil pesaient seulement un seizième d'une once ; en sorte que le tout était de la *longueur de* 1,182,912 pieds, ou de 98,576 lieues de France. Ce fil fut

passé entre des rouleaux pour l'aplatir, ce qui l'avait en même temps allongé d'un septième. Sa longueur alors était de 1,550,900 pieds, ou 112,66 lieues de France, ce qui est plus que la distance de Paris à Lyon. Le fil avait alors un quatre-vingt-seizième de ligne de *largeur;* en admettant avec *Réaumur* qu'un pied cubique d'or pèse 21220 onces, et qu'un pied cubique d'argent pèse 11525 onces, nous trouvons que son épaisseur ne doit pas être plus de $\dfrac{1}{3108}$ d'un pouce. Quelle doit être alors la couche mince d'or qui le recouvre? Par des calculs analogues, nous trouvons que cette épaisseur d'or ne peut pas être plus de $\dfrac{1}{713436}$ d'un pouce; et cependant on fait du fil doré dans lequel on n'emploie que le tiers de cet or.

Il est impossible de porter plus loin nos connaissances sur la ductilité de la matière.

Il est probable que tous les corps possèdent plus ou moins les propriétés d'élasticité et de ductilité ; mais ces propriétés y existent en proportions excessivement variées (1). Ceux qui sont les plus élastiques ne sont pas les plus ductiles, et il semble même que le contraire ait lieu, les corps les plus ductiles étant ordinairement les moins élastiques.

208. On a vu que les particules des corps solides tendent à retourner dans chaque position d'où elles sont sorties, avec une force proportionnelle à leur déplacement : si donc nous représentons par la lettre M la force nécessaire pour déplacer les particules composant une unité de volume d'un corps solide quelconque, à une unité de distance (2), la force néces-

(1) C'est un fait curieux qu'en *forgeant* un métal, ou le passant fréquemment à la filière pour l'étirer en fil, sa *cohésion,* qui est la force avec laquelle il résiste à une *rupture complète,* s'accroît beaucoup. Ainsi le plomb, quoiqu'il devienne moins dense par l'étirage, *triple* sa cohésion.

(2) C'est-à-dire la force suffisante pour qu'un solide entier occupe un espace égal à deux solides entiers, ou qui serait égale à cette force, pourvu que la substance pût être déplacée à cette distance, sujette à la même loi qui régit sa tendance à recouvrer sa position. Avec cette condition, la force M peut être comprise appliquée au cas de *compression* aussi bien qu'à celui d'extension.

saire pour produire un déplacement de la même unité pour une distance de D unités ou parties d'unité, sera égale à D fois M : appelons *f* cette force

$$f = M D.$$

Ainsi que nous le verrons, il y a une grande variété de moyens de déterminer la valeur de la force M. Le suivant atteint très-bien ce but.

Soit une verge d'une substance dont le module d'élasticité M soit à déterminer, cette verge ayant une section égale à K d'unités carrées, et ayant L d'unités de longueur. Une force quelconque F étant appliquée à allonger ou à comprimer cette masse, soit *l* l'altération correspondante de longueur observée.

Maintenant la tension de *part en part* de la masse est la même. Chaque section transversale est donc soumise à l'action d'une force égale à cette force F qui est appliquée à l'extrême section. Chaque *unité* d'une telle section est soumise à une force égale à $\frac{F}{K}$. L'extension ou la compression du total L d'unités de longueur étant *l*, *chaque* unité de longueur est étendue ou comprimée dans un espace égal à $\frac{l}{L}$. M est la force produisant chaque unité d'extension ou compression sur une unité d'aire et une unité de longueur.

Il s'ensuit dès-lors que la force nécessaire pour produire tout l'effet sur une telle unité est

$$\frac{M\, l}{L}$$

Mais la force agissant réellement sur une unité de l'aire de chaque section, et produisant cette extension ou compression, a été trouvée être $\frac{F}{K}$ d'où $\frac{F}{K} = \frac{M\, l}{L}$ et $M = \frac{F\, L}{K\, l}$.

Si E est la hauteur en décimètres d'un prisme, ou d'une barre de substance quelconque, dont le poids soit égal à la valeur de la force M correspondante à l'élasticité de cette substance, et qui a une section transversale d'une unité dans l'aire, appelant w le *poids* d'un décimètre de cette barre, nous aurons

$$w\,\mathrm{E} = \mathrm{M}, \text{ d'où } \mathrm{E} = \frac{\mathrm{F\,L}}{\mathrm{K}\,l\,w}$$

Cette valeur de E ainsi prise est le *module de l'élasticité*.

La table à la fin du chapitre contient les valeurs des *modules d'élasticité* et de la force M, déterminées par expérience, pour diverses substances, à l'aide de la compression pour laquelle elles sont moindres en général que pour l'extension.

209. Supposons (*fig.* 172) une masse élastique A B C D terminée par un plan rigide A B, soumise à l'action d'une force P, faisant mouvoir ce plan parallèlement à lui-même jusqu'en A' B'. Chaque unité de la masse étant également déplacée, toute la force P nécessaire pour produire ce déplacement, sera égale à la force M, multipliée par les unités de l'espace entre A B et A' B', ou si K est l'aire du plan

$$\mathrm{M} \times \mathrm{K} \times \mathrm{A\,A'} = \mathrm{P}$$

d'où il suit

$$\mathrm{A\,A'} = \frac{\mathrm{P}}{\mathrm{M\,K}}$$

Puisque la force agissant sur chaque point du plan A' B' est proportionnelle à la *compression* de la matière immédiatement en dessous, et que cette compression est partout égale à A A', il s'ensuit que la pression sur chaque point de ce plan est la même. Par conséquent, une plaque *uniforme* de quelque substance pesante peut être prise d'une telle épaisseur, qu'ayant précisément la même forme et les mêmes dimensions du plan A' B', les poids de ses parties soient précisément analogues et égaux aux pressions supportées par les différens points de ce plan. Or la résultante du poids des parties de la plaque passe par le centre de gravité du plan A' B'; la résultante des pressions sur ce plan passe donc par le même point, et il s'ensuit que la force P doit agir en ce point. Donc pour produire ce mouvement du plan A B parallèlement à lui-même, que nous avons supposé, il est nécessaire que la force P agisse au centre de gravité de ce plan.

Si la force P n'agit pas au centre de gravité de la section AB, cette dernière prendra une position oblique A'B'(*fig*.173).

210. Cette position oblique *coupera* sa position horizontale précédente. Dans la ligne d'intersection, la masse ne supportera ni extension ni compression, et c'est là ce qui lui a fait donner le nom *d'axe neutre* de la section; on le voit en N. En alternant sa position, le plan AB a comprimé la matière qui se trouve entre NB et NB', et permis l'extension de celle qui se trouve entre NA et NA'. Si la masse est appliquée dans toute sa longueur, *chaque* section transversale se trouvera ainsi se couper, dans la nouvelle position qu'elle devra prendre, avec la position qu'elle occupait avant; chaque section a dès-lors aussi un axe neutre, et la surface dans laquelle tous ces axes neutres sont compris, est la *surface neutre* de la masse.

La force de la matière ne sera pas affaiblie, évidemment, en enlevant cette portion qui est immédiatement contiguë à cette surface.

211. Considérons maintenant les circonstances qui peuvent nous mettre à même de déterminer la *position* de l'axe neutre.

On observera que les forces qui maintiennent le plan A'B' en repos, sont : la force P et les forces élastiques mises en action par la compression de la masse entre NB et NB', et par l'extension entre AN et A'N. Or ces forces élastiques sont, aux différens points de A'B', proportionnelles aux distances auxquelles l'extension ou la compression a eu lieu à ces points; c'est-à-dire qu'en menant de ces points des perpendiculaires au plan AB, les forces correspondantes sont séparément proportionnelles à ces lignes. Or une *masse pesante*, précisément des dimensions de l'espace compris entre les plans NB et NB', passerait sur les différens points du dernier plan, à raison de son poids, avec des forces exactement proportionnelles aux lignes dont nous venons de parler. Donc une semblable masse pourrait, en la prenant exactement pour son poids, remplacer les forces élastiques sur NB'. De même une masse pesante, exactement des dimensions de l'espace compris entre NA et NA', pourrait être prise pour remplacer les forces agissant en NA'; seulement sa gravité doit être supposée agir *en dessus* au lieu d'en dessous.

Chacune de ces masses sera partout d'une densité uniforme, mais elles pourront être de densités différentes l'une de l'autre, à raison de l'inégalité des modules d'extension et de compression.

Puisqu'alors les forces agissant sur différens points de A'B' sont identiques avec les poids des parties de certaines masses uniformes des dimensions des espaces compris entre ce plan et A B, il s'ensuit que les résultantes de ces forces passent par le centre de gravité de ces masses. Ainsi la résultante des forces sur le plan N B' passe par le centre de gravité de la masse N B B', et la résultante des forces sur N A' passe par le centre de gravité de la masse A N A'.

Soient a et b les points où les résultantes des forces sur N A' et N B', respectivement, coupent le plan A B ; soit aussi p le point d'intersection de P avec ce plan, et M le centre de gravité du plan. Appelant m et m' respectivement les poids des unités des masses qui ont été prises pour remplacer les forces sur N A' et N B', nous avons, à raison des conditions générales d'équilibre de forces parallèles (art. 46) :

$$\text{P} + m \times (\text{la masse N A A'}) = m' \times (\text{la masse N B B'})$$

Et aussi (art 45) :

$$\text{P} \times \text{M} p = m \times (\text{masse N A A'}) \times \text{M} a + m' \times (\text{masse N B B'}) \times \text{M} b.$$

Ces deux conditions *sont suffisantes* pour la détermination mathématique de la position de l'axe neutre, ainsi que nous le verrons dans l'appendice.

212. Si la masse est rectangulaire, ou la section A B un rectangle, M coïncidera avec l'intersection de sa diagonale, sera dans l'axe de la masse, et l'on trouvera que M N, ou la distance de l'axe neutre à l'axe de la masse, est égale au carré de la *ligne* A B divisée par douze fois la distance M p; ou bien :

$$\text{M N} = \frac{\overline{\text{A B}}^2}{12 \, \text{M} p}$$

Et par suite :

$$\text{M} p = \tfrac{1}{3} \text{M B}, \text{ ou bien} = \tfrac{1}{6} \text{A B};$$

d'où

$$\text{M N} = \tfrac{1}{2} \text{A B} = \text{M A}.$$

Ainsi, dans ce cas, l'axe neutre est dans la surface de l'assemblage en **A**. Puisque la masse **N A A'** finit en ce point, il s'ensuit que

$$P = m' \times (\text{masse N B B'}) = \tfrac{1}{2} m' \text{ A B} \times \text{B B'}$$

où **B B'** est la plus grande compression. Or, dans le cas de la compression directe (art. 209),

$$P = M' \times A B \times (\text{compression directe}).$$

Donc la compression *oblique*, quand la direction de la force perturbatrice P est telle que l'axe neutre est dans la *surface* de la masse, est égale à deux fois la compression *directe*; c'est-à-dire la compression produite par la même force P agissant au centre de gravité (art. 209). Si M *p* est moindre que $\tfrac{1}{3}$ M B, l'axe neutre est en *dehors* de la surface.

Dans l'un et l'autre de ces cas, la matière est évidemment *comprimée* dans l'épaisseur entière de l'assemblage.

Il paraît alors que pour que l'assemblage puisse supporter la compression dans une portion de sa section transversale, et l'extension dans une autre, par l'action d'une force dans la direction de sa longueur, cette force doit être appliquée à une profondeur en dessous de sa surface, plus grande que le tiers de toute sa profondeur.

213. Si la force P, au lieu d'être appliquée dans la direction de la *longueur* de la masse, est appliquée dans la direction de sa *largeur* (*fig.* 174); alors, en supposant la masse maintenue en repos par des forces appliquées à ses extrémités, *aussi* dans la direction de sa largeur, puisque les forces agissant dessus peuvent se décomposer en deux séries, dont l'une formée de celles dans la direction de la *largeur* est *perpendiculaire* aux forces de l'autre, qui résultent de la compression et de l'extension de la matière autour du plan A B, et qui agissent dans la direction de la *longueur* de l'assemblage; il s'ensuit que la résultante des forces de la première série doit se trouver égale à zéro, ainsi que la résultante des forces de l'autre série. En effet, prenant ces résultantes, elles seront évidemment en directions à angles droits l'une à l'autre, et devraient, si les *deux* résultantes n'étaient pas nulles, avoir une résultante *commune*, qui serait la résultante de toutes les forces du système; c'est-à-dire que *toutes* les forces

du système auraient une résultante de grandeur déterminée; ce qui *ne peut pas être*, puisqu'elles sont en équilibre.

214. Les forces parallèles de compression et d'extension, agissant sur la section A'B', ont, par conséquent, une résultante égale à zéro. Il s'ensuit dès-lors que la somme des forces produites par la compression est égale à la *somme* des forces produites par l'extension (art. 46), et l'on a à raison de ce qui précède :

$$m \times (\text{masse N A A'}) = m' \times (\text{masse N B B'}).$$

Si le module d'élasticité était le même pour la compression et pour l'extension, et que la masse fût symétrique autour d'un certain plan auquel la direction de la force P fût perpendiculaire, ce plan serait le plan neutre de la masse. Ainsi le plan neutre d'un assemblage rectangulaire le diviserait également, et le plan neutre d'un cylindre serait un plan quelconque passant par l'axe.

215. Puisque les portions de la matière dans le voisinage du plan neutre ne supportent qu'une très-faible partie de toute la pression, et ne fournissent qu'une excessivement petite portion des forces qui produisent l'équilibre, leur forme et leurs dimensions ne peuvent être que faiblement altérées; il s'ensuit que la force d'un cylindre ne serait pas sensiblement affaiblie en coupant ces portions. Si la masse doit supporter une pression égale, non pas dans une *direction* seulement, mais dans toute direction autour de sa surface, alors ces portions qui avoisinent le plan neutre peuvent être enlevées dans chaque position que prend le plan, à mesure que la direction de pression change. Or les parties du cylindre qui sont autour de *chaque* position possible de son plan neutre sont les parties autour de son axe par lequel on a vu que le plan neutre passe toujours, ou *dont* il ne peut dévier, sous aucun rapport, que d'une petite quantité résultant de l'inégalité des modules de compression et d'extension.

Ainsi la force d'un cylindre pour résister à un effort transversal, n'est pas sensiblement diminuée en enlevant les portions autour de son axe, ou bien en *le creusant*. Sa force sera considérablement *augmentée*, si la matière prise dans l'intérieur est accumulée sur sa surface extérieure. Or ayant à construire une masse capable de supporter l'effort transversal, *également* en toutes directions, il est évident qu'on doit la façonner en *cylindre ;* et ayant à la construire, avec une quantité donnée de matière, de la plus *grande force possible,* il s'ensuit qu'on doit la façonner en cylindre *creux.*

C'est *ainsi* qu'opère la nature, quand elle veut donner la plus grande force possible à une petite quantité de matière. Les os des animaux sont des cylindres creux. Dans la charpente des oiseaux, où il est surtout important qu'il y ait le moins de matière possible, afin que le poids soit *le moindre possible,* et où il faut une grande *force* cependant, le peu d'épaisseur des parois des os est remarquable. Les tiges des plantes sont ordinairement des cylindres creux, variables en épaisseur du sixième au dixième de leur diamètre.

De même, les plumes des oiseaux sont des cylindres *creux* dans cette partie où, faisant fonction du petit bras d'un levier, le tuyau de la plume soutient l'effort des muscles puissans qui donnent le mouvement à l'aile. La légèreté de ces plumes comparées à leur force a passé en proverbe.

Les arts se sont emparés de ce principe de force, et ont imité la nature. Des colonnes de fer destinées à supporter de grands poids, se fondent creuses. D'après le même principe, les charpentes de fer se font *creuses* dans la direction où elles supportent la pression, et *étroites* dans la direction qui se croise à angles droits avec celle-ci ; souvent elles sont *évidées* vers leur surface neutre.

216. Dans le cas d'une section rectangulaire, les masses N A A' et N B B' sont l'une à l'autre en raison des carrés de N A et de N B. Or l'étendue des surfaces souffrant la compression, l'extension peut être aisément déterminée par expérience. On n'a qu'à placer la charpente horizontalement à l'aide de chantiers ou autrement, et à la charger de poids ; comme elle cède à la charge, on distingue de suite les parties de la section qui sont comprimées et celles qui s'étendent sur sa surface.

Les masses N A A' et N B B' sont aussi l'une à l'autre comme les quantités m et m', par l'équation précédente ; nous avons donc une méthode-pratique de déterminer le rapport de m à m'. Ce rapport est le même que celui des forces d'extension et de compression à égales distances du point neutre.

Quand une pièce de charpente est rompue en deux morceaux, les parties comprimées et étendues de la section sont faciles à distinguer par l'apparence de la fibre. Où l'extension a eu lieu, il se présente une série de points rompus en saillie; où la rupture a eu lieu par compression, la section est comparativement unie. Dans le voisinage immédiat du point neutre, il n'y a aucun changement apparent de la structure de la matière.

217. La méthode suivante, de montrer les effets de la compression et de l'extension des fibres de charpente, par l'action d'un effort transversal, a été fort ingénieusement imaginée par *Duhamel*.

Dans le milieu de la solive on fait, à la scie, une incision aux trois quarts de son épaisseur; et dans le trait de scie on insère un coin très-mince de bois dur.

La solive étant alors *supportée* par ses extrémités, en plaçant en *dessus* la face où a été pratiquée l'incision, on la chargea de poids, et l'on trouva que malgré le trait de scie pénétrant des trois quarts de l'épaisseur du bois, la solive était aussi forte qu'avant.

La Table suivante contient la valeur des quantités M et E (art. 208), pour plusieurs substances diverses rangées dans l'ordre alphabétique; elle contient en outre la pression que chaque barre d'un *inch* carré (645 mil. car. 14476) de surface peut supporter sans altération permanente de structure; et la fraction de sa longueur à laquelle elle peut être étendue.

Table des Modules

DÉSIGNATION des Substances.	M. un *inch* (25 milli. 3997) est pris pour unité.		E	
	lbs.	kilog.	*fect*	mètres.
Acajou de *Honduras*	1596000	723387	6570000	200250
Acier	29000000	13144250	8550000	2599919
Airain, *laiton de fonte*	8930000	4047522	2460000	749798
Ardoise *Welsh*	15800000	7161350	3240000	952639
Baleine	820000	371665	1458000	444392
Bronze à canons (8 cuivre et 1 étain)	9873000	4476937	2790000	850580
Chêne *anglais, bonne qual.*	1700000	770525	4750000	1441685
Eau	326000	147760	750000	228597
Etain *de fonte*	4608000	2088576	1453000	442869
Fer *malléable*	24920000	12294990	7550000	2501210
Fer de fonte	18400000	8339800	5750000	1752577
Frêne	1640000	906500	4970000	1504856
Hêtre	1343000	609621	4600000	140262
Marbre *blanc*	2520000	1142190	2150000	655521
Mercure	4417000	2002005	750000	228597
Orme	1340000	607555	5680000	1751241
Pierre de *Partfland*	1533000	694852	1672000	509619
Pin jaune *d'Amérique*	1600000	725000	8700000	2631725
Plomb de *fonte*	720000	526340	146000	44500
Sapin *rouge ou jaune*	2016000	954544	8550000	2558951
Sapin *blanc*	1830000	828448	8970000	2754020
Zinc	13680000	6200460	4480000	1365486

d'Elasticité.

Poids que chaque *inch* carré (645 mil. car. 14476) peut supporter sans altération permanente de structure.		Parties de toute sa longueur que chaque partie de la masse peut souffrir s'étendre.	NOMS des Observateurs.
lbs.	kilog.		
3800	1922	420	Tredgold.
45000	20396	»	Docteur Young.
6700	2991	1333	Tredgold.
»	»	1370	Tredgold.
5600	2537	146	Tredgold.
10000	4552	960	Tredgold.
3960	1768	430	Tredgold.
»	»	»	Young, calculé d'après canton.
2880	1305	1600	Tredgold.
17800	8068	1400	Tredgold.
15300	8158	1204	Tredgold.
3540	1595	464	Barluw.
2360	1079	570	Barluw.
»	»	1394	Tredgold.
»	»	»	Canton.
3240	1469	414	Barluw.
»	»	»	Tredgold.
3900	1768	414	Tredgold.
1500	680	480	Tredgold.
4290	1944	470	Tredgold.
3630	1192	504	Tredgold.
5700	2584	2400	Tredgold.

CHAPITRE XVII.

218. *Stabilité des masses dont les bases sont des surfaces planes.* — 219. *Stabilité quand les bases sont des surfaces courbes.* — 220. *Quand la surface sur laquelle pose la barre est une surface courbe.* — 221. *Sur des surfaces de non repos.*

218. *Stabilité des corps pesans.* — Si un corps maintenu en repos dans une position quelconque par certaines forces qui lui sont imprimées, est mu hors de cette position par l'action d'une autre force, ce peut être une question de savoir si, quand cette dernière force est ôtée, le corps, en vertu des forces qui lui sont imprimées, tend à retourner vers sa première position, ou à s'en éloigner.

Dans le premier cas on dit que son équilibre est *stable*, et dans le second, qu'il est *instable*.

La masse A B C D est en équilibre dans ses deux positions (*fig.* 175 et 176). La verticale menée par le centre de gravité G, passant, dans l'une par le point H de la base du corps, et dans l'autre par son angle A', la résultante des poids de chacune de ses parties étant, dans les deux cas, supportée par la résistance qu'oppose la surface sur laquelle repose le corps.

Cependant il y a cette différence importante, entre ces deux positions, que la première est une position d'équilibre stable, puisque si le corps s'incline dans une position quelconque entre cette première et la seconde, il *tendra*, par l'action de son poids, à y retourner, et qu'il y retournera en effet si on l'abandonne à lui-même ; tandis que dans la seconde position, pour peu que le corps se meuve, il *tendra* évidemment à s'en *éloigner*, et s'en *éloignera* effectivement s'il est abandonné à lui-même, jusqu'à ce que cette révolution le ramène enfin à quelque position stable.

Il est peut-être impossible, *dans la pratique*, de *placer* un corps exactement dans la position de la *fig.* 176. S'il est aussi abandonné à lui-même, n'étant pas dans cette position, ce n'est pas à celle-là qu'il reviendra, et il s'en éloignera continuellement, au contraire. Alors, puisque le corps ne peut être artificiellement *placé* dans une position d'équilibre instable, et que placé hors de cette position il ne la recherche pas de lui-même, il est impossible qu'il *soit* toujours dans une telle position de manière à y *rester*. Ainsi, s'il n'y avait pas certaines de ses positions où l'équilibre fût stable, le corps serait perpétuellement dans un état instable.

219. Si A C se trouve perpendiculaire au plan sur lequel le corps repose, l'angle G A C sera celui dans lequel on le fera tourner entre sa première et sa seconde position ; ou ce sera son inclinaison dans sa seconde position. Or l'angle G A C est égal à l'angle A G H. Le corps, pour être amené de sa première à sa seconde position d'équilibre, doit, par conséquent, être incliné suivant un angle égal à celui que fait la ligne joignant son centre de gravité avec l'angle autour duquel on le fait tourner, et la *verticale* passant par son centre de gravité.

Or, *plus* le centre de gravité du corps est *élevé, moindre* est cet angle. Si donc le centre de gravité était en *g*, au lieu d'être en G, l'angle eût été A *g* H, au lieu de A G H, et l'un est évidemment *moindre* que l'autre. Il s'ensuit dès-lors que plus le centre de gravité d'un corps se trouve élevé au-dessus de sa base, moindre est l'angle suivant lequel on peut l'incliner sans arriver à une position d'équilibre instable.

Si le corps incliné *au-delà* de sa position d'équilibre instable est abandonné à lui-même, puisqu'il *s'éloigne* de cette position, il se renversera évidemment.

Une légère inclinaison d'un corps haut et debout suffit donc pour le renverser, surtout s'il est chargé par en haut de manière à exhausser son centre de gravité. Une tour élevée se renverse facilement ; un homme de haute stature repose moins ferme qu'un petit homme sur ses jambes ; un véhicule dont le poids est en haut, ou pesamment chargé en haut, verse facilement.

220. Si la partie sur laquelle repose un corps est une sur-

face courbe, il est nécessaire à son équilibre, en une position quelconque, que la verticale de son centre de gravité
passe, dans cette position, par le point où le corps est en
contact avec la surface qui le supporte (art. 55). Ceci étant,
si le corps est mû hors de sa position, de manière à se trouver en contact avec la surface de support par quelqu'autre
point A' (*fig.* 177), la verticale G H du centre de gravité passera par ce point, ou s'éloignera du côté autour *duquel* le
corps a tourné, pour venir vers *celui* sur lequel il tourne.
Si la verticale, dans la seconde position, passe par le point
de support, aussi bien que dans la première, le corps restera en repos dans cette seconde position ; s'il ne le fait pas,
il retournera de cette position dans la direction *vers laquelle*
se trouve le centre de gravité ; c'est-à-dire il retournera *vers*
sa première position, ou s'en *écartera*, suivant que le centre
de gravité, par rapport au point de support, s'*approchera* ou
s'*éloignera* de cette position. Dans le premier cas l'équilibre
est stable; dans le second il est instable.

Maintenant il est évident que G, par rapport à A', se
rapproche de la première position du corps ou s'en *éloigne*,
suivant que A G est moindre ou plus grand que A O; cette
condition détermine donc le caractère de l'équilibre. Si AG
est moindre que A O, il est stable ; s'il est plus grand, il est
instable.

Si la masse, comme on le voit dans la figure, repose sur
un plan horizontal, la verticale du point de support est perpendiculaire à la surface du corps en ce point.

221. Supposons que la partie de la surface du corps qui repose sur le plan soit une portion de sphère. Alors, puisque
les lignes A O et A'O sont perpendiculaires à la surface de
la sphère aux points A et A', le point O où elles se rencontrent en est le centre. Il s'ensuit dès-lors que l'équilibre d'une
telle masse est stable ou instable, suivant que son centre de
gravité est *en dessous* ou *en dessus* du centre de la sphère
dont sa base est un segment.

Si le centre de gravité de la masse *coïncide* avec le centre
de la sphère, l'équilibre ne sera ni stable, ni instable, et il
sera dit *indifférent*. Dans quelque position que le corps soit
mu, la verticale de son centre de gravité passera par son
point de support; il restera donc en repos dans cette posi-

tion et n'aura pas de tendance à se rapprocher ou à s'éloigner de nouveau de la position précédente.

Donc si le corps a non-seulement une base sphérique, mais s'il est une sphère *complète*, son centre de gravité coïncidera évidemment avec son centre géométrique ; et par conséquent, dans quelque position qu'il soit placé, il y restera *indifféremment*. Mais si la partie supérieure était un cylindre, et que la partie inférieure fût une sphère, alors, pourvu que le premier fût assez élevé pour amener le centre de gravité de l'ensemble au-dessus du centre de la sphère qui forme la partie inférieure, l'équilibre serait instable, et le corps ne pourrait se maintenir en repos sur sa base sphérique. Si le cylindre pouvait être choisi de grandeur convenable pour que le centre de gravité *coïncidât* avec le centre de la sphère, l'équilibre alors serait *indifférent* ; si on le prenait d'une hauteur telle que le centre de gravité fût *au-dessous* du centre de la sphère, l'équilibre alors serait *stable*.

Si la base du corps est une hémisphère, et la partie supérieure un cône droit dont la hauteur soit égale au rayon de la sphère multipliée par la racine carrée de 3, le corps restera en équilibre sur un point quelconque de sa base hémisphérique.

222. Pour déterminer le caractère de l'équilibre d'un corps, en un point quelconque de la surface sur laquelle il repose, on n'a qu'à le déplacer à la plus petite distance concevable de cette position ; car alors, quelque faible que soit le déplacement, si son équilibre est instable, il s'éloignera continuellement de sa première position ; s'il est stable, il y retournera. Donc tout ce que nous avons dit, par rapport au caractère de l'équilibre en A, est vrai, quelque près que A' soit pris de lui.

Maintenant, quelle que soit la forme de cette partie de sa surface sur laquelle un corps puisse reposer ; on peut imaginer une sphère de telle dimension et dans une telle position qu'elle coïncide exactement avec cette surface, immédiatement autour d'un point qui y serait donné.

Ainsi l'on peut trouver une sphère qui coïncide exactement avec la surface immédiatement environnant le point A. Cette sphère se nomme la sphère de courbure, et son rayon le rayon de courbure ; la longueur du rayon de courbure peut, en tout cas, être exprimée par certaines formules algébriques. Or si A' est immédiatement adjacent à A, il se trouve dans la surface de la sphère de courbure, en ce point; et A O, A' O sont perpendiculaires à la surface de cette sphère, dont O est le centre par conséquent. La proposition générale peut s'énoncer ainsi qu'il suit :

« L'équilibre en un point quelconque sur lequel repose le corps, est stable ou instable, suivant que le centre de gravité est *en dessous* ou *en dessus* du centre du cercle de courbure en ce point. »

223. Si le corps, au lieu de reposer sur un plan horizontal, repose sur une surface d'une inclinaison quelconque, ou sur une autre surface courbe (*fig.* 178), la verticale A'O du point de support, dans la seconde position, ne sera pas plus long-temps perpendiculaire à cette surface en ce point, et O cessera d'être le centre de la sphère de courbure en A. D'ailleurs, comme précédemment, si G s'approche plus de A que de O, le corps abandonné à lui-même roulera en *arrière* dans sa première position ; s'il s'en éloigne, il roulera plus loin encore *hors* de sa première position. Si donc la surface sur laquelle repose le corps est convexe, comme elle l'est dans la *fig.* 178 ; alors le corps roulera *en haut* par son propre poids, ou contrairement à la direction dans laquelle agit le poids. Puisque l'équilibre est stable ou instable, suivant que A G est moindre ou plus grand que AO, il devient important de déterminer la grandeur de A O.

Supposons A' excessivement près de A, et menons C A' c perpendiculaire à la surface de chaque corps en A'; C et c seront les centres des sphères de courbure des deux surfaces en A et a. Or, puisque le corps est excessivement peu infléchi de sa position d'équilibre, A et a sont très-près de coïncider, et la figure formée par les lignes AC, ac et C c, peut être considérée comme un triangle *complet*. Ceci étant, on a, par la propriété des triangles semblables,

$$C c : C A' : : C A : A O$$

Or C c est égal à la somme des rayons de courbure en A et a; car puisque C et c sont les centres des sphères de courbure en A et a, A' étant très-près de A et a dans les deux sphères, il s'ensuit que C A' et c A' sont les rayons des sphères. c A' est aussi le rayon de courbure en a, et C A celui en A. Ainsi tous les termes de la proportion ci-dessus sont connus, à l'exception du dernier; on peut donc l'en tirer par la simple opération arithmétique nommée règle de trois.

Si la proportion est mise en équation et réduite, on trouvera le simple rapport suivant entre A O et les rayons de courbure en A et *a;* ces derniers étant représentés par R et *r :*

$$\frac{1}{A\,O} = \frac{1}{R} + \frac{1}{r}$$

224. Une partie de la surface d'un corps peut être disposée de manière que la verticale de son centre de gravité ne puisse, en aucune position du corps reposant sur un plan horizontal, passer par son point de support. Si l'on pouvait former une surface qui se replierait ainsi dans *elle-même,* de manière à envelopper complètement ou à contenir une masse solide, ou quelques-unes de ses parties; alors une telle masse, quand elle serait placée sur un plan horizontal, serait dans un état de *non repos* perpétuel; elle roulerait constamment sur elle-même, et le problème du mouvement perpétuel serait résolu. Mais il n'existe pas de surface de ce genre. Une surface possédant les propriétés dont nous venons de parler, est essentiellement une surface spirale ; elle ne peut se replier dans elle-même et ne peut *complètement* contenir aucune masse solide ou quelques-unes de ses parties.

D'ailleurs une telle surface ne peut que faire *partie* de la surface d'un solide, et tant qu'elle est supportée par un point de cette portion de sa surface, le solide continue à tourner.

225. Une surface peut être engendrée dans ces conditions en tirant une feuille d'un cylindre. Tenant la partie déroulée constamment *déployée,* son bord décrira dans l'espace une surface spirale, appelée *volute.*

A B *a* (*fig.* 179) est le cylindre générateur dont la surface B *p* P a été tirée. La propriété caractéristique de la surface B *p* P, est qu'une ligne quelconque *p a* menée perpendiculairement en un point quelconque *p* sur elle, si on la prolonge assez, *touche* nécessairement la surface du cylindre, puisqu'elle est perpendiculaire à la surface de la spirale en ce point, étant perpendiculaire au plan horizontal qui *s'y* trouve tangent.

Maintenant, puisque la verticale P A *touche* la surface du cylindre, elle ne peut pas, quand on la prolongerait, passer par un point *dans* cette surface. Si par conséquent la masse est chargée de manière que son centre de gravité G puisse être *dans* le cylindre générateur, alors la verticale au point de support ne passera jamais au centre de gravité; et réciproquement, la verticale du centre de gravité ne peut jamais passer par le point de support; conséquemment la masse ne peut jamais se maintenir en repos sur sa surface spirale. En réalité, elle roulera jusqu'à ce qu'une extrémité de la spirale arrivant en contact avec le plan, fournisse un *second* point de support, et arrête ainsi la révolution subséquente.

CHAPITRE XVIII.

226. *Principe des vitesses virtuelles.* — Si l'on applique un nombre quelconque de forces aux différens points d'un système en équilibre; et que ces points admettent un *déplacement*, les circonstances de leurs relations et dépendances mutuelles restant sans altération; de plus, si la nature du système et des forces qui lui sont appliquées, est telle que les points d'application étant alors ainsi altérés suivant certaines conditions, l'équilibre puisse *subsister;* alors il existera la relation remarquable suivante entre les forces et les distances suivant lesquelles leurs points d'application ont été mus.

Si d'une extrémité P', de la ligne PP' (*fig.* 180), représentant le déplacement *excessivement petit* d'un point d'application P, on mène une perpendiculaire P'*m* sur la direction P de la force avant son déplacement; et qu'on nomme *vitesse virtuelle* de la force P la perpendiculaire P*m* interceptée entre le pied *m* de la perpendiculaire et le point P; alors chaque force du système étant multipliée par sa *vitesse virtuelle*, prise de même, la somme de ces produits à l'égard des points d'application qui, par le déplacement du système, ont été mus *vers* la direction des forces qui leur sont imprimées, sera égale à la somme de ceux pris à l'égard de ces points qui ont été mus *loin* de cette direction.

Ce principe important est celui des vitesses virtuelles.

227. On le prouve ainsi qu'il suit : chaque point d'application d'une force peut être supposé se maintenir en repos par l'application de deux forces opposées égales, l'une étant la force P actuellement appliquée en ce point, et l'autre p étant la résultante des résistances ou tensions sur lui provenant de sa connexion avec les autres parties du système. Or supposons ces résistances et ces tensions enlevées, et remplacées par un système de poulies dans lesquelles le même cordon passe sur toutes. Le plus convenable que l'on puisse concevoir, sera probablement un système semblable à celui de *Withe* (article 157). Les poulies séparées ne doivent pas d'ailleurs être fixées dans la même chape, mais être mobiles séparément sur un axe commun. Que chaque système ait autant de cordons qu'il y a d'unités dans la force qu'il est destiné à remplacer, alors la tension sur chaque cordon sera égale à une unité.

Supposons que le *même* cordon passe sur tous les différens systèmes; alors si le bout des cordons est fixé au centre de la première chape mobile, et si l'autre bout pend librement sur l'extrême poulie de la dernière chape fixe; un poids égal à l'unité de force, attaché à ce dernier bout du cordon, maintiendra le tout en repos dans les circonstances que nous avons supposées. Chaque système de poulie fournira une force égale à la résistance ou à la tension qu'il doit remplacer.

L'arrangement que nous venons de décrire est celui de la *fig.* 181 : P₁, P₂, P₃, P₄, sont les points d'application des forces du système, et les résistances ou tensions sur ces points sont supposées remplacées par les systèmes de poulies A₁ B₁, A₂ B₂, A₃ B₃, A₄ B₄, dont A₁, A₂, A₃, A₄, sont les chapes *fixes*, et B₁, B₂, B₃, B₄, les chapes mobiles. Enfin on les suppose toutes sans poids; et chacune contient autant de poulies séparées qu'il y a d'unités dans la force correspondante. Un cordon est attaché au centre de la première chape B₁ et passé autant de fois autour des poulies de cette chape et de la chape A₁ qu'il y a d'unités dans la la force P₁. Alors il passe sur la chape A₂ et tourne autant de fois sur les poulies de cette chape et de la chape B₁ qu'il y a d'unités dans la force P₂; puis de là au sys

tème A₅ B₅, fournissant encore là de nouveau autant de
brins qu'il y a d'unités dans la force P₅.

A l'extrémité du brin qui pend sur la dernière poulie de
la chape A₄ est attaché un poids p égal à l'unité. Or, puisque nous ne supposons pas de rigidité à la corde, ni de
frottement sur les axes des poulies, il est évident (art. 141)
que la tension sur la corde est partout la *même* et partout
dès-lors égale à l'unité. La tension sur le premier point P₁
est égale aussi à la tension sur chaque brin du système A₁ B₁
multiplié par le nombre des brins. On a vu que la tension
sur chaque brin était d'une unité; donc toute la tension sur
le point P₁ est égale à autant d'unités qu'il y a de brins; mais,
par hypothèse, il y a autant de brins que d'unités dans la
force agissant en P₁; il y a donc autant d'unités dans la
tension en P₁ que dans la force qui s'y trouve appliquée;
la tension est dans une direction *opposée* à la force, et le
point P₁, dès-lors, est en équilibre; l'action du système
de poulies A₁ B₁ remplace *exactement* les résistances et les
tensions qui sont fournies par la connexion et la réaction
des différentes parties du système au point où la force P₁
est appliquée. La même chose peut être prouvée pour les
autres points d'application P₂, P₃, P₄. Le système de poulies
que nous avons supposé, supplée donc à tous les points d'application des forces exactement équivalentes aux résistances
et aux tensions supportées avant en ces points.

Supposons maintenant que les points P₁, P₂ P₃, P₄, etc.,
se meuvent à une petite distance quelconque, et dans une
direction quelconque, simplement soumis à cette condition
que dans la nouvelle position qu'ils vont occuper, et dans
chaque position intervenant, ils soient en équilibre, et que
les résistances et les tensions sur leurs divers points d'application restent les mêmes. Puisque les tensions sur les
points P₁, P₂, etc., restent les mêmes dans ce mouvement,
les tensions sur les brins des systèmes appliquées à ces points
restent les mêmes, et la tension sur chaque partie de la longueur du brin qui passe autour d'eux tous, reste la même.
Alors, puisque la tension sur cette partie du brin qui supporte p ne s'altère pas, il s'ensuit que p est toujours contre-
balancé par elle, et ne doit pas se *mouvoir*. Il s'ensuit aussi
que le brin *tiré* en bas par ceux des systèmes A₁ B₁, A₂ B₂,
etc., dans lesquels les chapes, par le mouvement des points

$P_1 P_2$, etc., etc., tendent à *s'approcher* l'une de l'autre, est tiré *en haut* par ceux des systèmes dans lesquels les chapes s'éloignent l'une de l'autre ; car autrement, quelque portion du brin serait tirée en bas du dernier système, et p se mouvrait.

Ainsi la somme des brins *tirés vers le bas* par une partie du système est égale à la somme des brins *tirés vers le haut* par le reste.

Maintenant le *rapprochement* ou *l'éloignement* des chapes de chaque système, à raison du mouvement du point d'application correspondant, est en réalité la *vitesse virtuelle* de ce point. Reportons-nous à la *fig.* 180, nous verrons que la distance du point P de O, qui peut représenter le centre de la chape fixe A_1, est diminuée, quand la distance PP_1 dans laquelle il se meut est petite, d'une quantité égale à Pm, puisque l'angle mOP' étant petit, Om peut être considérée comme égale à OP'.

Cette égalité s'obtiendra exactement aussi pour chaque distance dans laquelle les points d'application peuvent être mus, pourvu que nous supposions que les forces appliquées restent toujours parallèles à leurs premières directions. En ce cas les chapes fixes A_1, A_2, A_3 doivent être fixées à distances *infinies* des chapes mobiles ; hypothèse qui du moins ne porte aucune atteinte à la démonstration, la longueur du brin étant entièrement arbitraire. *Dans ces circonstances* les *vitesses virtuelles* peuvent donc être supposées se rapporter à *quelques* mouvemens des points d'application, quelque *grands* que soient ces mouvemens.

Alors, puisque la quantité dont les chapes s'approchent ou s'éloignent l'une de l'autre, sont les *vitesses virtuelles* des forces que supportent les brins passant sur ces chapes ; puisque le brin tiré vers le bas par ces chapes est égal à autant de fois ce changement de distance des chapes qu'il y a de brins passant d'une chape à l'autre ; puisqu'enfin le nombre des brins est égal au nombre d'unités dans la force correspondante ; il s'ensuit que représentant ce nombre d'unités dans la force appliquée en P_1, par P_1, et la vitesse virtuelle de cette force par n_1, la quantité de brins tirés vers le bas par le premier système est $P_1 n_1$. De même $P_2 n_2$ est celle des brins tirés vers le bas par le second système, P_2 représentant le nombre d'unités dans la force appliquée en P$_2$, et n_2 sa vitesse virtuelle ; et ainsi de suite. La somme des quantités du brin tiré vers le bas par les chapes qui se rapprochent l'une de l'autre, est égale à la somme de celles du brin tiré vers le bas par les chapes qui s'éloignent l'une de l'autre ; en conséquence, la première étant conçue avec un signe négatif, nous aurons

$$P_1 \, n_1 + P_2 \, n_2 + P_3 \, n_3 + \text{etc.}, = 0.$$

On comprendra peut-être mieux ceci par son application à quelques exemples.

228. Prenons le cas de la roue et de son essieu (art. 113). Il est clair que si la puissance et le poids sont en équilibre dans une certaine position de l'une et de l'autre, cet équilibre existera aussi dans une autre position. Leurs directions, en outre, conserveront toujours leur parallélisme.

Le système appartient donc à cette classe à l'égard de laquelle le principe des vitesses virtuelles a été prouvé atteindre, quelle que soit l'étendue du mouvement qui lui est communiqué. Dans ce cas aussi, la vitesse virtuelle de chacun est l'espace qu'il décrit, puisque l'une et l'autre, dans sa seconde position, occupent un point de la ligne où la force imprimée sur lui agissait dans sa première position (1). Dès-lors, en supposant que la puissance P$_1$ donne le mouvement au poids P$_2$, appelant n_1 et n_2 les espaces qu'ils décrivent respectivement, et affectant le dernier du signe négatif, puisqu'il est décrit dans une direction opposée à celle dans laquelle la force à laquelle il correspond, agit, on a

$$P_1 \, n_1 - P_2 \, n_2 = 0, \text{ ou bien, } P_1 \, n_1 = P_2 \, n_2.$$

On voit, d'après cela, que la puissance multipliée par l'espace qu'elle décrit, est égale au poids multiplié par l'espace qu'il décrit ; et autant de fois la puissance est *moindre* que le poids, autant de fois est *plus grand* l'espace dans lequel il se meut (2).

---

(1) On le verra aisément en se reportant à la *fig.* 180, où P doit être supposé se mouvoir dans la ligne P O, le point P' étant *dans* cette ligne, et P P' coïncidant avec P m.

(2) Ce principe est bien connu des ouvriers qui l'énoncent ainsi : « ce que l'on gagne en puissance, on le perd en vitesse. »

Les espaces n_1, n_2 sont évidemment égaux à ces parties des circonférences des deux cercles d'*où* et *où* vient le brin; or étant opposées à des angles égaux ou cercles (chaque partie étant égale à l'angle suivant lequel l'essieu a tourné), elles sont l'une à l'autre comme leurs rayons.

Ainsi n_1 et n_2 sont respectivement l'une à l'autre comme les rayons de la roue et de l'essieu, et nous avons comme précédemment (art. 113),

$$P_1 \times \text{(rayon de la roue)} = P_2 \times \text{(rayon de l'essieu)}.$$

229. Prenons le plan incliné pour second exemple, et supposons que la force N (*fig.* 57) agisse *parallèlement* au plan, et aussi que l'on omette la considération du frottement.

Supposons que la masse M descende *toute la longueur du plan*. Etant en équilibre dans une position, il sera évidemment en équilibre s'il se maintient dans une autre position, les forces conservant toujours leur parallélisme. Le cas rentre donc dans celui où l'on a démontré que s'applique le principe des vitesses virtuelles, quelle que soit l'étendue du mouvement. La *vitesse virtuelle* du poids M est, aussi dans ce cas, la hauteur du plan, et la vitesse *virtuelle* de N est la longueur du plan. On a donc

$$N \times \text{(longueur du plan)} = M \times \text{(hauteur du plan)}.$$

Ce qui se rapporte à ce que nous avons prouvé précédemment (art. 85).

230. Prenons pour troisième exemple une seule poulie mobile (*fig.* 136). Il est évident que le système est de cette classe pour laquelle le principe des vitesses virtuelles a été prouvé, et que les vitesses virtuelles de P et de R sont les espaces qu'ils décrivent; appelons-les donc n_1 et n_2, et nous aurons

$$P n_1 - R n_2 = 0.$$

On a aussi $n_1 = 2 n_2$; car chacune des deux parties du brin qui supporte R, est raccourcie de la distance n_2; par conséquent tout le brin supportant la poulie mobile est raccourci de *deux fois* cette distance. La puissance se meut donc dans deux fois cette distance; ou bien $n_1 = 2 n_2$, $P . 2 . n_2 - R n_2 = 0$ et $2P = R$.

231. On peut voir de même, dans le premier système de

poulies (art. 150), que chaque poulie mobile successivement, à partir de la dernière, se ment dans deux fois la distance de la précédente poulie, et que la puissance P se meut dans deux fois la distance de la *première* poulie mobile; en sorte qu'appelant n_2 l'espace décrit par la dernière poulie mobile, et conséquemment par la force R, les espaces décrits par les autres sont successivement $2n_2$, $4n_2$ $8n_2$, etc.; et s'il y a quatre de ces poulies mobiles, l'espace décrit par la puissance est égale à $16n_2$, ou bien $n_1 = 16n_2$. Maintenant, comme précédemment, on a par le principe des vitesses virtuelles,

$$P\,n_1 - R\,n_2 = O\,; \; P\,16\,n_2 - R\,n_2 = O\,; \; 16\,P = R\,;$$

Résultat identique avec celui déjà obtenu.

Un semblable raisonnement peut s'appliquer à tous les systèmes de poulies.

Le principe des vitesses virtuelles s'applique aisément lui-même à la solution de toutes les questions de statique, dans la considération desquelles la résistance provenant du frottement n'entre pas. En réalité, le principe de *l'égalité des momens* et celui du *parallélogramme des forces*, bases de toute la science, s'en déduisent aisément, comme nous le verrons dans l'appendice.

252. Nous avons prouvé le principe des vitesses virtuelles dans la supposition que les forces imprimées au système restent en équilibre, quelle que soit la position que prennent leurs points d'application. Dans cette hypothèse, nous avons vu qu'il s'obtient, quelles que soient les distances où ces points sont mus, pourvu seulement que les forces qui leur sont imprimées conservent toujours leur parallélisme. Le même principe, d'ailleurs, a lieu généralement, quelles que soient les circonstances de l'équilibre et les directions des forces, ou les mouvemens des points de leur application; pourvu seulement que ces mouvemens soient excessivement petits; en sorte que les résistances et les tensions des parties du système puissent n'en pas être changées sensiblement. Avec cette dernière hypothèse, la démonstration est précisément la même que celle que nous avons donnée. De fait, l'absence de tout changement dans les tensions ou résistances des parties du système est l'hypo-

thèse sur laquelle repose la démonstration, et peu importe dans quelles circonstances elle est faite.

Quand on parle de vitesses virtuelles, on entend ordinairement qu'elles ont lieu à l'égard des mouvemens infiniment *petits* des parties d'un système. Le principe des vitesses virtuelles peut donc être établi sous la forme la plus générale, ainsi qu'il suit :

« Si un nombre quelconque de forces, en toutes circonstances, est en équilibre, et que l'on communique à quelques-uns de leurs différens points d'application, ou à tous, des mouvemens infiniment petits, en direction quelconque ; alors les diverses vitesses virtuelles de ces points, multipliées par leurs forces correspondantes et ajoutées ensemble, sont égales à zéro ; celles mues *vers* les directions de leurs forces étant prises avec le signe *négatif*, et les autres avec le signe *positif*. »

Il est de la plus haute importance que les praticiens aient une notion *claire* de l'application de ce principe, dans sa forme la plus *générale*. Les idées que s'en font les ouvriers sont *ordinairement* erronées.

~~~~~~

CHAPITRE XIX.

233. *Difficulté de déterminer mécaniquement la valeur d'une résistance statique.* — 234. *Théorie des résistances pour un seul point résistant;* — 235. *Pour deux points résistans;* — 236. *Pour trois points résistans.* — 238. *Principe de dernière résistance.*

233. *Théorie des résistances en statique.* — Un certain nombre des forces qui maintiennent un corps en repos *peuvent être* et, pour la plupart des cas, *sont effectivement* remplacées par les résistances de certains points fixes, ou surfaces.

Il paraît presqu'impossible de trouver une méthode généralement applicable pour mesurer les valeurs ou les grandeurs de ces résistances. Les dispositions mécaniques dont on se sert ordinairement pour estimer la valeur de la pression, ne sont applicables qu'à l'état immédiatement contigu au mouvement. Or, quand quelques-unes des forces qui tiennent le corps en repos sont des résistances, alors elles sont en partie, ou bien toutes, infiniment variées, sans lui communiquer de mouvement.

Ainsi, pour prendre un exemple familier, nous pouvons varier les poids placés sur une table supportée par quatre pieds, et cela à l'infini, sans produire de mouvement : on peut même enlever une portion du plancher qui supporte l'un des pieds, placer ce pied dans le plateau d'une balance, et quoique le poids sur la table reste le même, on trouvera que l'on peut varier le poids placé dans le plateau opposé de la balance, jusqu'à certaines limites, sans communiquer de mouvement à l'assemblage. Or, il y avait évidemment une certaine résistance, et non une autre, supportée par le pied de la table, avant que la portion du plancher sur lequel elle reposait fût enlevée; mais quelle était *cette* pression? laquelle de ces pressions indiquait la balance? Il est impossible de le déterminer.

Une semblable difficulté se présente dans l'usage des pesons à ressorts; ces pressions estimées par le plus ou le moins de degrés aux points où elles sont appliquées; ainsi, l'un des pieds de la table étant attaché à un semblable peson, baisserait jusqu'à ce que la pression qu'il supporte fût contrebalancée par l'élasticité du ressort. Mais cette disposition à céder mettrait la pression complètement hors de la classe des pressions supposées; qui sont suppléées par des points *fixes* et des surfaces *fixes*.

234. Ce n'est pas là seulement qu'est la difficulté de mesurer *mécaniquement* les valeurs des résistances statiques. La théorie des résistances statiques présente d'égales difficultés. S'il y a un nombre quelconque de forces en équilibre, parmi lesquelles il entre *une* résistance seulement, on en peut déterminer la valeur; car, connaissant toutes les autres forces du système, on peut trouver la grandeur et la direction de leur résultante; on sait que cette résultante doit passer par le point de résistance, et qu'elle doit, égale en grandeur à la résistance, lui être opposée en direction. La valeur et la direction d'une seule résistance sont donc ainsi connues.

S'il y a deux résistances dans le système, et que l'on connaisse leurs points d'application ainsi que la direction de l'une d'elles ; on peut encore trouver la *direction* de l'autre, et les grandeurs de toutes deux ; car en prenant la résultante des forces du système qui ne sont *pas* des résistances, et supposant que cette résultante les remplace, le tout sera maintenu en équilibre par trois forces qui seront cette résultante et les deux résistances ; les directions de ces forces sont donc dans le même plan et se rencontrent en un même point si on les prolonge. Or la direction de l'une des résistances est connue, et l'on peut la prolonger jusqu'à la rencontre de la résultante ; alors une ligne menée du point de rencontre au point d'application de l'autre résistance, sera la direction de cette résistance. Les *directions* des deux résistances étant connues, la grandeur et la direction de leur résultante le seront également ; et la *grandeur* de chaque résistance peut se déterminer par le principe du parallélogramme des forces.

Si les points de résistance sont des points *fixes*, capables de suppléer la résistance en toute direction, on verra plus tard que la direction des résistances est nécessairement parallèle à celle de la force résultante. Si les points de résistance sont des points susceptibles de mouvement sur une surface donnée, et que cette surface supplée la résistance seulement en certaines directions ; alors les directions des résistances sont celles qui approchent le plus possible du parallélisme.

235. Supposons les points de résistance P_1 et P_2, *fixes* (*fig.* 182), et soit R la résultante d'un système quelconque de force en équilibre, dont les résistances en ces points fassent partie ; il y a alors en P_1 et P_2 des résistances parallèles à R.

Menons de l'un des points P_1 une ligne P_1 MN perpendiculaire à la direction de R et coupant la direction de cette force, ainsi que celle de P_2, en M et N. Alors, puisque les momens des forces du système autour d'un *point quelconque*, comme P_1, sont égaux, on a

$$P_2 \times P_1 N = R \times P_1 M.$$

Or, puisque les directions de P_2 et de R sont connues, les lignes $P_1 N$ et $P_1 M$ sont connues, ainsi que R ; donc P_2 es déterminé par l'équation précédente ; d'ailleurs $P_1 + P_2 = R$ détermine P_1.

Comme application-pratique de ce qui précède, supposons qu'un poids W (*fig.* 183) soit supporté sur deux points fixes P_1, P_2, par l'intervention d'une verge $P_1 P_3$, que nous supposerons n'être pas pesante. Par le principe de l'égalité des momens, on a

$$P_2 \times P_1 P_2 = W \times P_1 W ;$$

et de même

$$P_1 \times P_1 P_2 = W \times P_2 W.$$

Ainsi P_1 et P_2 sont connus.

236. S'il y avait *trois* points de résistance au lieu de *deux*, il y aurait un cas et seulement un seul, où les valeurs des résistances de ces points pourraient être déterminées par quelques-unes des règles de statique que nous avons données. Ce cas est celui dans lequel les résistances sont *ceux* des points qui sont *fixes* dans les deux surfaces, et dont les directions sont par conséquent parallèles à celles de la résultante des autres forces imprimées au système.

Supposons un plan mené perpendiculairement à la direction de la résultante R (*fig.* 184) et coupant les directions des trois résistances du système aux points P_1, P_2, P_3 ; lesquels points seront supposés, pour l'instant, n'être pas en ligne droite.

Joignons ces points par des lignes formant le triangle $P_1 P_2 P_3$. Menons aussi de ces points des lignes à R, divisant le triangle $P_1 P_2 P_3$ en trois autres triangles $R P_1 P_2$, $R P_2 P_3$, $R P_1 P_3$.

Alors la grandeur de chaque résistance sera à la résultante du tout, comme le triangle élémentaire du côté opposé à cette résistance est au triangle total (1). Ainsi la résistance en P_1 est à R, comme le triangle $R P_2 P_3$ est au triangle $P_1 P_2 P_3$.

(1) Cette élégante propriété des résistances de trois points fut découverte par *Euler* et donnée par lui au commencement du Mémoire intitulé : *de pressione ponderis in planum cui incumbit*, dans les Mémoires de l'académie des sciences de Saint-Pétersbourg, *novi commentarii*, tome 18, où la question de résistance est traitée avec de grands détails.

On peut le prouver aisément. Supposons les forces P_1 et R remplacées par leur résultante; les forces P_2 et P_3 remplacées aussi par *leur* résultante. Ces résultantes sont nécessairement égales et opposées (art. 6). Or la direction de la première résultante est en quelque point de la ligne $P_1 R$ prolongée, et la direction de l'autre en quelque point de la ligne $P_2 P_3$. Les deux résultantes passent donc par le même point M d'intersection de ces lignes.

Puisqu'alors la résultante de P_1 et de R passe en M

$$P_1 \times MP_1 = R \times MR \text{ et } \frac{P_1}{R} = \frac{MR}{MP_1}$$

$$\text{ou} \quad \frac{P_1}{R} = \frac{\text{Triangle } P_2 R P_3}{\text{Triangle } P_1 P_2 P_3}$$

Une démonstration semblable s'applique aux autres résistances.

Si R est le centre de gravité du triangle $P_1 P_2 P_3$, MR sera égale au tiers de MP_1 et

$$P_1 = {}^1/_3 R.$$

De même, chacune des autres résistances sera égale au tiers de R; ces résistances sont donc égales l'une à l'autre.

Ainsi une table triangulaire uniforme, supportée par des pieds à ses coins, pressera sur tous avec une *égale* force, quelle que soit la forme du triangle, puisque la résultante des poids des parties du triangle, qui sont les seules forces qui lui soient imprimées, passe par le centre de gravité du triangle. Si l'on place un poids sur cette table, *en son centre de gravité*, la pression de ce poids sera *également divisée* entre les pieds.

257. Un poids donné R étant ainsi toujours placé sur le centre de gravité du triangle, supposons que le côté $P_1 P_2$ tourne autour du point P_2, jusqu'à ce qu'il vienne à coïncider avec $P_2 P_3$. Le centre de gravité R se trouvera, malgré cette variation, en joignant le point P_1 avec le point de rencontre M du côté $P_2 P_3$, et prenant MR égale à un tiers de MP_1; la pression de R sera encore *également* divi-

sée entre les points P₁, P₂ et P₃ : cette *division égale* continuera donc quand P₂ P₁ prend sa position *définitive* coïn-
cidente avec P₂ P₃.

Par conséquent, dans cette dernière position de P₂ P₁
(*fig.* 185), si MR est égale au tiers de MP₁, M étant la
direction de P₂ P₃, la pression de chaque force appliquée en
R se divisera d'elle-même également entre les points P₁, P₂
et P₃.

Il est aisé de voir que lorsque le point R est pris suivant
les conditions précédentes,

$$P_2 R = {}^1/3 \, (P_1 P_2 + P_2 P_3).$$

238. Quand le nombre des points de résistance excède trois,
le problème n'a plus de solutions par les principes précédemment exposés, et il faut avoir recours à un autre principe
appelé le principe de dernière résistance (1), et qu'on peut
établir comme il suit :

S'il y a un système de forces en équilibre, parmi lesquelles
soit un nombre donné de résistances, alors chacune d'elles
est un minimum, sujet aux conditions imposées par l'équilibre du tout.

Ce principe se prouve aisément, mais son *application* offre
de grandes difficultés d'analyse.

Supposons que les forces du système *qui ne sont pas* des
résistances, soient représentées par la lettre A, et les résistances par B ; de plus représentons par C un *autre système
quelconque* de forces qui puisse remplacer les forces B et supporter A.

Supposons le système B remplacé par C ; alors il est visible
que chaque force du système C est égale à la pression propagée à son point d'application, par les forces du système
A ; ou qu'elle est égale à cette pression, *à la fois*, avec la
pression ainsi propagée par les autres forces du système C.
Dans le premier cas, elle est *identique* avec une des résistances
du système B ; dans le second cas elle est plus *grande*.

Dès-lors chaque force de système B est un *minimum*, sujet aux conditions imposées par l'équilibre du tout. Toutes

_____

(1) Le principe de dernière résistance fut découvert par l'auteur,
et publié pour la première fois dans le *phil. mag.* Octobre 1833.

les résistances d'un système quelconque de forces étant sujettes à cette condition, la grandeur et la direction de chacune peuvent être déterminées en fonction des autres forces
qui le composent, par la méthode du maximum et minimum
d'un nombre quelconque de variables.

239. Il résulte de cette détermination que lorsque les résistances sont parallèles, il y a un *certain axe*, autour duquel leurs momens sont *tous égaux*.

Quand elles sont toutes en lignes droites, cet axe se réduit à *un point*.

La condition qu'un nombre quelconque de résistances parallèles en même ligne droite, aient leurs momens égaux autour d'un certain point, conduit à la fois à la détermination
de la position de ce point et à la comparaison des valeurs des
diverses résistances du système.

Si ces résistances sont égales, le point autour duquel leurs
momens sont égaux, se trouvera à une distance infinie (1).

240. Il s'ensuit évidemment que puisque ces résistances
sont les moindres possibles pour supporter la résultante des
autres forces imprimées au système, elles sont aussi près que
possible d'être en directions parallèles à la direction de la
résultante. Par conséquent, si chaque point résistant est capable de suppléer la résistance en une direction quelconque, elles sont exactement parallèles à cette direction. Sinon, elles lui sont inclinées sous le moindre angle possible.

Ainsi, dans le coin (art. 87), puisque la force imprimée
sur le dos est supportée par les résistances sur les côtés,
ces derniers ont leurs directions inclinées sous le moindre
angle possible par rapport à la première, et sont par conséquent dans les directions limites des résistances des surfaces;
ainsi que nous l'avions établi d'après d'autres principes.

(1) Cela a lieu quand une force donnée est supportée par *trois*
résistances égales en même ligne droite, dans les circonstances établies
à l'article précédent.

HYDROSTATIQUE,

ou

SCIENCE DE L'ÉQUILIBRE DES CORPS FLUIDES.

CHAPITRE PREMIER.

241. *Définition d'un fluide.* — 243. *Distribution égale de pression fluide.* — 245. *Presse hydrostatique.* — 247. *La préssion d'un fluide sur un corps solide est perpendiculaire à sa surface.* — 248. *Composition et décomposition de la pression fluide.*

241. De toutes les substances, les fluides sont celles dont les propriétés distinctes des solides nous sont peut-être les plus familières, quoiqu'il soit excessivement difficile de définir ces propriétés.

On dit ordinairement que les fluides sont des corps dont les parties peuvent se mouvoir les unes parmi les autres, ou se séparer l'une de l'autre, par toute force qu'on peut assigner, quelque petite qu'elle soit.

La nature, cependant, ne nous offre aucun fluide qui réponde textuellement à cette description.

Quand il n'y a pas de *résistance* opposée au mouvement des particules des fluides l'une parmi l'autre, étant une fois mis en mouvement, elles ne reviendraient jamais en repos ; et l'état d'un corps dont les particules peuvent être séparées sans aucun effort approcherait presque de l'état d'une poudre impalpable, plutôt que de celui d'un fluide.

252. Le caractère distinctif d'un fluide paraît être le pouvoir de propager la pression qui lui est appliquée, non pas seulement dans la direction où elle est *appliquée*, ainsi que

cela a lieu pour les solides; ou dans des directions limitées par certains angles, comme cela a lieu pour les corps composés de particules détachées, tels que le sable par exemple; mais dans toutes les directions possibles.

On y peut ajouter toutes les autres propriétés dont nous savons qu'un corps fluide jouit, et qui le rendent distinct d'un corps solide.

Soit A B (*fig.* 186) un vaisseau dont les côtés soient parfaitement rigides, et qui renferme *exactement* un corps fluide, de toute forme possible. Supposons deux masses prismatiques, appelées pistons, p P q Q, qui s'y plongent à une profondeur quelconque par des ouvertures dans les côtés et auxquelles elles s'adapteront parfaitement, en s'y mouvant avec une complète liberté; appliquons-y des forces capables de les maintenir *juste* en leurs places. Un équilibre étant ainsi établi, appliquons une autre force P à l'un des pistons; on trouvera que de *quelque manière que l'autre piston soit placé*, une force additionnelle devient immédiatement nécessaire pour maintenir ce piston en repos. La pression du premier piston est donc instantanément propagée au second; et cela ayant lieu, de quelque manière que l'autre piston soit placé, il s'ensuit que la pression appliquée à l'une des parties du fluide est propagée en toutes directions, et à toute autre partie du fluide.

Si le vaisseau contenait, au lieu d'un fluide, une masse de sable ou de terre, le piston Q ne serait affecté par une force appliquée à P, qu'autant qu'il serait situé dans un espace renfermé par des lignes tirées sous un certain angle, à partir de P, et représentées dans la figure par les lignes ponctuées. Les corps de ce genre, dont il existe une grande variété, se nomment quelquefois fluides imparfaits.

243. De cette propriété, que la pression appliquée à un fluide est propagée en *toutes directions*, on en peut déduire cette autre : « Qu'elle est *propagée* ÉGALEMENT *en toute direction.*

On cite ordinairement cette propriété comme *le principe de la distribution égale de la pression fluide.*

Ce qu'on doit entendre par ceci, c'est qu'une pression appliquée à une surface quelconque, ou aire, située dans une partie d'un fluide, engendre une pression précisément semblable et égale sur toute égale et semblable surface ou aire, située dans toute autre partie du fluide ; se distribuant ainsi également et semblablement dans toute la masse fluide.

Si donc il y a deux parties des côtés du vaisseau précédent qui soient précisément de même forme et de mêmes dimensions, et qu'une pression quelconque soit appliquée à l'une d'elles, la même pression précisément se produira sur l'autre ; ou bien, si un piston solide, dont l'extrémité est d'une forme déterminée, est entouré à une profondeur quelconque dans le fluide, de manière à produire une pression déterminée sur une surface qui s'y trouve dedans, de la même forme et des mêmes dimensions que l'extrémité du piston ; alors une semblable et égale pression sera produite sur une égale et semblable surface située partout de même dans les côtés du vaisseau (1).

Il est clair que le principe ci-dessus s'ensuivra, pourvu que nous puissions prouver que la pression appliquée à une surface *plane*, quelque part qu'elle soit située dans le fluide, est propagée à un *plan* égal et semblable, situé quelqu'autre part ; car chaque surface peut être considérée comme formée de plans infiniment *petits*, et la force appliquée à cette surface comme distribuée sur ces plans. Or si la force ainsi appliquée à chaque plan dans une surface, est exactement propagée à chaque plan égal et correspondant dans l'autre, il s'ensuit que toute la pression sur l'une des *surfaces* est exactement propagée sur l'autre.

Supposons alors, dans la *fig.* 186, les pistons P et Q terminés par des surfaces *planes*, et que des forces P_1, P_2 soient appliquées à ces pistons, de manière qu'ils soient en équilibre l'un avec l'autre. Ceci étant, soit une faible pression additionnelle communiquée pour un instant à l'un d'eux P, juste assez pour troubler l'équilibre ; cette pression additionnelle sera transmise à l'autre piston ; et puisque tous deux étaient exactement en équilibre, tous deux se *mouvront* maintenant.

---

(1) Ce dernier cas rentre réellement dans le premier, puisque les côtés du piston solide peuvent être supposés former une partie des côtés d'un second vaisseau, d'une forme différente du premier.

Représentons leurs mouvemens par n_1 et n_2; on a, par le principe des vitesses virtuelles (1),

$$P_1 \, n_1 = P_2 \, n_2.$$

Or, puisque la pression sur un fluide est propagée en toute direction, il est clair que, dans le mouvement des pistons, le fluide sera maintenu exactement en contact avec leurs surfaces; car si, quelque part, il n'y avait pas contact entre le fluide et la surface de l'un et l'autre piston, il y aurait une surface libre de fluide, et rien ne supporterait la pression que le fluide a propagée jusqu'à cette surface; ce qui est impossible.

Le fluide étant ainsi exactement en contact avec les surfaces des pistons dans leur mouvement, et étant regardé comme incompressible, il s'ensuit que le mouvement de l'un des pistons doit être tel qu'il fasse place au fluide déplacé par l'autre. Maintenant si nous appelons K_1 et K_2 les sections transversales des pistons, la quantité de fluide que P, qui se meut en avant, déplacera, sera évidemment contenu dans un prisme dont la base est K_1 et la longueur n_1; et l'espace abandonné par l'autre piston, dans un prisme ayant K_2 pour sa base, et n_2 pour sa longueur. Or les volumes de ces prismes sont respectivement $K_1 \times n_1$ et $K_2 \times n_2$; d'où

$$K_1 \times n_1 = K_2 \times n_2;$$

et divisant la précédente équation par celle-ci, on obtient

$$\frac{P_1}{K_1} = \frac{P_2}{K_2} \text{ et } \frac{P_1}{P_2} = \frac{K_1}{K_2} \dots \text{ (I)}$$

Si K_1 est égal à K_2, P_1 est égal à P_2; c'est-à-dire que si les aires planes auxquelles les pressions appliquées sont égales, les pressions elles-mêmes sont égales.

Il suit de là et de ce que nous avons dit dans le précédent article, que le principe de la distribution *égale* de pres-

---

[1] On verra, par rapport à l'art. 226, que le principe des vitesses virtuelles, tel qu'on l'y a prouvé, s'applique exactement au cas d'une machine constituée comme celle décrite dans le texte. Si nous concevons le fluide sans poids, le raisonnement ci-dessus s'applique à une étendue quelconque du mouvement qu'il peut communiquer aux pistons.

sion est prouvé, quelle que soit la forme des surfaces auxquelles elle s'applique.

244. Il paraît, d'après l'équation précédente (I), que la
pression appliquée à une surface plane, dans une partie d'un
fluide, est à la pression qu'elle produit sur un plan, dans
toute autre partie de ce fluide, comme l'aire du premier plan
est à celle du second. Ainsi, si la première aire est très-petite
comparativement à la seconde, la force appliquée sera très-
petite comparativement à la force produite ; et cet accroissement de la *force* produite, comparativement avec la force
productrice, peut être porté à un degré infini, en accroissant la disproportion des deux aires.

245. C'est sur ce principe qu'est construite la presse hydrostatique de *Bramah* (*fig.* 187). A B et C D sont deux
cylindres creux dont les parois sont d'une grande épaisseur
et d'une grande force. Le diamètre de C D est beaucoup plus
petit que celui de A B, et ils communiquent par un tuyau
B D. A M est un fort piston marchant dans le cylindre creux
A B bien ajusté et calibré, qui se termine par un large plateau G F H, sur lequel se met la substance que l'on veut
presser. K C Q est un autre piston ajusté de même dans l'autre
cylindre C D, et qui s'y meut au moyen d'un levier H K L,
dont le point d'appui est en K. Immédiatement au-dessous
du point D est une soupape *fermant par bas*, et au-delà de laquelle le cylindre C D communique, par un tuyau, avec un
réservoir E contenant de l'eau. Le tuyau B D contient une
soupape *ouvrant dans le cylindre* A B. Le levier H K L étant
élevé, la soupape en D s'ouvre, et l'eau monte, comme dans
une pompe ordinaire, du réservoir E dans le cylindre C D.

Le levier étant alors *baissé*, la soupape D se ferme, celle
en B s'ouvre, et l'eau est forcée dans le tuyau D B au-dessous
du piston en M. Quand tout le fluide a été chassé de D,
l'opération recommence, et le piston A M est forcé de monter
continuellement. La substance à presser est placée entre le
plateau G F H et une traverse I qui est fixée aux montans G
et H.

D'après ce qui a été dit précédemment ; équation (1) art.
245 ; on voit que la pression sur la base du piston M est
à celle sur Q comme l'aire du premier est à l'aire du second.
Or les pistons étant des cylindres pleins, les aires de leurs
sections transversales sont l'une à l'autre comme les carrés

de leurs diamètres. Dès-lors, en appelant ces diamètres D_1 et D_2, et les pressions P_1 et P_2, on a

$$\frac{P_2}{P_1} = \frac{\overline{D_2}^2}{\overline{D_1}^2}$$

Supposons par exemple que le cylindre Q ait un quart de *inch* (6 mil. 3499) de diamètre, et M douze *inches* (304 mil. 796),

$$\frac{P_2}{P_1} = \frac{(12)^2}{(1/4)^2} = \frac{144}{1/16} = 144 \times 16 = 2304$$

d'où $P_2 = 2304 \, P_1$.

Maintenant supposons que la force P_1 soit produite sur le piston Q par l'action d'une force P appliquée à l'extrémité du levier H K L, et que la longueur du levier soit de 48 *inches* (122 centimètres); et que la distance du point K de son point d'appui H soit de 4 *inches* (101 mil. 598); alors (art. 95) on a $4 \, P_1 = 48 \, P$; d'où $P_1 = 12 \, P$ et $P^2 = 2304 \times 12 \, P = 27648 \, P$. Si la force P appliquée à l'extrémité du levier est de 100, la pression P_2 ainsi produite sur la base du piston M sera 2764800.

Le poids d'un homme appliqué à l'extrémité du levier produit donc, avec cette machine, une pression au-delà de 2000 *tons* (2030560 kil.). C'est la machine la plus simple et de l'application la plus facile pour accroître la puissance humaine. La seule limite à sa force est le manque de matériaux capables de résister à l'énorme pression qu'elle produit. Si elle eût été connue *d'Archimèdes*, il l'eût certes préférée à son levier pour soulever le monde.

Il y a une belle disposition de feu M. *Bramah* pour rendre parfait le rodage de deux pistons, sous la pression énorme à laquelle le fluide est assujetti. Une partie du cuir qui garnit le métal s'étend au-delà du bord dans le fluide; une surface de ce cuir étant ainsi présentée à l'action du fluide, et l'autre à la surface du piston, la pression du fluide le force à serrer le piston mieux que cela ne serait autrement; et par cette simple disposition, à mesure que la tendance du fluide à s'échapper s'accroît, à raison de l'accroissement de pression sur lui, le collier est continuellement raffermi et ne peut s'échapper. Le principe de la presse était connu depuis long-temps (1); mais c'est l'invention du collier de M. *Bramah* qui l'a rendue applicable aux arts utiles.

On s'en sert pour l'extraction des huiles, pour presser et lisser le papier, pour toute espèce de paquetage. Les provisions de foin à embarquer à bord des vaisseaux sont réduites, par ce moyen, jusqu'à l'état d'un solide n'occupant ainsi que très-peu de place. Outre la facilité de renfermer facilement le foin ainsi comprimé, il y a un avantage encore plus précieux, c'est celui de le conserver parfaitement et presqu'indéfiniment. Il semble qu'il n'y ait pas de résistance connue qui ne cède à la puissance de cette presse ; il ne faut qu'un de ses moindres efforts pour arracher un arbre par ses racines, ou pour briser une poutre.

On l'a quelquefois employée pour arracher des pieux, et pour essayer les câbles de fer. Dans ce cas elle n'agit pas par compression, mais par traction, et il faut quelques dispositions particulières pour appliquer la pression qu'elle produit. On y fixe l'*assemblage* de la machine; et une verge par laquelle la force de traction doit être appliquée, passe dans le collier d'étanche à la base du cylindre M B et s'attache à l'extrémité du piston M qui, dans son mouvement, entraîne cette verge avec lui.

L'action de la presse cesse de suite en tournant le robinet en N qui permet à l'eau de s'écouler ou d'occuper un plus grand espace.

246. Nous avons vu que la pression étant propagée par l'intervention d'un fluide d'une surface plane à une autre, les premières sont l'une à l'autre comme les aires des plans. Supposons maintenant que la seconde surface soit *courbe*, au lieu d'être plane. Concevons-la divisée en un très-grand nombre de parties égales. Chacune d'elles pourra être considérée comme plane. Soit n leur nombre. La pression sur la première surface, qui est un plan, sera à l'aire de ce plan, comme la pression sur l'un des plans élémentaires est à son aire; par conséquent, comme n fois la pression sur chacun des plans élémentaires est à n fois l'aire de

(1) On attribue ordinairement sa découverte à *Pascal;* elle appartient cependant au célèbre *Stevin,* mathématicien du prince de Nassau, l'inventeur des décimales.

chacun d'eux, ou comme toute la pression sur la surface courbe est à toute l'aire de cette surface.

La pression d'un fluide sur la surface d'un solide est nécessairement *dans une direction perpendiculaire à cette surface;* car si cela n'était pas, elle pourrait se décomposer en deux autres forces, dont l'une serait *perpendiculaire* à la surface, et l'autre lui serait parallèle; et cette dernière ferait effet sur les parties adjacentes du fluide et causerait du mouvement chez elles. Il s'ensuit donc que la pression d'un fluide en repos sur la surface d'un solide, est en direction perpendiculaire à cette surface.

248. *Composition et décomposition de la pression fluide.* — La *projection* d'une ligne sur une autre ligne est cette partie de la seconde ligne interceptée entre les perpendiculaires qui lui sont menées par les extrémités de la première. Ainsi P'Q' (*fig.* 188) est la *projection* de PQ sur AB, puisque c'est la partie de AB interceptée entre les perpendiculaires PP' et QQ' menées par les extrémités P et Q de la ligne PQ sur cette ligne. De même P''Q'' est la projection de PQ sur A'B'.

La *projection* d'un *plan* sur un autre *plan* se fait de même par les projections d'un nombre infini de lignes parallèles dans le premier sur le second, et elle est limitée par une ligne joignant les extrémités d'un nombre infini de perpendiculaires, menées de tous les points de la circonférence du premier plan sur le second. Ainsi P'Q' (*fig.* 189) est la *projection* du plan PQ sur AB.

Maintenant s'il y a trois forces en équilibre (*fig.* 188) qui agissent en directions perpendiculaires aux trois lignes PQ, Pp, Qp formant le triangle PQp, on a vu précédemment (*note* de l'art. 145) qu'elles sont représentées en grandeur par ces trois lignes; en sorte que si l'on divise l'une des lignes en autant de parties qu'il y a d'unités dans la force qui lui est perpendiculaire, il y aura autant de parties égales à celles-ci dans chacune des autres lignes, qu'il y en a dans les forces qui *leur* sont respectivement perpendiculaires. Ainsi PQ étant pris pour représenter la force qui lui est perpendiculaire, en grandeur, pP et pQ représenteront les forces qui leur sont respectivement perpendiculaires. Or si AB est perpendiculaire à A'B', pP et pQ sont respectivement égaux à P'Q' et P''Q''. Il s'ensuit dès-lors que si les trois forces en équilibre agissent en directions perpendiculaires aux trois lignes données, et qu'une d'elles soit prise pour représenter une des forces, les *projections* de cette ligne sur les deux autres représenteront les deux autres forces.

Si l'on imagine un plan perpendiculaire au plan du papier, passant par P Q, et composé de lignes parallèles à P Q ; si l'on suppose que chacune de ces lignes représente en grandeur une force qui lui est perpendiculaire, à la même échelle sur laquelle P Q représente la force qui *lui* est perpendiculaire ; alors tout le plan représentera évidemment la somme de ces forces. Les projections de ces diverses lignes sur des plans semblablement pris en A B et A' B' représenteront les forces nécessaires pour compléter l'équilibre avec les forces représentées par ces lignes ; dès-lors, les *sommes* de ces projections des lignes composant le plan en P Q, lesquelles sommes sont les deux projections du plan luimême, représentent les sommes des forces nécessaires à maintenir l'équilibre.

249. On voit ainsi que *si un plan est pris pour représenter la somme d'un nombre quelconque de forces agissant dans des directions qui lui soient perpendiculaires, alors les projections de ce plan sur deux autres plans représenteront de même les sommes des forces qui, agissant perpendiculairement sur eux, maintiendront un équilibre avec les premières forces* ; c'est-à-dire qu'en divisant le premier plan en autant d'unités carrées qu'il y a d'unités dans la première assiette des forces, il y aura autant de ces unités dans chacune des deux projections qu'il y en a respectivement dans les deux forces composantes.

250. L'application de ce qui précède au cas de pression fluide est évidente. Soit P (*fig.* 190) un plan supportant la pression qui lui est propagée par l'intervention d'un fluide ; alors cette pression est perpendiculaire au plan et lui est proportionnelle (art. 247 et 244) ; en sorte que la pression sur une unité carrée du plan, représentant une unité de pression, le nombre total des unités carrées du plan représentera le nombre total des unités dans la pression.

Le plan étant ainsi pris pour représenter la pression, les projections du plan sur deux autres plans, par exemple un plan horizontal et un plan vertical, représenteront les pressions qui leur sont perpendiculaires, et qui sont les *composantes* de la pression. Les nombres d'unités carrées dans ces plans respectifs représenteront les unités de pression (égales à la première) qui sont contenues dans les pressions composantes.

Ainsi P' et P'' étant les *projections* de P sur deux plans, *vertical* et *horizontal*, autant il y aura d'unités carrées dans chacun d'eux, autant il y aura d'unités de pression dans les composantes, horizontale et verticale, de pression sur P; l'unité de pression étant prise égale à la pression sur une unité de P.

Supposons maintenant que P fasse partie de la surface d'une masse supportant la pression d'un fluide, imprimée sur lui comme il a été expliqué au commencement du chapitre, de manière que la pression sur chaque unité carrée de toute la surface de la masse soit la même.

Soit P_1 cette partie opposée de la surface de la masse, qui a la même projection verticale que P, c'est-à-dire P'; et soit P_2 celle qui a la même projection horizontale. Alors la pression sur P_1 aura pour sa *composante horizontale* une pression contenant autant d'unités qu'il y a d'unités carrées dans P'; chaque unité de pression étant la même qu'avant (c'est-à-dire la pression sur une unité carrée, qui est la même sur toute la surface). Mais la composante *horizontale* de pression sur P contient, comme nous l'avons vu, le même nombre des mêmes unités. Dès-lors les composantes horizontales de pression sur P et sur P_1 sont les mêmes en grandeur et en directions opposées. Le corps n'a donc aucune tendance à se mouvoir *horizontalement*, à raison de ces pressions.

De même on peut voir que les pressions *verticales* sur P et P_2 sont les mêmes en grandeur et en directions opposées; le corps n'a donc non plus aucune tendance à se mouvoir *verticalement* à raison de ces pressions.

Ainsi l'on voit que les pressions horizontales et verticales sur le plan P sont *neutralisées* par des pressions égales sur les parties opposées de la surface de la masse. Comme il en est de même pour tous les autres plans élémentaires dont la surface est composée, il s'ensuit — toutes les pressions horizontales et verticales sur les différens points de la surface de la masse étant ainsi neutralisées — qu'il ne peut se mouvoir horizontalement, ni verticalement — c'est-à-dire qu'il ne peut pas se mouvoir *du tout*.

En conséquence, la pression communiquée à un fluide qui contient entièrement une masse solide, ou qui est *entièrement* contenu par elle, n'a aucune tendance à communiquer de mouvement à ce solide.

251. Supposons que les pressions sur P₁ soient supprimées, ce qu'on peut effectuer en faisant un trou dans le corps, de la grandeur de ce plan, si le corps est creux; la pression sur P₁ étant supprimée, la pression *horizontale* sur P ne sera pas neutralisée plus long-temps, et le résultat sera que le corps se *mouvra*, s'il est libre de se mouvoir, dans la direction de cette pression, ou *horizontalement*. En supprimant P₂, de la même manière, le corps arrivera à se mouvoir verticalement. Ainsi, un balon creux, par exemple, ayant un trou et étant plongé dans un fluide soumis à pression, se mouvra dans ce fluide, et apparemment de lui-même, jusqu'à ce qu'il soit rempli.

CHAPITRE II.

Equilibre d'un fluide pesant.

Nous avons posé comme principe *fondamental* de l'équilibre d'un système de forme variable (Art. 158) : 1° que les conditions en sont les mêmes pour un système de ce genre que si ses formes étaient invariables; 2° qu'elles se combinent *en outre* avec de telles autres conditions qui ressortent *de la nature de la variation* à laquelle le système est soumis.

252. Ainsi un *fluide*, ou bien une portion quelconque d'un *fluide*, étant un système *de forme variable*, maintenu en repos par certaines forces; les mêmes conditions doivent avoir lieu par rapport à ces forces, comme si ses forces étaient invariables; ou bien, en d'autres termes, comme s'il était so-

lide, *tout à la fois avec* telles autres conditions qui résultent de sa fluidité.

Soit A B (*fig.* 191) une partie de la surface d'un fluide pesant. Prenons-en une portion Q P constituant une colonne verticale de ce fluide ayant pour sa base un plan horizontal P, et considérons les conditions d'équilibre de cette partie du fluide. Par la première condition de l'équilibre d'un système de forme variable, il s'ensuit que les mêmes conditions doivent avoir lieu, par rapport aux forces agissant sur cette colonne de fluides, que si elle était un solide.

Les sommes des forces qui lui sont imprimées *en directions verticales opposées*, doivent donc être égales l'une à l'autre; comme aussi la somme de celles imprimées horizontalement.

Maintenant supposons que la surface A B du fluide soit libre de toute pression, la seule pression *verticale* sur la colonne Q P de haut en bas est son poids; la pression de bas en haut est celle du fluide sur sa base P. Ces pressions sont donc égales l'une à l'autre; c'est-à-dire que la pression sur la base P de la colonne du fluide Q P est égale à son poids; et cela est vrai pour toute autre colonne du fluide que l'on prendrait de même. On voit donc que la pression sur un plan horizontal, pris n'importe où dans le fluide, est égale au poids de la colonne s'élevant de ce plan jusqu'à la surface du fluide.

255. Maintenant, d'après le principe de distribution égale de la pression fluide, la pression sur un tel plan, si le fluide *était sans poids*, serait *exactement* propagée, sans accroissement ou diminution, à toute autre surface d'aire égale dans le fluide.

Ce fluide n'est d'ailleurs *pas* sans poids, et chaque particule en est soumise à la force de gravité, laquelle force de gravité varie continuellement la valeur de la pression, dans sa propagation d'une partie du fluide à l'autre, pourvu que la direction de cette propagation soit en quelques degrés vers le haut ou vers le bas, c'est-à-dire verticale; mais elle ne l'affecte pas, si sa direction est horizontale, c'est-à-dire perpendiculaire à la direction de la gravité, puisque c'est un principe de statique, que les forces agissant perpendiculairement l'une sur l'autre, ne se *contrarient* ni *n'augmentent* mutuellement, ou bien ne s'affectent aucunement les unes les autres. Ceci étant, il s'ensuit que la pression sur le plan P est exactement propagée, sans accroissement ni diminution, à toute autre surface P' de la même aire, dans le même plan horizontal. De même la pression sur P' est propagée en P. Nous en conclurons dès-lors que toute la pression sur P' est précisément égale à celle sur P.

Car si elle n'était pas égale, elle serait plus grande ou plus petite.

Supposons la pression sur P' *plus grande* que celle sur P. Alors puisque la pression sur P' est transmise en P, agissant vers le haut sur ce plan, et excède sa propre pression sur P vers le bas, il doit y avoir mouvement; mais cela *n'est pas* puisque le fluide reste en repos.

Supposons la pression sur P' *moindre* que celle sur P; alors la pression sur P est *plus grande* que celle sur P', et par la même raison que dans le cas précédent, le plan P' devrait se mouvoir; ce qui *n'est pas*, puisque le fluide reste en repos.

La pression sur P' n'est donc ni plus grande ni plus petite que celle sur P; c'est-à-dire qu'elle lui est *égale*.

254. On voit, par ce qui précède, que *les pressions sur deux aires égales, prises quelconques dans un fluide pesant, sont égales l'une à l'autre, pourvu qu'elles soient dans le même plan horizontal* (1).

C'est une proposition fondamentale d'hydrostatique, qui sert à expliquer les plus importans phénomènes à observer

---

(1) Il y a une autre démonstration qui, quoique moins élémentaire, peut être regardée comme plus intelligible.

Soient P et P' (*fig.* 192) des aires égales et semblables dans le même plan horizontal, situé d'une manière quelconque dans le fluide. Soit P Q Q' un tube imaginaire, de forme *symétrique*, et terminé par les plans P et P' qui forment ses extrêmes sections. Supposons que toute la masse du fluide, à l'exception de ce qu'en contient le tube, devienne solide. Les conditions de l'équilibre du fluide contenu dans ce tube ne seront pas altérées par ce changement, puisqu'on n'ôte rien et qu'on n'ajoute rien aux forces agissant sur ce fluide, mais qu'on leur substitue seulement un pouvoir de *dernière pression résistante*. Or puisque le tube est *symétrique*, on voit que son fluide ne peut rester en repos sans que les pressions sur ses deux extrémités P et P' soient égales. Or P et P' ont été pris *n'importe où* dans un plan horizontal *quelconque*. Donc la proposition est démontrée vraie pour deux aires égales d'un même plan horizontal.

dans l'équilibre des fluides sur la surface de la terre.

255. La pression sur la surface P' étant égale à celle sur la surface P, et cette dernière pression ayant été trouvée égale au poids de la colonne au-dessus Q P, il s'ensuit que la pression sur P' est égale au poids de cette colonne, et que *la pression sur une aire horizontale est égale au poids d'une colonne du fluide qui s'élèverait de cette aire jusqu'à la surface libre du fluide.*

Cette considération nous fait aisément apercevoir que la pression d'un fluide sur les côtés et la base d'un vaisseau qui le contient, peut s'accroître énormément au-delà du poids effectif du fluide.

256. Soit A B (*fig.* 193) un vaisseau peu profond, clos de toutes parts, excepté à l'insertion P d'un petit tube vertical Q P. Remplissons ce vaisseau de fluide, en l'y versant par le tube jusqu'à ce qu'il y reste en Q ; la pression sur la plus basse section P du tube est alors le poids de la colonne Q P. La pression sur une surface quelconque égale à cette section, et dans le même plan horizontal A B, sera donc égale au poids de la colonne P Q ; c'est-à-dire qu'elle est égale au poids d'une colonne imaginaire de même hauteur que P Q et ayant pour base la surface P ; la somme de toutes les pressions sur toutes les surfaces semblables composant le plan A B, est égale à la somme des poids de ces colonnes imaginaires ; c'est-à-dire qu'elle est égale au poids d'une *masse imaginaire* de fluide occupant tout l'espace entre A B et A''B''.

La pression ainsi produite sur la surface supérieure A B du vaisseau est d'autant plus grande que le poids effectif du fluide dans le tube P Q le produisant devient plus grand par une surface plus grande de la section du tube. Ainsi le tube étant d'un *inch* carré (645 mill. car. 14476), et la surface A B de cent *inches* carrés ou de près de sept *feet* carrés (2133 mill. car., 572), le liquide dans le tube pesant un seul *pound* (455 gram.), produira sur A B une pression de plus de cent *pounds* (45 kilogrammes).

Un *baril* de la plus grande force peut donc être aisément brisé, en y introduisant un tuyau, et remplissant le tuyau d'eau jusqu'à une hauteur considérable. A quelque hauteur que soit rempli le tuyau, il produira sur le fond et le haut du baril, un poids égal à la colonne d'eau qu'il contiendrait si sa hauteur d'eau était continuée jusqu'au niveau de celle dans le tuyau, conservant, à d'autres égards, les dimensions actuelles.

La pression que l'on peut produire ainsi n'a évidemment pas de limites. On a cru possible que quelques-uns des grands changemens géologiques qui ont eu lieu sur la surface de la terre, aient été produits de *cette manière*. Concevons une profonde caverne occupant le centre d'une montagne et communiquant, par quelqu'étroite fissure, avec sa surface en quelque point près du sommet, ou bien à quelque point bien au-dessus du niveau de l'eau dans la caverne; que cette caverne se remplisse d'eau avec le temps, et que quelque torrent se précipite accidentellement dans la fissure, de manière à la remplir, ou, ce qui est possible, que les infiltrations continuelles qui alimentent l'eau de la caverne remplissent la fissure, la pression vers le haut, produite alors sur la voûte de la caverne, peut excéder tout le poids de la montagne, et suffire pour détruire son adhésion à sa base. La montagne alors se renversera.

257. *La surface libre d'un fluide est partout au même niveau.* Les pressions sur les aires égales dans le même plan horizontal d'un fluide étant *égales* (art. 161); la pression sur chacune de ces aires étant égale au poids de *chaque* colonne, ayant une base égale à cette aire, et arrasant la libre surface du fluide, il s'ensuit que toutes ces colonnes doivent être du même *poids* et de la même hauteur.

On voit donc ainsi que toutes les verticales, menées du même plan horizontal, aux points de chaque partie de la libre surface du fluide, c'est-à dire à toute partie de la surface non retenue dans sa position par la résistance des parois du vaisseau, sont *égales* l'une à l'autre; c'est-à-dire que tous ces points sont à la même distance au-dessus du plan horizontal dont il s'agit. Ils sont donc eux-mêmes dans le *même plan horizontal*, ou, suivant l'expression technique, au *même niveau*. Ainsi (*fig.* 191), les différens points de la surface A B que nous avons supposé libres, sont au même niveau, ou dans le même plan horizontal; et le fluide étant supposé continuer vers M, s'il y a une autre partie de la surface qui soit libre encore, cette surface sera dans le même plan horizontal, ou bien au même niveau que A B.

258. La *surface commune* de deux fluides de densités différentes, est encore un plan horizontal; car la surface libre

du fluide supposé supérieur est un plan horizontal; et si l'on prend un plan horizontal dans le fluide supposé inférieur, la pression sur chaque aire égale de ce plan est la même, ou égale au poids d'une colonne verticale s'étendant jusqu'à la surface du fluide; d'où les poids de telles colonnes sont les mêmes. Or elles sont d'égales longueurs, puisqu'elles s'étendent jusqu'à la libre surface du fluide supposé supérieur, que nous savons être un plan horizontal. Donc, puisqu'elles sont de poids et de longueur égales, chacune doit contenir la même quantité de chaque fluide; et les hauteurs des colonnes supposées les plus basses, c'est-à-dire les distances des différens points de la *surface commune* des deux fluides au plan horizontal donné, doivent être les mêmes; par conséquent, cette *surface commune* est elle-même un plan horizontal. Ainsi la *surface commune* des liquides à la surface de la terre, et de l'atmosphère qui l'entoure, est un plan horizontal.

Il n'est pas de variété concevable dans la *forme* du vaisseau contenant, auquel le raisonnement sur lequel ces conclusions sont fondées ne soit applicable.

Le tout peut former un *système* de *tuyaux*, liant divers réservoirs l'un à l'autre; et il suit de ce qui précède, que toutes les fois que l'eau atteint un état d'équilibre dans ces réservoirs, sa surface dans tous sera dans le même plan horizontal, ou bien au même niveau. Le fluide sera en mouvement jusqu'à ce que cela ait lieu. Tant qu'il se meut ainsi, on dit qu'il cherche son niveau.

259. Cette propriété d'un fluide de rechercher son niveau, est celle à raison de laquelle l'eau se répand avec une étonnante facilité dans les rues de nos cités populeuses, surmontant les divers obstacles que les variations du terrain présentent à son mouvement; s'élevant dans les étages supérieurs des maisons, et remplissant, à des intervalles fixes, un réservoir qui fournit à tous les besoins de santé et de salubrité de ses habitans. Pour cet effet, tout ce qui est nécessaire, c'est que tout le système des tuyaux et conduits communiquent avec un réservoir dont la surface soit au-dessus du plus haut niveau auquel on veut avoir l'eau. Si l'eau n'arrive pas naturellement dans un pareil réservoir, il faut l'y *élever* à l'aide d'une pompe ou d'autres mécanismes hydrauliques, parmi lesquels se place en première ligne la machine à vapeur.

Il est remarquable que cette importante propriété des fluides, de laquelle dépend autant la santé et le bien-être d'une population nombreuse, ait été si long-temps un secret dans le monde. Il semble n'avoir été connu que depuis quelques siècles. Que les Romains n'en aient jamais soupçonné l'existence, et qu'ils n'aient jamais songé à l'appliquer à ces grandes entreprises qui, de nos jours, contribuent tant au bien-être de la société, cela semble évident par le grand nombre des aqueducs qu'ils ont érigés, avec des travaux et des dépenses considérables, dans le voisinage de toutes les grandes cités, et dont les ruines sont les monumens les plus frappans de leur puissance, de leurs richesses et de leur ignorance. Les aqueducs qui fournissaient de l'eau à Rome seulement, ont plusieurs centaines de milles de longueur; et l'aqueduc bâti par les Romains dans le voisinage de Nîmes, et qu'on appelle le pont du Gard, est un des plus lourds échantillons de leur massive maçonnerie. Tous ces aqueducs étaient des canaux artificiels, au même niveau, communiquant du haut d'une éminence à une autre, et supportés par des piliers dans la vallée qui les sépare. Ils se seraient certainement épargné ces constructions gigantesques, s'ils avaient su qu'une conduite close, de direction tortueuse et irrégulière, à niveau très-varié, peut aussi positivement amener l'eau d'un point à un autre, à la même élévation que si tout le cours du canal était en ligne droite horizontale.

260. La propriété qu'ont les fluides de rechercher leur propre niveau, a été mise en évidence d'une manière frappante à l'aide de l'instrument représenté *fig.* 194; une suite de vaisseaux de formes différentes sont ajustés de manière à communiquer avec un réservoir fermé. Malgré la variété de leurs formes et de leur disposition, ces vaisseaux qui reçoivent l'eau d'un réservoir commun, arrivent au même niveau, et le mouvement de l'eau continue dans tous jusqu'à ce que ce niveau soit atteint. On peut varier l'expérience en plaçant des robinets aux cols des différens vaisseaux, ainsi qu'on le voit dans la figure. Le réservoir étant rempli et ces robinets fermés, le fluide peut être maintenu par eux à différens niveaux; mais dès qu'on les ouvre, l'eau se met immédiatement en mouvement; et après quelques instans d'oscillation pour atteindre l'équilibre, *toutes* les surfaces finissent par se niveler, ou par être dans un même plan horizontal.

261. Les écluses des canaux présentent un autre exemple de ce principe.

Puisqu'un fluide ne reste en repos que lorsque sa surface a partout atteint son niveau, il est évident que les eaux d'un canal ne resteront tranquilles qu'autant qu'elles auront acquis le même niveau ; ou bien, en d'autres termes, qu'autant que ce canal sera tel qu'un plan horizontal passant par un point où la surface du fluide s'arrête en quelqu'endroit du canal, et prolongé dans la direction de son cours, coupera partout les *rives* ou les *bords* du canal, en des points qui ne seront ni en dessus ni en dessous du premier. Car la surface du fluide étant à un point dans ce plan horizontal, n'y restera qu'autant qu'elle sera toute dans ce même plan. Si donc ce plan était quelque part au-dessus des bords du canal, la surface du fluide passerait par-dessus les bords, ou bien le canal *déborderait ;* si le plan passait quelque part *en dessous* du fond du canal, alors la *surface* du fluide y serait interrompue par ce fond, et en cet endroit le canal se trouverait à sec.

Or il est quelquefois impossible de construire un canal de manière à ce qu'il soit assujetti à cette condition de niveau, à raison de l'inégalité de la surface du pays qu'il traverse. On fait alors deux parties distinctes du canal avec des niveaux différens. L'une, par exemple, est au niveau du sommet d'une montagne, tandis que l'autre reste au niveau de la surface de la vallée inférieure. Les deux branches du canal étant alors entièrement distinctes et séparées l'une de l'autre, une difficulté se présente pour le passage des barques de l'une à l'autre. On la surmonte quelquefois par un chemin de fer traversant la montagne, et sur lequel des wagons transportent les barques, après qu'une machine à vapeur les a retirées de l'eau à l'aide d'un plan incliné, pour les remettre à flot par le même moyen dans le bassin du niveau supérieur. Quelquefois c'est un bateau locomoteur qui remorque les autres.

Mais de tous les modes de communication, le meilleur et le plus convenable pour les barques chargées, c'est l'écluse.

Soit A B (*fig.* 175) la surface de la montagne entre les deux branches d'un canal. S'il y a peu de différence dans les niveaux, une excavation se fait du sommet A perpen-

diculairement suivant A P jusqu'au niveau P B du fond de
la montagne, et en même temps on élève une chaussée
de chaque côté de l'excavation dont le sommet Q A est au
niveau de A.

Ceci étant fait de chaque côté de l'excavation, il s'est
formé un grand réservoir dont le fond est au même niveau
que le fond de la branche inférieure du canal, et dont le
sommet est au même niveau que celui de la branche supérieure. Les extrémités de ce réservoir sont fermées par
des portes d'écluses K C et I D qui s'ouvrent et se ferment
à volonté (*fig.* 196). Une barque est amenée du *plus haut*
niveau A B *au plus bas* EF par ce moyen ; les portes se
ferment, et l'on ouvre en même temps l'échappée, communication entre la branche supérieure du canal et le réservoir ; cette échappée peut être un canal souterrain, ou
bien une vanne dans la porte ; l'eau arrive dans le bassin de
l'écluse jusqu'à ce qu'elle y soit au niveau du canal supérieur ; la porte I D s'ouvre alors facilement, puisque l'eau
se trouvant au même niveau des deux côtés, en presse
également les parois, et qu'il n'y a plus de raison pour
que la pression de l'eau s'oppose au mouvement de la
porte, ou l'accélère plutôt d'un côté que de l'autre. La
porte étant ouverte, le bateau arrive dans le réservoir, et
l'on referme la porte par laquelle il est entré. L'écluse devient alors un vase clos de fluide supportant le bateau à sa
surface. On ouvre alors l'échappée de communication du
réservoir avec la branche inférieure, et le niveau s'abaisse
graduellement dans le bassin du réservoir jusqu'à celui du
canal inférieur ; on ouvre alors la porte K C, et le bateau
peut continuer sa route sur cette branche du canal.

Le procédé pour *faire monter* la barque au *niveau su-*
périeur est exactement l'inverse. Le réservoir étant vide,
comme on dit, et la porte supérieure fermée par conséquent, le niveau de l'eau s'y trouve le même que dans le
canal inférieur ; alors la porte K C étant ouverte, le bateau
arrive dans le réservoir. On referme la porte par laquelle
il est entré, puis on laisse arriver l'eau du canal supérieur,
par l'échappée de communication, jusqu'à ce que le bassin
arrive au même niveau que le canal supérieur ; après quoi la
porte A B s'o re pour laisser passer le bateau.

Si la différence des niveaux est considérable, il devient

impraticable d'excaver une *simple écluse* de profondeur
suffisante pour transporter le bateau d'une branche à l'autre
du canal. Dans ce cas on construit une série d'écluses, et
le bateau s'élève graduellement de l'une à l'autre par le
même moyen jusqu'à la hauteur voulue. C'est ainsi qu'une
barque peut monter sur le flanc de la montagne d'un côté,
et descendre de l'autre, s'il y a assez d'eau sur le sommet
de la montagne, pour fournir à la consommation des écluses.

Il est évident que chaque fois que le réservoir se vide,
une quantité d'eau, égale à sa contenance, passe du canal
supérieur dans le canal inférieur, et qu'ainsi chaque passage
de bateau consomme cette quantité d'eau; en sorte que deux
passages successifs ne peuvent avoir lieu sans que le canal
supérieur fournisse assez d'eau pour cette consommation.
C'est un grand obstacle à l'usage des écluses, à raison des
difficultés que les localités présentent souvent et d'une manière insurmontable.

262. Le niveau d'eau présente une application très-utile
de la propriété qu'ont les fluides de chercher leur niveau.

Il est nécessaire pour certaines opérations de déblais et
remblais, de déterminer le point exact, d'une chaussée ou
d'un mur par exemple, qui doit se trouver dans le même
plan horizontal avec un autre point à quelque distance. Ce
nivellement s'opère ainsi qu'il suit :

Un tube recourbé A B (*fig.* 197) porte à ses extrémités
deux verres A et B, dans lesquels l'eau du tube s'établit au même niveau P Q; en sorte que l'œil regardant à
travers les verres se dirige suivant ce niveau en droite ligne
horizontale. L'instrument est posé sur un pied, et l'observateur qui regarde par A ou par B peut s'assurer que Q
est sur la même horizontale que P, ou réciproquement.
C'est un instrument très-commode, très-exact, et d'une
théorie aussi facile que sa pratique.

CHAPITRE III.

263. *Pression oblique d'un fluide pesant.* — 264. *Formes des vases contenant ce fluide.* — 266. *Formes des bâtardeaux et vannes.* — 268. *Centre de pression.* —269. *Valeur de toute la pression sur une surface donnée.* — 272. *Composition et décomposition de la pression d'un fluide pesant.* — 273. *Les pressions horizontales sur un corps immergé dans un fluide se détruisent l'une l'autre.* — 274. *Valeur de la pression horizontale.* — 299. *Effet produit par l'ouverture d'une partie des parois d'un vase contenant un fluide.* — 281. *Moulin à foulons.* — 282. *Mouvement des fusées.*

263. *Pression oblique d'un fluide pesant.* — Soit P Q (*fig.* 198) une surface plane *obliquement* placée dans un fluide; soit P Q' un autre plan pris dans le fluide, des mêmes dimensions précisément que P Q, mais *horizontalement* placé. La pression sur P Q' sera dès-lors, d'après ce que nous avons dit (art. 252), égale au poids d'une colonne de fluide ayant ce plan pour sa base et atteignant la surface M.

Maintenant toute la pression, en vertu du principe de l'égale distribution de pression fluide, sera transmise à la surface P Q , en y ajoutant le poids du fluide P Q Q' qui se trouve entre les deux plans. Si donc P Q est infiniment petit, cette dernière partie du fluide sera très-petite, et il s'ensuivra que l'on pourra négliger son poids, la pression sur le plan P Q étant considérée dès-lors comme exactement égale au poids d'une colonne de fluide ayant ce plan pour sa base et une hauteur égale à la profondeur PM où est ce plan.

Or la pression d'un fluide sur une surface est dans une direction *perpendiculaire* à cette surface (art. 247); prenant donc une colonne PM' perpendiculaire à PQ, ayant ce plan pour sa base et d'une hauteur PM' égale à PM, la pression sur PQ agira dans la direction de cette colonne, et sera égale à son poids. La surface PQ étant supposée excessivement petite, la colonne PM peut être représentée par la ligne PM.

264. Supposons que P, P_1, P_2 (*fig.* 199) soient des points dans la surface intérieure d'un vase contenant un fluide. Menons PM'$_1$ P$_1$ M'$_1$, P$_2$ M'$_2$ perpendiculaires à la surface en ces points et qui soient égales à leurs diverses profondeurs PM, P_1M_1, P_2M_2; ces perpendiculaires représenteront les pressions sur d'excessivement petites parties de la surface vers ces points (art. 265). Il est évident que ces lignes croissent à mesure que les points sont plus profondément enfoncés ; si donc le vase doit être construit de manière qu'il n'ait aucune tendance à céder à la pression du fluide en un point plutôt qu'en un autre de sa surface, son *épaisseur* devra être plus grande vers le fond que vers le haut. Si l'on suppose que la force du vase est proportionnelle à son épaisseur, il est clair qu'il faudra prendre les épaisseurs PQ, P$_1$ Q$_1$, P$_2$ Q$_2$, aux points P, P_1, P_2, proportionnelles aux lignes PM', P$_1$ M'$_1$, P$_2$ M'$_2$, c'est-à-dire aux lignes PM, P$_1$ M$_1$, P$_2$ M$_2$. Si l'on veut avoir *juste* partout l'épaisseur capable de supporter la pression du fluide, et pas davantage, on pourra s'assurer par expérience que l'épaisseur du métal supporte exactement la pression en un point quelconque, en P par exemple, puis on conformera l'épaisseur des autres points à leur profondeur.

265. Si la paroi d'un vase, ou quelque partie de cette paroi, est un *plan* au lieu d'être une surface courbe, la loi de variation de pression se détermine aisément.

Supposons que APD (*fig.* 200) soit un vase dont la surface intérieure ait une partie plane PC. soit AB la surface du fluide, et imaginons-la prolongée de manière à remonter le plan PC également prolongé, en N. Par un point quelconque P, de PC, menons la verticale PM à la surface du fluide, et PM' perpendiculaire à PC et égale à PM. alors si de N on mène la droite NL passant par M', une perpendiculaire P$_1$ M'$_1$, menée par un point quelconque P_1 de PC à cette ligne, représentera la pression sur ce point; elle est égale à la hauteur de la colonne $P_1 M_1$ dont le poids égale cette pression.

Si l'on fixe PQ pour épaisseur du vase en P, et qu'on mène par N une droite NK passant par Q; alors si la surface extérieure du vaisseau coïncide avec cette ligne, sa puissance pour y supporter la pression sera la même à chaque autre point de PC, comme en P; c'est-à-dire que le vase sera également fort partout; en effet il existe de $P_1 Q_1$ à $P_1 M'_1$, le même rapport que de PQ à PM'.

266. C'est sur ce principe que les chaussées et les bâtardeaux, qui sont des massifs de pierre, de terre ou de tous autres matériaux destinés à supporter la pression d'un fluide, ne sont pas élevés perpendiculairement et d'une égale épaisseur partout, mais ont leur face *extérieure* uniformément inclinée. La *fig.* 201 représente une de ces chaussées. La perpendiculaire PM étant menée d'un point quelconque P de la surface intérieure AB et prise égale à son enfoncement PA en ce point; une ligne AL étant alors menée par les points A et M (1); et d'autres perpendiculaires étant menées de tous les autres points entre A et B, égales aux profondeurs respectives de ces points, comme la perpendiculaire de P l'est à la profondeur PA; si l'on mène une ligne *quelconque* AN par A, les distances entre cette ligne et les différens points de AB seront toutes proportionnelles aux profondeurs de ces points; une chaussée ainsi terminée par quelque ligne telle que AN, sera partout d'une égale résistance au fluide ABL. On leur donne même en général une épaisseur plus que suffisante pour une résistance égale, afin de pourvoir à toute variation de résistance qui pourrait survenir dans les matériaux employés.

267. On voit par ce qui précède que les surfaces de toute espèce supportant les pressions des fluides pesans, doivent être plus fortes dans le bas que vers le haut, la force des parties inférieures n'étant pas nécessaire à celles supérieures. Ainsi les portes d'écluse, les vannes, doivent être d'un assemblage plus épais et renforcées de ferremens plus solides au fond de l'eau que près du niveau.

268. *Centre de pression.* — Revenons au cas de pression

_____

(1) Cette ligne sera évidemment inclinée de 45° à la surface du fluide.

sur une surface plane formant partie des côtés d'un vase
(*fig.* 200). On demande à combien se monte la pression supportée par *tout* le plan ; et *où* l'on devrait appliquer une seule
force pour supporter cette pression et maintenir le plan en
repos, lors même qu'il serait entièrement détaché du reste
du vase.

Le point qui possède cette propriété se nomme le centre
de pression ; on peut le définir d'une manière générale :
*ce point dans une surface supportant la pression d'un fluide
où il suffirait d'appliquer une seule force pour supporter
toute la pression et maintenir la surface en repos.* Sa position, quand la surface est un plan, se détermine aisément.
On a vu que les pressions sur les différens points du plan
P C, seront représentées par les perpendiculaires à ce plan
et terminées à la ligne N L, qui sont équivalentes aux poids
des colonnes de fluide de même longueur que ces lignes.
Toute la pression est donc égale au poids de toute la figure
P C E M' que l'on peut supposer composée de ces lignes, et
son effet sur P C est précisément le même que celui que produirait le poids d'une telle figure si elle était mise dessus
dans une position horizontale. Or la résultante des poids des
parties de cette figure passera par son centre de gravité ;
la résultante des pressions du fluide sur P C passe donc par
son centre de gravité. Nous n'avons dès-lors qu'à trouver
le centre de gravité du trapèze P C E M', et à mener par ce
point une perpendiculaire à P C ; le point où cette perpendiculaire la rencontre, sera le centre de pression.

269. Si le plan P C s'étend jusqu'à la surface du fluide
en N, la détermination de la position du centre de pression
sera facile ; car alors le point P coïncidant avec N, le trapèze P C E M' deviendra le triangle N C D (*fig.* 202). Nous
savons trouver le centre de gravité de ce triangle par la méthode expliquée dans l'art. 68 (*fig.* 52), où la position du
point G, comme nous le verrons dans l'appendice, est, aux
deux tiers de la ligne A M, menée du sommet A au milieu
de la base B C. Si donc nous menons M N (*fig.* 202) sur
le milieu de C D, et que nous prenions N G égale aux deux
tiers de M N, ce sera le centre de gravité du triangle ; et
menant G H perpendiculaire sur N C, H sera le centre de
pression de ce plan. Or, puisque N G est égale au deux tiers
de N M, il est évident que N H doit être égale aux deux tiers

de NC. Il s'ensuit dès-lors que le centre de pression d'un plan, atteignant à la vraie surface du fluide dont il soutient la pression, est à une distance de son extrémité supérieure, égale aux deux tiers de toute sa longueur. Enfin le plan est supposé composé, dans toute sa largeur, de lignes de même longueur que NC et qui lui sont parallèles; en d'autres termes, on le suppose un rectangle; et ceci étant, quelle que soit son inclinaison, le centre de pression sera distant du bord du plus haut des deux tiers de toute sa longueur, et une seule force, telle, par exemple, que la pression d'une verge, appliquée à cette distance et dans le milieu de sa largeur, maintiendra le plan en repos. Il en serait évidemment de même si la verge, au lieu d'être appliquée longitudinalement en un seul point, était placée en croix sur ce point; tout ce qu'il faut pour l'équilibre étant qu'il y ait une force suffisante appliquée au centre de pression.

270. Nous venons de voir que le centre de pression d'un plan rectangulaire est aux deux tiers de la longueur du plan, à partir de la surface du fluide, quelle que soit son inclinaison; par conséquent il en est ainsi pour le plan devenu *vertical.*

Ainsi une écluse ou vanne peut être maintenue en place par la pression d'une simple force contre elle (*fig.* 205), l'extrémité d'une simple verge, par exemple, appliquée aux deux tiers de la profondeur du fluide et dans le milieu de la largeur de la vanne. Si la porte de l'écluse tournait sur un axe horizontal passant par ce point, elle se tiendrait naturellement fermée, malgré la liberté de son mouvement autour de son axe. Si le réservoir contenait trop d'eau, après l'avoir laissée échapper, la porte se refermerait d'elle-même, par la simple pression de l'eau revenue au niveau convenable par rapport à l'axe.

Les traverses et les montans d'une porte d'écluse doivent évidemment se placer, dès-lors, non pas à égales distances du bas et du haut de la porte, mais bien à égales distances en dessus et en dessous du centre de pression, qui est aux deux tiers de sa profondeur. Cette disposition est d'une grande importance dans la pratique; et cependant on semble n'y faire aucune attention.

D'après ce même principe, les douelles d'une cuve ou d'un tonneau seraient maintenues par un simple cercle, si ce cercle était placé aux deux tiers de la profondeur du fluide contenu. Si, comme cela a lieu ordinairement, les extrémités inférieures des douelles sont empêchées de revenir en *dedans* par la résistance du fond, le cercle peut être placé quelque part *en dessous* du centre de pression; il sera toujours mieux quand il en sera le plus près possible, et il ne doit jamais être placé *en dessus*. Si, comme cela a lieu pour une cuve, le vaisseau est toujours placé sur une extrémité, les cercles doivent être placés symétriquement par rapport au centre de pression. Pour un tonneau qui se trouve supporté tantôt par l'un tantôt par l'autre de ses fonds, on peut diviser son poids en trois parties et placer les cercles à ces divisions. Si l'on veut plus de cercles, on en placera d'intermédiaires. Les cercles les plus forts doivent être enfin réservés pour les extrémités. Nous avons, dans ce qui précède, supposé que les douelles étaient droites; s'il en est autrement, les résultats que nous venons de donner sont *légèrement* modifiés.

271. *Valeur totale de la pression supportée par les parois des vaisseaux.* — Nous avons vu que la pression d'un fluide pesant sur un plan excessivement petit, de quelque manière qu'il soit situé, était égale au poids d'une colonne ayant pour base l'aire de ce plan et pour hauteur la profondeur à laquelle ce plan est immergé (art. 263). Or le volume d'une semblable colonne est égale au produit de sa base par sa hauteur. Il s'ensuit dès-lors que la pression sur un petit plan quelconque P, dont la profondeur est D, est égale au poids d'une quantité de fluide dont le volume est représenté par le produit $P \times D$.

Si l'on suppose une surface supportant la pression d'un fluide, quelle que soit sa forme, composée d'un certain nombre de plans de ce genre, toute la pression sur la surface sera égale à la *somme* de tous ces produits, c'est-à-dire à la somme des produits obtenus en multipliant chaque plan élémentaire par sa profondeur, ou plutôt au poids d'un volume de fluide égal à cette somme. Or on fera voir, dans l'appendice, que la *somme de ces produits* est égale au produit de *toute la surface par la profondeur de son centre de gravité*. Si donc on suppose toute la surface enlevée, et qu'on prenne une colonne ayant cette surface pour sa base, et pour sa hauteur celle qui était avant la profondeur du centre de gravité de la surface, toute la pression sera égale au poids de cette colonne remplie de fluide.

Nous avons ainsi un moyen facile de déterminer toute la pression d'un fluide sur une surface dont on connaît la position du centre de gravité.

Si, par exemple, une sphère est immergée dans un fluide; puisque nous savons que la profondeur du centre de gravité de sa surface est celle de son centre, nous savons que toute la pression sur la sphère est égale au poids d'une quantité de fluide qui serait contenu dans un vaisseau supérieur, ayant une base égale à la surface de la sphère, et pour hauteur la profondeur du centre de la sphère.

Supposons que la sphère soit seulement immergée, ou simplement couverte de fluide, la profondeur de son centre de gravité sera alors égale à son *rayon;* il suit donc de ce qui précède, que la pression sur la sphère est égale au poids d'une colonne supérieure de fluide ayant une base égale à la *surface* de la sphère, et une hauteur égale à son *rayon.*

Or le volume du fluide que la sphère peut contenir est connu, par le principe de géométrie, être égal à une semblable colonne ayant la même base, mais une hauteur égale aux deux tiers du rayon. Il s'ensuit dès-lors que la pression sur la sphère est plus grande que le poids du fluide qu'elle contiendrait; car elle est à ce poids dans le rapport de 1 à la fraction $2/3$, ou dans le rapport de 3 à 2.

Il est évident que tout le raisonnement précédent, et toutes les conclusions qui s'en déduisent, s'appliquent au cas d'une sphère *creuse, remplie* de fluide; la pression étant alors du *dedans au dehors,* au lieu d'être du *dehors au dedans.* La pression sur les parois d'un vaisseau sphérique est donc plus grande que le poids du fluide qu'elle contient dans le rapport de 3 à 2.

Supposons maintenant un vaisseau en forme de pyramide, placé sur sa base et rempli de fluide jusqu'à son sommet. Nous avons vu déjà (art. 269) que la distance du centre de gravité d'une des faces triangulaires d'une semblable pyramide était, à partir du sommet, aux deux tiers de la longueur d'une ligne menée de son sommet au milieu de sa base. Il est facile de voir, d'après cela, que la profondeur verticale du centre de gravité de la base, en dessous du sommet de la pyramide, est égale aux deux tiers de la hauteur de la pyramide. La pression sur chaque face est donc égale au poids d'une colonne supérieure de fluide, dont la base est cette face, et la hauteur les deux tiers de celle de la pyramide. La base de la pyramide a son centre de gravité à une profondeur au-dessous de la surface du fluide, égale à toute la hauteur de la pyramide ; la pression sur lui est donc égale au poids d'une colonne supérieure de même base et de même hauteur que la pyramide.

Si les faces de la pyramide sont toutes égales, la somme des pressions sur les parois sera égale au poids de trois colonnes, ayant chacune une base égale à l'une des faces, et une hauteur égale aux deux tiers de celle de la pyramide ; ou bien à une seule colonne ayant cette base et deux fois la hauteur de la pyramide. Or la pression sur la base a été trouvée égale au poids d'une colonne de même base et de *même hauteur* que la pyramide. Donc la pression sur les côtés et sur la base est égale au poids d'une colonne verticale ayant une base égale à l'une des faces de la pyramide, et trois fois sa hauteur.

La pyramide contiendra une quantité de fluide dont le volume est égal à celui d'une colonne de même base et d'un tiers de cette hauteur. Les pressions sur les côtés et sur la base de la pyramide sont donc *plus grandes* que le poids du fluide contenu dans le rapport de 3 à $1/3$, ou de 9 à 1.

Il suit du principe établi au commencement de cet article, qu'un vase destiné à contenir une quantité donnée de fluide, avec la moindre pression possible sur sa surface, doit avoir cette surface la *moindre* possible, de manière à contenir le fluide, en ayant son centre *de gravité* le plus haut possible. C'est la sphère qui satisfait le mieux à ces conditions.

272. *Composition et décomposition de la pression d'un fluide pesant.* — Soit P Q (*fig.* 204) une portion de la surface d'une masse supportant la pression d'un fluide. Supposons que P' P Q Q' représente une colonne verticale de fluide immédiatement contiguë à PQ et atteignant sa surface. Or (art. 352) la masse fluide P P' Q Q' étant en équilibre, les forces agissant dessus sont telles qu'elles la maintiendraient en équilibre si le système était solide. Les sommes des forces agissant dessus, en direction opposée *verticalement*, sont donc égales l'une à l'autre, ainsi que les sommes de celles

agissant *horizontalement* (1). Or la somme des forces agissant de *haut en bas*, verticalement, est évidemment le poids de la colonne P P' Q Q'; et la somme des forces agissant de *bas en haut* est toute la pression *verticale* sur la surface P Q. Elles sont donc égales — c'est-à-dire que la pression verticale sur P Q est égale au poids de la colonne P P' Q Q'.

Si P'' Q'' est la projection de P Q sur *quelque* plan vertical, et si nous supposons que P P'' Q'' Q représente la colonne de fluide immédiate *entre* P Q et P'' Q''; alors, puisque les forces agissant sur cette partie du fluide le maintiendraient en repos comme s'il *était solide*, il s'ensuit que les sommes de celles qui agissent dessus *horizontalement*, en directions opposées, sont égales, ainsi que celles qui agissent *verticalement*. Or puisque P'' Q'' est verticale, la pression du fluide dessus est toute horizontale. De plus, toute la pression sur la colonne P P'' Q'' Q, de P'' en P, est la pression sur P'' Q''; et toute la pression en direction opposée est cette portion *décomposée* de la pression sur P Q, dans la direction P P'', c'est-à-dire dans une direction perpendiculaire au plan donné; elle est égale à la pression sur la projection P'' Q'' de P Q sur ce plan.

273. Tout ce que nous venons de dire a lieu, quelle que soit la grandeur de la portion de la surface P Q.

_____

(1) Tout ce qui précède peut aisément se déduire ainsi qu'il suit, du principe de l'art. 249. La pression sur chaque plan élémentaire P Q d'un solide, immergé dans le fluide, ou de la paroi d'un vaisseau qui le contient, lui est perpendiculaire, et égale au poids d'une colonne P R, dont la base est le plan lui-même, et dont la hauteur est égale à la profondeur du plan au-dessous de la surface du fluide. Prenons ce plan pour représenter la pression qui lui est alors perpendiculaire et proportionnelle; alors, d'après ce que nous avons dit sur la décomposition de la pression fluide [art. 250], on voit que les composantes verticales et horizontales de cette pression sont représentées par les projections P' Q' et P'' Q'' de P Q, l'unité étant la même que précédemment. Or l'unité de pression sur P Q est le poids d'une colonne dont la longueur est P R, et dont la base est une unité d'aire. D'où, si P P' est égale à P R, ou si P' Q' coïncide avec la surface du fluide, une unité de composante verticale de pression est le poids d'une colonne dont la longueur est P P' et la base une unité d'aire. Toute la pression verticale composante est donc égale à la somme d'autant de semblables colonnes qu'il y a d'unités dans la projection P' Q', — c'est-à-dire égale à la somme de toutes les colonnes atteignant de P' Q' à P *p*; ou, puisque P Q est petit, est égale à toute la colonne du fluide contenu entre P P' et Q Q'.

Soient alors P p Q et P q Q les deux portions de la surface de la masse qui ont la même projection P'' Q''. La
pression du fluide sur P p Q, décomposée dans une direction
perpendiculaire au plan donné, est alors, d'après ce que nous
avons dit précédemment, égale identiquement à la première sur P'' Q''; et elle agit évidemment dans une direction *vers* P'' Q''. En outre, la pression décomposée sur P q Q
est égale identiquement à la pression sur P'' Q'', mais agit
dans une direction opposée ou à *partir* de P'' Q''. La masse
est donc pressée en directions perpendiculaires au plan
donné, par des forces qui sont, à tous égards, égales et
identiques, *opposées* l'une à l'autre. Il ne doit donc pas y
avoir de mouvement, à raison des pressions *vers* ce plan ou
à *partir* de ce plan; et ce plan est un plan vertical *quelconque*. La pression d'un fluide pesant sur une masse qui
s'y trouve immergée, ou sur la paroi d'un vase qui la contient, n'a donc aucune tendance à lui imprimer un mouvement, *vers* un plan vertical quelconque pris dans le fluide,
ou bien à *partir de ce plan;* c'est-à-dire à lui donner un
mouvement dans une position *horizontale* quelconque. L'expérience prouve qu'il en est ainsi; si l'on plonge un corps,
quelque léger, quelque irrégulier qu'il soit, dans un fluide,
on voit par expérience qu'il n'a aucune tendance à se mouvoir soit à droite soit à gauche, pourvu que le fluide soit
en repos, et qu'il n'éprouve aucune autre pression que celle
du fluide lui-même.

274. La valeur effective de la pression horizontale sur
une portion quelconque de la surface du corps, et en toute
direction, peut se déterminer aisément.

Menons par l'intersection A du plan de projection avec la
surface du fluide un plan A Q''' incliné à la surface sous un
angle de 45°. Nous avons vu (art. 268) que la pression sur
une partie quelconque du plan P'' Q'' est égale au poids du
fluide qui se trouve horizontalement entre cette partie du
plan et A Q'''. Ainsi toute la pression sur P'' Q'', c'est-à-
dire toute la pression horizontale sur chaque côté de la
masse P Q, est égale au poids de la colonne P''' P'' Q'' Q'''.
De même toute la pression sur une partie quelconque de la
surface, comme q r, quelle que soit sa grandeur, est égale au
poids de $q' q'' r'' r'$.

Puisque les pressions sur les diverses parties de la masse

sont égales, chacune au poids d'une colonne correspondante de la masse P″ P‴ Q″Q‴, il s'ensuit que la résultante des pressions est égale à la résultante du poids.

La résultante des pressions sur les différentes parties de la masse, décomposées en directions perpendiculaires à P″Q″, passent donc par le centre de gravité de P″P‴ Q‴Q″.

275. Il y a plusieurs cas où cette considération met à même de déterminer la direction de la résultante horizontale. Ainsi (*fig*. 205 et 206) si la surface P Q eût été celle d'un cône, la projection P″ Q″ et aussi la section P‴ Q‴ eussent été des triangles; et si le sommet P du cône eût coïncidé avec la surface du fluide, alors la *fig*. P″ P‴ et Q″ Q‴ se fût réduite elle-même à une pyramide, dont le centre de gravité eût été, à une distance du sommet, égale aux trois quarts de la hauteur de la pyramide.

De même, si la surface P Q eût été une sphère, la masse P″ P‴ Q‴ Q″ eût pris le galbe d'un cylindre dont la position du centre de gravité se détermine aisément par les règles connues.

On peut donc, dans ces deux cas, déterminer la direction de la résultante des pressions horizontales sur la surface.

Ainsi, lorsqu'un cône creux, ou une sphère creuse, doivent être plongés dans un fluide, et qu'on veut savoir où l'on peut mettre des pièces en croix dans l'intérieur pour les renforcer, on détermine, comme ci-dessus, la direction des résultantes des pressions horizonnales environnantes; et ce sera évidemment dans cette direction, ou symétriquement par rapport à elle, que l'on devra placer le croisillon de renfort.

276. Tout ce que nous venons de dire est applicable dans les deux suppositions de la pression du fluide, du *dedans au dehors* de P Q, ou du *dehors au dedans*. Dans le premier cas, le *vaisseau* contient le fluide; dans le second il y est immergé.

Si donc un vaisseau conique était rempli de fluide, nous saurions que la résultante des pressions horizontales sur ses côtés passe par un point distant de son sommet des trois quarts de sa hauteur; et si l'on appliquait deux forces, de grandeur suffisante, horizontalement, sur ses côtés opposés, à cette distance du sommet, et une force suffisante de haut

en bas à son sommet, alors, coupant le vaisseau au-dessous du sommet vers le bas, nous trouverions que les parties
inférieures n'ont pas été forcées. De même on peut couper
une sphère, pleine de fluide, verticalement par son milieu
et maintenir les hémisphères par le moyen de deux forces
horizontales.

277. Ces principes ont évidemment une grande variété
d'applications utiles dans la pratique. Elles guident pour la
charpente des vaisseaux, pour les parties à renforcer des
grands vases destinés à contenir des liquides — par exemple
pour les cuves et chaudières des brasseurs, des distillateurs
— pour l'établissement des digues, des écluses, etc. De fait,
il n'est aucune des branches de l'architecture hydraulique
qui puisse être traitée en grand et avec sûreté par des gens
qui ne soient pas profondément instruits des principes de
l'hydrostatique.

278. Nous avons jusqu'ici supposé le fluide passant sur
chaque partie du solide immergé, ou sur chaque partie du
vase qui le contient ; et dans cette hypothèse, nous avons
fait voir que les pressions horizontales du fluide se détruisent
l'une par l'autre.

L'hypothèse qui forme la base de cette conclusion n'a
pas lieu dans tous les cas : supposons en effet qu'un corps
soit creux, et qu'on lui enlève une partie PQ de sa surface
(*fig.* 207 , P'Q' étant l'autre partie de la surface qui a
la même projection que PQ. La surface PQ étant enlevée,
la pression sur elle n'aura plus lieu, et la pression horizontale sur P'Q' ne sera plus supportée par aucune pression égale et opposée ; elle donnera donc au corps une tendance à se mouvoir dans la direction P'P ; et cette tendance,
plus ou moins grande, continuera jusqu'à ce que l'introduction du fluide par l'ouverture PQ ait rempli le vase, ou
du moins jusqu'à ce que le niveau du fluide soit le même
en dedans et *en dehors* (1). En sorte qu'un vase ayant une

_____

(1) Le fluide, pendant toute son introduction, exerce une certaine
pression sur les bords de l'ouverture ; et quand il a atteint intérieurement le niveau de l'ouverture, il y a une autre pression du fluide
entrant sur le fluide *contenu*, qui toutes deux tendent à supporter
la pression sur P'Q' ; en sorte que nous ne pouvons pas considérer
qu'en enlevant la portion PQ de la surface, nous ayons entièrement ôté
au corps la pression qu'il supportait précédemment sur la partie enlevée.

ouverture, étant plongé dans un fluide, tendra à se mouvoir dans la direction de cette ouverture; un vaisseau, par
exemple, qui a une voie d'eau, éprouve un mouvement *vers*
la direction de cette voie d'eau, et ce mouvement est d'autant plus facile à observer que les pompes jouent continuellement pour vider l'eau. Si la voie est de grandes dimensions,
le mouvement qui en provient constitue un important amen-
dement à l'estime du vaisseau. Un vaisseau pourrait être
réellement mu par la simple force qui proviendrait de la
pression inégale de l'eau sur son avant et son arrière, en
faisant un trou dans les sabords et pompant continuellement
pour épuiser.

279. Le raisonnement qui précède est applicable à un
vase contenant un fluide; la seule différence est que dans
le cas du vase, la pression est du *dedans au dehors*, tandis
que dans l'autre cas, elle était du *dehors au dedans*.

Ainsi (*fig.* 218), si PQ et P'Q' représentent les parties
des parois d'un tel vase ayant la même projection P''Q''
sur un plan vertical donné quelconque; on voit par ce qui
précède, que les pressions horizontales sur ces plans perpendiculaires au plan donné, sont égales, chacune, à la pression du fluide sur la projection P''Q'', et qu'elles sont en
directions opposées. Puisqu'alors les parties opposées PQ et
P'Q' des parois du vase sont sollicitées par des forces égales
et opposées, elles n'ont pas de tendance à se mouvoir; mais
si chacune des parties du vase est enlevée, la pression horizontale sur la partie opposée et correspondante ne sera plus
soutenue, et tendra à la renverser. Il continuera d'en être
ainsi, avec plus ou moins de force, tant que la surface du
fluide restera au-dessous du niveau de l'ouverture. Alors le
vase se redresse.

280. On peut expérimenter ce fait de la pression horizontale produite par une ouverture faite aux parois d'un vase
de fluide à épreuve, en faisant flotter le vase sur la surface
d'un fluide, à l'aide d'un autre vase vide (*fig.* 209). Le vase
flotteur et son contenu se mouvront dans une direction opposée
à celle de l'écoulement.

Le célèbre *Bernouilli* conçut l'idée de faire marcher des
vaisseaux de cette manière. L'eau s'y élevait par des pompes
ou autrement, et on la faisait sortir du réservoir par un
côté opposé à celui où l'on voulait marcher. Si on laissait

entrer l'eau par l'avant, et qu'après l'avoir élevée on la lais-
sât échapper par l'arrière, le vaisseau serait mu à la fois
par l'introduction de l'eau et par son écoulement, à raison
de ce que nous avons dit précédemment.

281. Il y a un très-bon instrument, appelé le moulin de
Barker, qui fonctionne d'après un principe analogue. A B
(*fig.* 210) est un cylindre creux, mobile autour d'un axe
vertical M N; P P' est un autre cylindre placé à angles droits
avec le premier et communiquant intérieurement avec lui.
Près des extrémités qui sont fermées, il y a deux ouvertures faites dans les *parois* de ce cylindre horizontal, en sens
opposé. Celle en P est supposée en face du lecteur, et celle
en P' du côté opposé.

Supposons maintenant que le tout soit rempli de fluide
jusqu'à une certaine hauteur dans le tube vertical, les ouvertures P et P' étant toutes deux fermées. La pression horizontale sur chaque partie du cylindre horizontal P P' sera alors,
d'après l'article précédent, supportée par une pression égale
et correspondante sur la partie opposée; le cylindre n'aura
donc aucune tendance de mouvement provenant de la pression du fluide sur ses parois. Mais si l'une des ouvertures, P,
cesse d'être fermée, la pression sur cette partie de la surface qui est enlevée pour déboucher l'ouverture, sera écartée; et la pression sur la partie opposée n'étant *plus soutenue*, le cylindre tendra à se mouvoir dans la direction
de cette pression, c'est-à-dire à tourner autour de son axe
M N; étant *libre* de se mouvoir autour de cet axe, il continuera à tourner dans une direction opposée à l'écoulement
aussi long-temps qu'il restera du fluide dans les cylindres.

Si l'autre ouverture est débouchée en même temps, il est
clair que, d'après le même principe, elle tendra à faire
mouvoir l'autre branche du cylindre horizontal, en sens inverse, ou bien tout le cylindre dans le sens de la première
branche. Alors une impulsion puissante et rapide sera donnée à la machine, qui peut avoir, comme moteur, une foule
d'applications variées.

Cette machine est certainement, de toutes celles connues,
celle qui donne l'effet le plus positif avec une *quantité*
donnée d'eau et une *chute* d'eau pour le travail d'un mécanisme. Non-seulement elle *applique* la pression de l'eau
en profitant de toute sa hauteur, mais encore avec le plus

grand avantage possible ; car en allongeant la branche horizontale P P', la pression peut agir à la distance voulue de
l'axe de mouvement ; c'est-à-dire que le *balancier* de la
pression peut s'accroître tant qu'on veut. Il y a encore un
autre avantage dans cette application de la force d'une chute
d'eau provenant de la force centrifuge produite dans le cylindre horizontal, par sa révolution, qui tend beaucoup, et d'une
manière presqu'illimitée, à accroître sa pression contre les
parois du cylindre, et par conséquent à augmenter la rotation. En sorte qu'en allongeant les branches horizontales, non-
seulement il y a plus de force sans contre-poids, ou le mouvement de pression est accru ; mais encore la pression elle-
même est augmentée.

C'est un fait très-remarquable, et qui n'est pas croyable
pour ceux qui s'intéressent aux travaux de l'architecture hydraulique, que cette admirable machine, qui n'est pas d'une
invention moderne, n'ait jamais, à ce qu'il semble, reçu
même une exécution d'essai. Cet essai, d'ailleurs, ne peut être
fait que sur une très-grande échelle et sous la direction d'un
ingénieur très-versé dans la théorie de l'hydrostatique. Il n'y a
guère de doute qu'un essai ainsi dirigé conduirait à établir le
fait, toujours mis en avant par les juges les plus compétens
de la théorie de cette machine, qu'elle est incontestablement
supérieure à toute autre pour appliquer la force des courans d'eau à faire tourner un mécanisme.

281. Il importe peu que la pression d'un fluide sur l'intérieur d'un vaisseau qui le contient soit produite par son
poids ou par toute autre cause ; tant que *toute* la surface
du vaisseau supporte cette pression, elle n'a aucune tendance à lui imprimer du mouvement ; mais si la pression
sur quelque partie cesse, en enlevant cette partie de la paroi
du vaisseau, alors la pression sur la paroi opposée n'ayant
plus de contre-poids, il en résulte une tendance au mouvement.

Si donc on prend un vaisseau contenant un fluide qui tend
à s'épandre lui-même (1), et qui par conséquent presse sur
toute la paroi du vaisseau, tant que le vaisseau reste *clos*
de toutes parts, la pression du fluide n'a aucune tendance

(1) Les fluides qui possèdent cette propriété sont dits élastiques.
Il y en a une grande variété ; l'air que nous respirons en est un.

à le faire se mouvoir, parce qu'elle est contre-balancée de toutes parts. Mais si l'on y pratique, en un endroit quelconque, une ouverture, la pression n'aura plus de contre-poids, et il s'ensuivra un mouvement dans la direction de cette pression. Ainsi, qu'une ouverture soit faite à la partie *inférieure* d'un vaisseau, et il tendra à monter. Si l'élasticité du fluide contenu est suffisamment grande pour produire la pression convenable, le *poids* du vaisseau et de son contenu sera soulevé, et le tout montera tant que cette pression sur l'intérieur du vaisseau continuera. C'est d'après ce principe qu'a lieu l'ascension des fusées volantes.

Le combustible est contenu dans un cylindre creux, ordinairement en carton, et qui n'est qu'en partie clos à son extrémité A, où la fusée est étranglée. Cet étranglement est d'ailleurs assuré par une baguette qui l'empêche de fermer entièrement le col de la fusée. Quand la cartouche est sèche, on la force sur un moule, au fond duquel est fixée *verticalement* une baguette de métal P Q, dont les dimensions sont appropriées à celles de la fusée et qui entre par le col de l'étranglement, en le rectifiant et donnant les proportions convenables au trou bien dans l'axe du cylindre. Le combustible est alors introduit et entassé de manière à former un tout solide. Au sommet de la fusée se placent les matières explosives qui doivent partir quand le vol de la fusée est complet; le tout étant renfermé dans le cône B, on retire la fusée du moule, et il reste à son centre un espace creux PQ, précisément des dimensions de la baguette qui a passé dans le col de l'étranglement. On attache alors à la fusée la baguette de bois qui doit la maintenir dans une position droite, et qui est assez longue pour que le centre de gravité soit aussi bas que possible et donner dès-lors le plus de *stabilité* possible (art. 295) à cette position droite de la fusée. En mettant le feu à l'ouverture P, toute la surface intérieure du cylindre creux PQ s'enflamme; il se produit une très-grande quantité de gaz très-élastique, et il en résulte une pression puissante sur tout l'espace inoccupé dans l'intérieur de la fusée. Si l'ouverture P était fermée, cette pression n'aurait aucun effet de mouvement sur la fusée, la pression sur la paroi intérieure étant de toutes parts contre-balancée par des pressions égales et opposées; mais à raison de l'ouverture, la pression sur Q n'a plus aucun contre-poids autre que le poids de la fusée et de sa baguette. Si les dimensions convenables ont donc été données à la fusée, et que la charge soit d'une force suffisante, la pression sera suffisante aussi pour enlever ce poids, et la fusée montera. Les poids qu'enlèvent ainsi les fusées à la congrève sont considérables. C'est une propriété caractéristique de la fusée, de porter avec elle sa force d'impulsion. Un boulet reçoit son impulsion de la soudaine expansion du gaz engendré par l'inflammation de la charge de poudre. La force impulsive ainsi communiquée peut être détruite par un obstacle suffisant; et cette force une fois détruite, le boulet gît sans force. Il n'en est pas ainsi d'une fusée. Si l'obstacle est suffisant pour détruire son mouvement actuel, ou du moment, le principe du mouvement subsiste toujours en elle ; elle prend alors une nouvelle direction et devient de nouveau formidable. Une balle en passant dans un corps résistant perd une partie de sa force, et la balle morte est sans effet, tandis que la fusée prend sans cesse une nouvelle force. On sait que des fusées congrèves ont traversé des rangs entiers (1). C'est d'après ce même principe de pression sans contre-poids, par l'inflammation de la poudre, que les artifices de réjouissance tournent sur des axes, etc., etc.

(1) J'ai fait justice depuis long-temps (1814 et 1816) de ces exagérations anglaises, des prodigieux effets de leurs fusées congrèves. On trouvera dans le *Manuel de l'Artificier*, qui fait partie de cette collection, une appréciation rigoureuse des effets de la fusée, comparés à ceux du boulet, de la bombe et de l'obus. N. du T.

~~~~~~

CHAPITRE IV.

283. *Le poids d'un corps flottant est égal à celui du fluide qu'il déplace.* — 284. *Son centre de gravité et celui de la partie immergée sont dans la même verticale.* — 290. *Equilibre d'un prisme triangulaire.* — 291. *D'une pyramide.* — 292. *Stabilité des corps flottans ; équilibre stable, non stable, et mixte.* — 296. *Analogie remarquable entre les conditions de l'équilibre d'un corps flottant et celles d'un corps supporté par un plan poli.*

283. *Conditions d'équilibre et stabilité des corps flottans.* — Nous avons vu, dans le Chapitre précédent, que la pression horizontale d'un fluide, quand il est en repos, ne produit aucune tendance à un mouvement quelconque du corps qui s'y trouve immergé, ou du vaisseau qui le contient. Nous allons voir maintenant, 1º que la pression verticale d'un fluide sur un corps immergé partiellement ou en totalité, tend à élever le corps avec une force égale au poids d'une quantité de fluide dont le volume est égal à celle de la portion de la masse immergée; ou bien, en d'autres termes, avec une force égale au poids du fluide déplacé; 2º que la résultante de l'excès de la pression vers le haut sur celle vers le bas d'un fluide sur un corps, *passe par le centre de gravité de la partie immergée.*

Pour la première de ces propositions, il suffit de renvoyer le lecteur à l'art. 272. On y voit que la pression verticale sur une portion quelconque de la surface d'un corps immergé dans un fluide, est égale au poids de la colonne du fluide immédiatement *survenant* contre cette portion de surface et arrivant à la surface du fluide; de plus, qu'il en est ainsi quelque part que soit située la surface ; en sorte que la pression sur la surface PQ (*fig.* 212) est le poids de la colonne $PP''Q''Q$; et la pression sur $P'Q'$ qui a la même projection $P''Q''$, le poids de la colonne $P'P''Q'Q''$.

Or cela est vrai, quelque grandeur qu'aient les surfaces
PQ et P'Q'; donc, en les accroissant de manière qu'elles
coïncident avec MPQN et MP'Q'N, il s'ensuit que la pres-
sion sur la première est égale au poids de la colonne MPQ
NN''M'', et celle sur la seconde, au poids de la colonne
MP'Q'N''M''.

Mais la différence des poids des deux colonnes est évidemment le poids d'une masse de fluide égale à tout le solide immergé; et la différence de ces poids est aussi la différence
des pressions du fluide sur les surfaces MPQN et MP'Q'
N, dont la première est *vers le bas*, et la dernière *vers le
haut*. Il s'ensuit dès-lors que la *pression vers le haut d'un
fluide sur la surface d'un corps immergé, excède la pression vers le bas du poids de la quantité du fluide des mêmes
dimensions que le corps*. Cette pression vers le haut tend
à supporter son poids, et l'on dit techniquement que le corps
perd une partie de son poids égale à la quantité du fluide qu'il
déplace.

D'ailleurs, non—seulement ceci est vrai quand le corps est
totalement immergé, mais encore lorsqu'il ne l'est que partiellement. Il est évident en effet que si la surface du fluide
M''N'', au lieu d'être totalement *au-dessus* du corps, le
coupe de manière à en laisser une partie en dessous, alors
les poids des colonnes M''MPQNN'' et M''MP'Q'NN''
égaleront encore les pressions vers le haut et vers le bas sur
le corps, et leur différence égalera encore le poids de cette
quantité de fluide que le corps aura déplacé; en sorte que,
*dans tous les cas, l'excès de la pression vers le haut sur la
pression vers le bas d'un fluide sur un corps totalement ou
partiellement immergé, est égale au poids du fluide déplacé.*

284. La seconde proposition suit encore de la considération que l'excès de la pression en PQ sur celle en P'Q', est
le poids de la colonne PP'Q'Q, et qu'il en est de même
pour tous les autres élémens correspondans de la surface;
dès-lors, par conséquent, la résultante de tous ces excès de
pression, c'est-à-dire de *tout* l'excès de pression, doit être
égale à la résultante des poids de toutes les colonnes semblables à PP'QQ'; laquelle résultante passe évidemment
par le centre de gravité de toute la masse, si elle est *totale-*

ment immergée, ou de la partie immergée, si elle ne l'est que partiellement.

Dès-lors la pression *effective* du fluide vers le haut, ou l'excès de la pression vers le haut sur la pression vers le bas, agit toujours par le centre de gravité de la partie immergée du corps. Or le poids du corps immergé tend à contrarier cette pression du fluide vers le haut, et doit être telle qu'elle soit exactement en équilibre avec lui. Les deux conditions suivantes sont évidemment nécessaires pour cet équilibre.

1° Que le poids du corps soit égal à la pression du fluide vers le haut ; ou bien, en d'autres termes, qu'elle soit égale au poids du fluide qu'il déplace.

2° Que la résultante de la pression vers le haut soit dans une direction opposée à la résultante du poids du corps ; ou bien, en d'autres termes, que la verticale du centre de gravité de la partie immergée du corps passe aussi par le centre de gravité du corps lui-même.

Quand ces deux conditions sont remplies, le corps immergé reste en équilibre, et il est dit *flottant*.

285. La dernière condition est *nécessairement* satisfaite, quelle que soit la forme du corps, pourvu seulement qu'il soit *totalement* immergé ; car dans ce cas le centre de gravité de la partie immergée est le centre de gravité de tout le corps ; la résultante de la pression vers le haut agit donc nécessairement dans une direction opposée à celle du poids, puisque l'une agit vers le haut, et l'autre vers le bas ; toutes deux agissant sur un même point, le centre de gravité de la masse.

Si donc un corps est totalement immergé, la pression du fluide ne peut produire en lui aucune tendance à un mouvement de rotation ; le corps peut s'enfoncer dans le fluide, ou bien y remonter ; mais il ne tournera pas sur lui-même.

Si d'ailleurs il remonte jusqu'à la surface, et qu'une partie du corps en sorte, puisque le centre de gravité du corps et celui de sa partie immergée ne coïncident plus nécessairement, il *peut*, et suivant toute probabilité il *arrivera* même que la verticale du premier centre de gravité ne passe pas par le seconde : ainsi la seconde condition d'équilibre ne sera pas satisfaite; fait qui se manifestera par la rotation du corps.

On voit dès-lors que pendant l'immersion *complète* du corps, une position *quelconque* est une position d'équilibre, pourvu seulement que la *première* condition soit remplie; tandis que, pendant l'immersion *partielle*, il n'y a que certaines positions dans lesquelles l'équilibre soit possible.

Ces principes expliquent un grand nombre de phénomènes très-importans dans la pratique, et qui se présentent journellement.

286. Si un corps se trouve entièrement immergé, et que son poids soit tel qu'il égale exactement ce poids d'un égal volume de fluide, il flottera, quelle que soit la position qu'il occupe. Si son poids est plus grand que celui d'un égal volume du fluide, il coulera à fond; s'il est moindre, il surnagera, et une partie *sortira* du fluide tant que celle immergée déplacera un volume de fluide égal au poids du corps; le corps tournera en même temps sur lui-même, de manière à conformer sa position à la seconde condition d'équilibre; c'est-à-dire de manière à ce que la verticale du centre de gravité du corps passe par celui de la partie immergée.

On voit dès-lors que tout corps dont le poids est moindre que celui d'un égal volume de fluide, s'il y est immergé et abandonné à lui-même, trouvera enfin de lui-même, à la surface du fluide, une position dans laquelle il reste, appelée *position d'équilibre*.

287. Si la matière dont la masse est composée peut s'étendre, de manière à prendre la forme d'un vaisseau, dont là surface extérieure aura des dimensions déterminées, d'ailleurs assez grandes, alors on voit qu'une semblable masse peut *flotter*, quelque pesante qu'elle soit. En effet on peut la façonner en un vaisseau dont les dimensions soient telles qu'il déplace nécessairement, avant de laisser pénétrer l'eau dans son intérieur, en s'immergeant, un volume du fluide dont le poids soit plus considérable que le sien; sa tendance à s'enfoncer sera donc contre-balancée et il flottera. Ainsi l'on voit souvent des barques construites en fer, et l'on pourrait avoir un vaisseau de pierre.

288. De toutes les formes géométriques possibles, une sphère est celle dont la solidité étant *donnée*, la *surface*

est la *moindre;* en d'autres termes, si l'on veut donner une forme à un corps d'un certain volume connu, de manière à ce qu'il ait la moindre surface qu'il puisse avoir, avec ce volume, il faut faire une sphère. Or si l'on veut faire un corps flottant qui soit capable de supporter précisément un poids *donné*, on sait qu'on doit le faire de manière à ce qu'il déplace une quantité de fluide dont le poids soit égal au poids donné ; et aussi que cette quantité de fluide soit égale au solide *contenu* par le corps. Le solide contenu du corps flottant est donné, par conséquent, dans ce cas ; il s'ensuit que si l'on veut former un semblable corps, avec la moindre surface exposée à l'action du fluide, il faut faire une sphère.

289. La seconde condition de l'équilibre d'un corps flottant, « que son centre de gravité et celui de la partie immergée soient dans une même verticale, » est nécessairement satisfaite, quoiqu'il y ait une grande partie du corps qui soit immergée, pourvu qu'il soit symétrique par rapport à une certaine ligne et immergé avec cette ligne dans une direction verticale. En effet, étant immergé ainsi, sa *partie* immergée sera symétrique autour de l'axe dont nous avons parlé, aussi bien que pour tout le corps. Or (art. 61) le centre de gravité d'un corps symétrique autour d'une ligne donnée ou axe, est nécessairement dans cette ligne ou axe. Il s'ensuit dès-lors que le centre de gravité du corps, et de sa partie immergée, sont tous les deux dans l'axe dont nous avons parlé, et par conséquent dans la même verticale tous les deux.

Ainsi un cylindre immergé avec son axe vertical aura la seconde condition d'équilibre satisfaite, à quelque profondeur qu'il soit enfoncé, puisque le centre de gravité de sa partie immergée (étant celui d'une portion du cylindre formée par une section transversale ou perpendiculaire à son axe), est aussi lui-même dans l'axe du cylindre. Dès-lors, aussi, une sphère étant immergée dans un fluide, la seconde condition d'équilibre sera satisfaite, à quelque profondeur et dans quelque position que la sphère soit immergée, puisqu'une sphère est symétrique autour d'un diamètre quelconque, et que, dans quelque position qu'elle soit immergée, un de ses diamètres doit être vertical. Pour un corps prismatique, c'est-à-dire ayant ses côtés droits et tel que toutes

les sections transversales, faites perpendiculairement à ses
côtés, soient semblables et égales, il est évident qu'il y a une
certaine ligne parallèle à ces côtés, dans laquelle se trouvent
les centres de gravité de toutes les parties qu'on en peut
enlever par des sections du genre de celles dont nous avons
parlé. Alors, pourvu que le corps soit immergé avec cette
ligne ou axe vertical, le centre de gravité de la partie immergée s'y trouvera toujours ainsi que le centre de gravité
du corps lui-même, à quelque profondeur qu'il soit enfoncé. Le centre de gravité du corps prismatique P X
(*fig.* 243), et celui d'une portion *quelconque* qui lui soit
enlevée *en travers*, ou dans une direction perpendiculaire à
ses côtés, sera évidemment dans la ligne O X qui est parallèle à ses côtés. Si donc le corps est immergé avec cette
ligne, ou avec ses côtés, verticalement, la seconde condition
d'équilibre sera satisfaite.

Si d'ailleurs, au lieu d'un corps s'immergeant verticalement, on l'immerge obliquement avec ses côtés, il n'en sera
plus ainsi, et il faudra recourir aux *conditions générales d'é-
quilibre et de stabilité des corps flottans*. Mais avant de les
discuter, examinons deux cas qui nous serviront peut-être à
éclaircir les principes que nous venons d'établir.

290. Avant tout, imaginons un corps solide, en forme de
coin triangulaire (*fig.* 214), immergé dans un fluide avec
un de ses angles en bas. Il est évident que les conditions d'é-
quilibre de ce corps seront précisément les mêmes, quelque
longueur qu'il ait, et seront par conséquent les mêmes que
celles d'une tranche étroite de ce corps.

Soit A B C *fig.* 215) une de ces sections, et G son centre
de gravité. Ce point est évidemment dans la ligne C D (art.
68) joignant le point C avec le milieu D de la base, la distance C G étant égale aux deux tiers de C D. Supposons le
triangle immergé de manière que A B puisse être horizontale, et soit P C Q sa partie immergée; le plan P Q est alors
appelé *plan de flottaison*. Puisque P Q est parallèle à A B,
C D coupe P Q en deux parties égales au point *d*, aussi
bien que A B en D. Il s'ensuit dès-lors que le centre de gravité du triangle P C Q est en C *d*, en un point *g*, distant de C
des deux tiers de C *d*.

Puisqu'alors les points G et *g* sont tous deux dans la ligne C D, et que ce sont les centres de gravité du corps et

de sa partie immergée; il est nécessaire à l'équilibre, pour la seconde condition, que la ligne C D soit elle-même *verticale*. Mais A B est horizontale par hypothèse, C D doit donc devenir perpendiculaire à A B. Mais puisque C D coupe A B en deux parties égales, elle ne peut lui devenir perpendiculaire qu'autant que le triangle est isocèle ou équilatéral, ayant ses deux côtés C A et C B égaux. On voit donc que dans toute autre formation d'un triangle, il ne peut rester en repos avec sa base horizontale.

Supposons que A B C (*fig.* 216) représente un triangle *immergé partiellement* dans une position quelconque donnée, P C Q étant la partie immergée. Coupons en deux parties égales A B en D et P Q en d; joignons C D et C d; prenons C G égale aux deux tiers de C D, et C g égale aux deux tiers de C d; alors G et g sont les centres de gravité du triangle et de sa partie immergée. Joignons C g, et il faudra alors, pour qu'il y ait équilibre, que la ligne C g soit verticale, c'est-à-dire perpendiculaire, à P Q, qui, étant une *continuation* de la surface du fluide, est nécessairement horizontale. C'est la *seconde* condition d'équilibre. La première est que le poids du fluide déplacé par la partie immergée P C Q, soit égal au poids de tout le triangle. Ces deux conditions suffisent pour déterminer géométriquement la position du triangle.

291. Prenons le cas d'une pyramide immergée dans un fluide, son sommet en bas.

Soit E (*fig.* 217) le centre de gravité de sa base; joignons A E, et prenons A G égale aux trois quarts de A E; alors G sera le centre de gravité de la pyramide. Soit A P Q R la partie immergée, et e le centre de gravité de *sa* base. Joignons A e, et prenons A g égale aux trois quarts de A e; alors g sera le centre de gravité de la partie immergée. Il est nécessaire pour l'équilibre que G et g soient dans une même verticale. Si donc l'on joint G et g par la droite G g, cette ligne doit être verticale quand le corps est dans une position d'équilibre. Mais P R Q est horizontale, car c'est le plan de flottaison; G g doit donc être perpendiculaire à P R Q. Cette condition, jointe à la *première* condition d'équilibre, que le poids du fluide déplacé par A P Q soit égal à tout le poids de la pyramide, est suffisante pour déterminer géométriquement la position exacte de la pyramide.

292. *Stabilité des corps flottans.* — Soit A B (*fig.* 218 et 219) un corps partiellement immergé dans un fluide. Soit G son centre de gravité, et *g* le centre de gravité de la partie immergée. Supposons que le corps tourne continuellement autour de son centre de gravité G, dans la direction indiquée par la flèche courbe ; et qu'il soit en même temps mu vers le haut et vers le bas, suivant la verticale K L qui passe par G, de manière à ce qu'il satisfasse, dans toutes ses positions, à la première condition d'équilibre, que son poids soit égal à celui du fluide qu'il déplace. Supposons en outre que cette révolution a commencé quand le corps était dans une position d'équilibre, et quand le point *g* était par conséquent *dans* la verticale K L.

Quand le corps commence à sortir de cette position, le point *g* se mouvra hors de la verticale. Or si, comme dans la *fig.* 218, son mouvement a sa direction vers celle dans laquelle le corps tourne, il est clair qu'il y a dans le corps une tendance à *continuer* sa révolution dans la direction dans laquelle on l'a déjà fait tourner, c'est-à-dire, à *partir* de sa position d'équilibre : en effet tout le poids du corps peut être supposé agir *vers le bas* en G, et toute la pression du fluide *vers le haut* en *g* ; ce sont les seules forces qui agissent sur le corps. Or, soumis à l'action de ces deux forces, le corps évidemment tournera dans la direction vers laquelle il a déjà commencé à tourner ; c'est-à-dire, à *partir* de sa position d'équilibre, qui n'est par conséquent qu'un équilibre *instable.*

Supposons maintenant que la révolution du corps se continue dans la même direction qu'avant. Le point *g* continuera pendant un certain temps à sortir de la verticale, dans la direction de la révolution ; la *plus grande* partie de ce qui se trouve immergé étant de ce côté de la verticale ; mais par degrés elle commencera à se changer en la moindre partie de l'autre côté de la verticale ; les parties L R Q et L R P (1) commenceront à se rapprocher de l'égalité, et le point *g* s'approchera de nouveau de la verticale, décrivant une courbe indiquée par

----

(1) Ceci se comprendra peut-être mieux à l'aide de la *fig.* 220, où le corps est vu dans l'une de ses positions *obliques.* La position de *g*, par rapport à la verticale, dépend évidemment des grandeurs et des positions relatives des parties L R P et L R Q ; il est nécessairement vers la plus grande et le plus distant de ces parties.

la ligne pleine. Enfin *g* se retrouvera dans la verticale, et le centre de gravité du corps étant dans la même verticale, la seconde condition d'équilibre se trouvera satisfaite de nouveau. La première condition est aussi supposée remplie dans chaque position du corps. Nous avons donc une seconde position d'équilibre. Maintenant laissons la révolution du corps se continuer dans cette même direction. Le point *g* alors ou *croisera* la verticale, en continuant à se mouvoir dans la direction suivant laquelle il se mouvait en *dernier lieu*, ou il retournera, en s'éloignant de nouveau de la verticale comme en premier lieu. S'il croise la verticale, il se trouvera du côté opposé à celui vers lequel se meut le corps (*fig.* 219); et ceci étant, si nous considérons que le poids du corps et la pression du fluide vers le haut agissent comme s'ils étaient réunis en G et *g*, on s'apercevra que leur tendance *actuelle* est de donner au corps un mouvement contraire à la direction suivant laquelle il se meut, ou *vers* sa dernière position d'équilibre. Par conséquent ici l'équibre est *stable*. Mais si, conformément à notre seconde hypothèse, le point *g* ne *croise pas* la verticale, la courbe décrite par ce point ne la coupant plus, mais la *touchant*, alors la tendance du corps sera encore pour tourner vers la direction dans laquelle il a déjà tourné. Si nous le sortons d'ailleurs de cette position faiblement en *arrière*, il recommencera à tendre à se mouvoir dans la même direction qu'avant, c'est-à-dire *opposée* à son *dernier* mouvement. Dans ces circonstances donc, la position d'équilibre possède ces propriétés remarquables, qu'elle se meut hors de cette position dans une direction, et qu'elle tend à s'en éloigner; qu'elle se meut dans une autre, et qu'elle tend à y retourner. La position dans ce cas est dite d'équilibre mixte. On voit par ce qui précède, qu'en tournant le corps continuellement dans une direction donnée, et faisant qu'à chaque position il satisfasse à la première condition d'équilibre, on trouvera que s'il n'intervient aucune position d'équilibre mixte, ses positions seront alternativement *stables* et *instables*. Cette loi d'alternative des positions arrive aussi, en quittant les positions d'équilibre mixte, s'il y a lieu.

293. Il est clair d'après ce qui précède, et l'on voit à la seule inspection des figures, que le caractère de stabilité de chaque position d'équilibre est déterminé par la direction du

mouvement du centre de gravité g de la partie immergée, quand on fait sortir le corps de cette position.

Si le point g se meut *vers* la direction de la révolution, l'équilibre est *instable*; s'il se meut en *s'en éloignant*, il est *stable;* la gravité du corps et la pression vers le haut du fluide tendant, dans le premier cas, à *continuer* la révolution, et dans le second, à la *contrarier* pour la détruire enfin.

294. La *fig*. 220 représente une position oblique, dans laquelle le corps a été mu hors de sa position d'équilibre ; A B représente ce *qu'était* la direction de la verticale par le centre de gravité G du corps, quand il était dans cette position, et K L la direction actuelle de cette verticale ; ces lignes se coupent donc en G centre de gravité du corps ; et de ce que nous avons dit précédemment, il suit que l'équilibre est stable ou instable, suivant que le mouvement du centre de gravité g de la partie immergée a été en *s'éloignant* de la révolution du corps ou vers cette révolution ; c'est-à-dire que g se trouve du côté de P, à partir de la verticale K L, ou du côté de Q. Menant par g la verticale g C qui coupe A B en C, il est clair que g se trouve vers P, à partir de K L, ou vers Q, suivant que C est *au-dessus* ou *au-dessous* de G.

Si donc C est *au-dessus* de G (art. 293), l'équilibre est stable ; s'il est *au-dessous* de G, l'équibre est instable ; et cela est vrai, quelque petit que soit l'angle g C B dans lequel le corps fait sa révolution. Si cet angle est le moindre possible, de manière que C soit la *première* intersection de la verticale de g, alors le corps est mu hors de sa position d'équilibre avec A B, et C se nomme le *métacentre*. La position de ce métacentre, par rapport à toute position d'équilibre, peut être déterminée par des règles connues de géométrie. On le détermine ainsi, d'une manière assez curieuse, à être tout-à-fait indépendant de la *forme* de la partie du corps immergé ; et à dépendre entièrement de la forme et des dimensions de son *plan de flottaison* et du *volume* de la partie immergée.

Cette connexion de la position du *métacentre* avec la forme et la grandeur du plan de flottaison, sera expliquée art. 296.

La détermination de la position du métacentre est absolument nécessaire pour connaître les conditions et le caractère de stabilité d'un corps flottant.

295. Non-seulement, d'ailleurs, il nous informe si le caractère de l'équilibre est stable ou instable, mais encore il
nous apprend le *degré* de stabilité du corps; s'il résiste à
toute force tendant à le détourner de sa position verticale,
avec plus ou moins de force. Pour montrer ceci, soit p la
force nécessaire pour faire dévier le corps dans la position
de la *fig.* 220, et supposons qu'elle agisse en A, dans la direction de la flèche. Prenons G pour le point autour duquel
les momens sont mesurés; menons G m perpendiculaire à
g C, et supposons G A perpendiculaire à p. Alors, puisque
le système est supposé en équilibre, on a, d'après le principe
de l'égalité des momens (art. 56),

$$p \times G A = (\text{pression vers le haut du fluide en } g) \times G\ m.$$

Or la pression du fluide vers le haut en g est égale au
poids du fluide déplacé, c'est-à-dire égale au poids du corps
(art. 284). Si dès-lors on conçoit un nombre de divers corps
flottans, qui soient tous inclinés comme celui de la figure,
tous avec le même poids et les mêmes distances auxquelles
les forces perturbatrices p sont appliquées; il s'ensuit, puisqu'une égalité des momens, semblable à celle ci-dessus, doit
toujours avoir lieu dans tous les cas, qu'où G m est le plus
grand, p doit être le plus grand. La grandeur de la force
nécessaire pour produire la perturbation dépend donc de la
grandeur de G m. Or si tous les corps sont inclinés au même
angle, la grandeur de G m est d'autant plus grande évidemment que G C est plus grand. Donc plus la distance G C de
son *métacentre* au-dessus de son centre de gravité est grande,
plus il y faut de force pour mouvoir un corps flottant d'un
poids donné, dans un angle donné. Par conséquent plus
grande est la stabilité du corps.

On ne peut douter que plusieurs vaisseaux ont été perdus
pour avoir négligé ce principe, le plus important de leur
construction. Il est clair que pour ne pas submerger, un
vaisseau doit être construit de manière qu'en portant une certaine quantité de charge et de lest, par suite desquels il s'enfonce dans l'eau d'une certaine profondeur, son métacentre
soit assez élevé au-dessus de son centre de gravité pour que
la force du vent agissant sur sa mâture, et l'entraînant
avec la plus grande vitesse, ne soit pas suffisante pour l'incliner au-delà d'un certain angle. On voit aussi que l'on

peut construire un vaisseau de manière à ce qu'il satisfasse à ces conditions.

Avant que ces principes ne fussent connus des constructeurs, il arrivait souvent que des vaisseaux achevés se trouvaient d'un équilibre instable, excepté peut-être lorsqu'ils étaient assez pesamment chargés pour amener le point G à la plus grande profondeur. D'autres, quoique leur équilibre parût stable avec le petit mouvement auquel ils se trouvaient exposés dans le port, arrivaient ensuite à montrer qu'ils n'avaient d'équilibre stable que d'un côté, quand le vent les y couchait. D'autres se renversaient entièrement. La science maintenant a mis les marins à l'abri de ces dangers. Le secret du métacentre ne pouvait jamais être découvert que par les investigations de la science, et non par l'expérience ou l'observation.

296. Il est une autre vue qui n'est pas généralement connue, et sous laquelle on peut envisager la question importante des corps flottans; elle est, en quelque sorte, nouvelle, et conduit directement à des résultats d'une grande valeur-pratique; nous allons l'exposer à nos lecteurs.

Imaginons un nombre infini de plans, découpant tous un égal volume de la masse A B (*fig.* 221). Prenons les centres de gravité de toutes ces sections, et supposons que tous, en nombre infini, soient dans une certaine surface G G'. Soit P Q l'un de ces plans; alors si la portion P B Q du corps est immergée, la première condition d'équilibre sera satisfaite.

Soit *g* le centre de gravité de P B Q, *g* est alors dans la surface G G'. On peut voir aussi, comme on le démontrera dans l'appendice, que le plan tangent à la surface en *g* est parallèle au plan P Q. Or P Q est le plan de flottaison, quand la portion P B Q du corps est immergée; P Q est donc horizontal, et la tangente à la surface G G' en *g* est horizontale. Or la pression du fluide agissant en ce point vers le haut est *verticale*. Elle est donc *perpendiculaire* à la surface G G' en *g*. Son effet est donc précisément le même que si la surface G G' reposait sur un plan uni, parfaitement horizontal en *g*. Il en est de même pour chacune des autres positions du corps et pour chaque autre point de la surface G G'. Dans chacune de ses positions, l'effet des forces agissant sur le corps est donc le même que si tout son poids était rassemblé dans son centre de gravité, et qu'il reposât sur un plan horizontal par l'intervention de la surface G G'. Les conditions d'équilibre et de stabilité du corps flottant se réduisent alors d'elles-mêmes à celles d'un corps solide reposant sur un plan horizontal par une surface G G'; il s'ensuit qu'il y a autant de positions d'équilibre que l'on peut mener de perpendiculaires du centre de gravité du corps à sa surface. Elles seront donc *stables* ou *instables* (art. 222), suivant que le centre de gravité du corps est, dans ces positions, en dessous ou en dessus du centre de courbure de la surface G G', au point de cette surface où le centre de gravité de la partie immergée se trouve alors. Ce centre de courbure de G G' est le métacentre.

Puisque le plan de flottaison P Q est parallèle à la tangente à la surface G G' en *g*; et cela est vrai pour tout autre plan de flottaison et toute position correspondante de *g*; il est clair que la surface qui est *touchée* par tous les plans de flottaison, est semblable à la surface G G', et n'en diffère que par la grandeur. On comprend aisément dès-lors comment la position du centre de courbure en un point quelconque *g* de G G' est dépendante de la forme et des dimensions du plan de flottaison.

CHAPITRE V.

297. *Gravité ou pesanteur spécifique.* — 298. *Unité de pesanteur spécifique.* — 299. *Règle générale pour la déterminer.* — 300. *Méthode pour trouver les pesanteurs spécifiques des corps solides.* — 303. *Balance hydrostatique.* — 304. *Méthode pour trouver la pesanteur spécifique des fluides.* — 305. *Hydromètre.* — 306. *Hydromètre de Sike.* — 307. *Aéromètre.* — 308. *Hydromètre de Fahrenheit;* — 309. *de Nicholson.* — *Table de pesanteurs spécifiques.*

297. *Pesanteur spécifique.* — Cette force qui existe dans toute matière et qui s'y trouve fixée *éternellement* et *inséparablement*, sous le nom de gravité ou poids, n'y est pas

distribuée de manière que chaque partie de dimensions égales, ou d'un même volume, en contienne pour la *même valeur* ou la *même quantité*. A cet égard, la nature nous présente une infinie variété de substances dont les volumes égaux ont des poids différens. Ainsi un cube de fer et un cube d'or, du même volume, ont des poids bien différens; il en est de même pour un cube d'eau comparé à un cube d'alcool de même volume. Cette différence de poids sous le même volume constitue une des propriétés par lesquelles on distingue principalement, l'une de l'autre, les substances de même espèce, ou d'espèces différentes; et elle forme l'élément le plus important des conditions de leur équilibre.

Le mot poids, dans l'acception ordinaire, a deux significations très-différentes; on parle quelquefois du poids d'un corps ou d'une certaine masse, pour désigner simplement toute la force avec laquelle cette masse, ou partie de matière, tend vers le centre de la terre. Quelquefois on parle de son poids, en désignant par là la quantité de cette force qui réside dans chacune de ses parties également. Dans le premier cas, il s'agit du poids d'une certaine masse d'une substance quelconque, comme un morceau de fer par exemple; dans le second cas, on ne désigne pas la grandeur de l'objet, mais bien son espèce, en déterminant l'identité de la substance dont on parle, et l'on dit le *poids du fer*.

Dans le premier cas, on relate le nombre précis des unités de poids dans tout le corps dont on parle; tandis que dans le second cas, c'est le nombre des unités de poids dans un *certain volume* connu de la masse, un centimètre cube par exemple, ou toute autre mesure cubique.

C'est dans ce sens qu'en parlant d'une masse de plomb et d'une masse de fer, placées dans les plateaux opposés d'une balance, restant en équilibre, on dit que ce plomb est d'un poids égal à celui de ce fer, quoique le plomb soit plus pesant que le fer : toute la masse de plomb contient autant d'unités de poids que toute la masse de fer; mais néanmoins un centimètre cube, ou toute autre mesure cubique de plomb, contient *plus* d'unités de poids qu'un centimètre cube, ou toute autre mesure cubique égale de fer.

Dans la conversation, ces différentes idées s'attachent au même mot sans grand inconvénient.

Le langage de la science exige une plus grande précision. Nous renfermerons donc dans sa première acception le mot poids ou gravité ; et quand nous parlerons du poids ou de la gravité d'un corps ou d'une substance, nous entendrons le nombre des unités de poids contenus dans ce corps ou dans cette substance.

298. Quant à la *seconde* acception, celle dans laquelle il s'agit du poids d'un volume donné, ou d'une portion de substance, nous la préciserons par le terme de *gravité spécifique*, ou *pesanteur spécifique*. La pesanteur spécifique d'une substance est par conséquent le nombre d'unités de poids contenus dans un *certain volume connu*, ou dans une *certaine masse de cette* substance ; lequel *volume* ou *masse* est pris ordinairement pour une unité de tout le volume ou de la masse.

Les unités de poids employés dans le mesurage de la *pesanteur spécifique* d'un corps ne sont pas les mêmes que celles en usage pour déterminer son poids ordinaire. Ainsi l'on ne peut pas dire que la pesanteur spécifique d'un corps est de tant de kilogrammes par mètre cube, désignant par ce terme, un kilogramme, le poids d'une certaine quantité d'eau déterminée, ainsi que nous l'avons expliqué (art. 12). Mais pour mesurer la pesanteur spécifique d'un corps, on doit toujours prendre pour unité de poids, le poids d'une quantité d'eau de même volume que l'unité de volume du corps, quelle que puisse être cette unité. Si donc le volume est mesuré en centimètres cubes, l'unité de poids employée dans la détermination de sa pesanteur spécifique est le poids d'un centimètre cube d'eau. La pesanteur spécifique d'un corps n'est, de fait, rien autre chose que le nombre des centimètres cubes d'eau égaux en poids à l'un de *ses* centimètres cubes. Si le corps est mesuré en mètres cubes, sa pesanteur spécifique est le nombre de mètres cubes d'eau dont le poids serait égal à l'un de *ses* mètres cubes. Ainsi, dans la table des pesanteurs spécifiques, que l'on trouvera à la fin de ce chapitre, le nombre 8,900 donné pour la pesanteur spécifique de cuivre, *indique* que chaque centimètre cube, ou bien chaque mètre cube de cuivre, pèse autant que 8,900 centimètres cubes, ou bien que 8,900 mètres cubes d'eau.

Sachant ainsi le nombre des centimètres que cube un corps, et connaissant sa pesanteur spécifique, on peut dire à combien d'eau il est égal en poids, en multipliant sa pesanteur spécifique par le nombre de ses centimètres cubes ; la pesanteur spécifique étant réellement le nombre des centimètres cubes d'eau égaux en poids à chaque centimètre cube du corps.

299. L'unité de poids dont on se sert pour déterminer les pesanteurs spécifiques des corps étant le poids d'une unité de volume d'eau, cette unité de volume d'eau est enfin supposée avoir toujours le même poids. L'eau est donc supposée purgée de toutes les impuretés qui rendraient son poids sujet à varier. Ainsi la pesanteur spécifique d'un corps, déterminée par de l'eau de la *Tamise* par exemple, différerait de la pesanteur spécifique du *même* corps prise à l'aide d'eau de la *Severne*. Ces eaux de deux rivières différentes, n'étant pures ni l'une ni l'autre, ne peuvent donner la véritable pesanteur spécifique — leurs impuretés accroissant le poids d'une unité de volume de l'eau dans l'un et dans l'autre cas.

Le volume de l'eau varie encore avec sa température ; en sorte qu'il n'y a ni autant d'eau, ni un aussi grand poids d'eau dans une unité de volume à une température qu'à une autre température, et dès-lors la variation de température peut produire une variation dans l'unité étalon. Pour éloigner ces causes d'erreur, on purifie l'eau par la distillation, et on ne s'en sert qu'à une température fixe et toujours la même, 62° *fahrenheit* par exemple, ou 16°,67 centigrades.

A cette température, un *inch* cube (16 cent. cub. 58648) d'eau pèse 252, 458 *grains* (27657 milligrammes). Connaissant alors le volume et la pesanteur *spécifique* d'un corps, on peut dire quel est son poids *effectif* ou sa gravité. En effet, multipliant son volum en *inches* cubiques, par sa pesanteur spécifique, on a le nombre d'*inches* d'eau d'un poids égal ; et multipliant de nouveau par 252, 458, on a son poids effectif en *grains*.

On trouvera, à la fin de ce chapitre, une table contenant les pesanteurs spécifiques d'un grand nombre de substances diverses, et déterminées par la méthode dont nous allons donner les détails.

300. *Méthode pour déterminer les pesanteurs spécifiques des corps solides.* Nous savons que lorsqu'un corps solide est immergé dans un fluide, la pression du fluide *vers le haut* est exactement égale au poids du fluide qui est déplacé par le

solide, et qui, dès-lors, est précisément du même volume
que lui. Par conséquent, la pression *vers le bas*, ou le poids
d'un corps immergé dans un fluide, est diminué du poids
d'un volume d'eau précisément égal à son propre volume. Si
donc on détermine de combien la pression vers le bas, ou
le poids du corps, est diminué par son immersion, on sait
quel est le poids du même volume d'eau. Or divisant le poids
effectif du corps hors de l'eau, par *son* poids, le résultat ex-
primera la pesanteur spécifique que l'on cherche. Car cette
pesanteur spécifique est le nombre de fois qu'une unité de
volume d'eau doit être répétée pour égaler en poids une unité
du corps; et par conséquent elle est égale au nombre de fois
qu'un certain nombre d'unités d'eau doit être pris pour égaler
le même nombre d'unités du corps; et dès-lors c'est le nombre
de fois qu'un certain volume donné d'eau doit être pris pour
égaler en poids le même volume du corps.

301. Or si l'on divise tout le poids du corps par le poids
d'un égal volume d'eau, on aura évidemment le nombre de
fois que le dernier est contenu dans le premier; c'est-à-dire
la pesanteur spécifique.

302. Pour déterminer le poids perdu par le corps dans son
immersion, le mode suivant est le plus simple dans la pratique. Dans l'un des plateaux d'une balance (*fig.* 222), on
place un vase AB rempli d'eau distillée, et qui fasse équilibre au poids *w* placé dans l'autre plateau. On suspend le
solide dont on veut déterminer la pesanteur spécifique, par
un fil métallique, ou de soie, attaché à un support, de manière à ce qu'on puisse le descendre dans le vase d'eau ; et
si l'on peut l'y introduire graduellement par quelque mécanisme, cela n'en vaudra que mieux.

Dès que l'immersion commence, l'équilibre de la balance
est visiblement détruit, et le plateau contenant le vase de
fluide l'emporte. Soit *w'* le poids nécessaire pour rétablir l'é-
quilibre quand le corps est entièrement immergé.

Le poids *w'* est cette perte qu'a subi le corps par son immersion, et il est égal au poids du fluide qu'il déplace. En
effet, par l'immersion du corps, la tension sur le fil, qui
n'est que celui qu'il faut pour supporter le corps, est diminuée
du poids du fluide qu'il déplace. Or la pression vers le bas
du corps est égale à tout son poids, dont le fil supporte une
quantité moindre de celle du poids du fluide déplacé; le

fluide lui-même supporte donc le reste; et sa pression vers le bas est accrue du poids du fluide déplacé. L'équilibre ne peut être maintenu dès-lors qu'en mettant dans le plateau opposé un poids égal à celui du fluide déplacé.

On peut vérifier ce fait très-aisément en plaçant dans le plateau opposé, au lieu du poids w, un autre vase précisément de même dimension que AB, et y versant du fluide jusqu'à ce qu'il y ait équilibre. Marquant la hauteur à laquelle le fluide est dans les deux vaisseaux, puis immergeant le corps dans le vase AB comme précédemment, et ajoutant assez de fluide dans l'autre vase pour que l'équilibre soit conservé, on trouvera que la surface de fluide ainsi versée s'élevera dans le vase précisément à la même hauteur où l'immersion du solide l'a fait élever dans l'autre. La quantité du fluide déplacé est donc précisément égale à la quantité de fluide dont le poids est égal au poids perdu par l'immersion.

303. Là *fig.* 223 représente un instrument que l'on appelle la balance hydrostatique. EF est le fléau, et G, H les bassins d'une balance dont le point d'appui est un couteau reposant sur un plan d'agate contenu dans une espèce de bride mn, à travers laquelle passe le fléau, et qui est suspendu par une cordelle sur une poulie P, au sommet de la colonne verticale A B; cette cordelle passe sur une autre poulie en Q, et sert à élever ou à baisser la bride mn à volonté.

ef sont deux branches d'un *bras* fixé dans la colonne AB. Ce *bras* reçoit le fléau de la balance quand la bride est suffisamment baissée. Le couteau est ainsi déchargé de la pression du plan d'agate, quand on ne se sert pas de l'instrument. C et D sont deux vases placés immédiatement au-dessous des bassins de la balance. MN est un plateau ou support troué en g et h, immédiatement sous les *centres* des bassins, auxquels centres sont attachés des fils métalliques Gg et Hh, passant par les trous du support et ayant leurs extrémités terminées en crochets. En Hh est suspendue une échelle S, *également* divisée; et à l'extrémité de l'échelle un fil métallique qui porte une boule de cuivre d'environ $1/4$ *inch* (6 millim.) de diamètre. Le fil SK est d'une telle épaisseur que chacun de ses *inches* (25 mill.) déplace une quantité connue de fluide. Dans l'instrument dont nous donnons le dessin, l'épaisseur était telle que chaque *inch* (25 millim.) du fil déplaçait ¹/2 *grain* (32 millig.) d'eau.

Supposons maintenant que le vase C soit rempli d'eau et le fléau bien en équilibre au moyen d'un poids connu, placé dans le bassin G. Soit I un index fixé de manière à correspondre exactement avec une division du milieu de l'échelle, marquée zéro, et dont les divisions partant de ce zéro vont vers le haut et vers le bas ; cet index s'ajuste par une vis de rappel T. Supposons que chaque *inch* (25 millim.) soit divisé en cinquante parties égales. Alors puisqu'un *inch* (25 millim.) du fil déplace ¹/2 *grain* (32 millig.), la partie du fil entre deux divisions déplacera un centième de *grain* (0 millig., 64.)

Pour déterminer la pesanteur spécifique d'une substance, il est nécessaire, avant tout, de connaître le *poids* de la portion soumise à l'examen. On place donc la masse dans le bassin C, et l'on tient compte des poids connus, placés en H quand ils lui font presqu'équilibre. Soient, par exemple, 73 ces poids, le poids de la substance étant un peu au-delà de 73 et n'atteignant pas 74, ce qui exige de chercher la fraction intermédiaire.

A raison de l'insuffisance des poids dans le bassin H, il s'élevera, mais à mesure qu'il monte, il y a *continuellement* moins du fil SK immergé ; par conséquent il y a moins d'eau déplacée, et la tendance vers le bas du bassin *s'accroîtra* continuellement, jusqu'à ce qu'enfin l'équilibre s'établisse entre les deux bassins.

Or la quantité de fil qui s'élève hors de l'eau est notée par l'index ; si donc l'index arrive à la vingt-septième division, par exemple, puisque le fil en s'élevant dans l'espace entre deux divisions adjacentes diminue la quantité de fluide déplacé d'un centième de grain (0 millig., 64), en s'élevant à la 27ᵐᵉ division, il le diminuera des 27 centièmes d'un *grain* (17 mill., 28).

Or le fluide déplacé étant diminué de ce poids de l'eau, la pression vers le bas s'accroît d'autant et devient égale à 73 *grains* plus 0,27 de *grain* (4743 millig., 78). Mais cette pression vers le bas est précisément égale au poids du corps dans le bassin opposé ; ce poids est donc 73 *grains*, 27 (4743 millig., 78).

Le poids du corps étant ainsi déterminé avec une grande précision, suspendons-le maintenant par un crin au crochet *g*,

au-dessous du bassin G, de manière à l'immerger dans
l'eau que contient le vase D. Le bassin H alors se trouvera
sur-le-champ l'emporter. Otons-en des poids successivement,
jusqu'à ce que le dernier poids enlevé donne la prépondérance
à l'autre bassin. Le nombre des poids ainsi enlevés au bassin
H sera évidemment le nombre des poids complets perdus par
l'immersion du corps; et la différence du nombre des divisions données par l'index sur l'échelle S h donnera les centièmes additionnels. Par exemple, si 23 poids d'un *grain* ont été
ôtés du bassin, et que l'index marque à présent la division 45
au lieu de celle 27 qu'il marquait avant, le poids perdu par
l'immersion du corps sera 23 *grains* 18 (1500 millig., 655);
c'est donc le poids de la quantité de fluide que le corps déplace; et par ce que nous avons dit précédemment, sa pesanteur spécifique est égale au nombre 73, 27, divisée par 23,
18 (art. 501).

Il est nécessaire évidemment que le corps W soit suspendu
par le moyen de quelque fil très-délié; autrement il faudrait
tenir compte de la partie du fil immergé. Quand d'ailleurs le
fil gW est très-délié, tel qu'un crin par exemple, il devient
trop faible pour supporter une masse de dimensions un peu
considérables. Pour remédier à cet inconvénient, on peut suspendre *avec* le corps une bulle de verre, après avoir préala-
blement constaté avec soin le poids et la quantité d'eau que
déplace cette bulle qui aide à supporter le corps et diminue
dès-lors la tension sur le crin. En procédant de la même manière que précédemment, on s'assure du poids du corps
composé de la bulle et de la substance à examiner, et le poids
qu'il perd par l'immersion; si l'on déduit du premier le poids
de la bulle, et du second le poids du fluide qu'elle déplace,
on a le poids du corps seul et le poids du fluide qu'il déplace; divisant alors l'un par l'autre, on a, comme précédemment, la pesanteur spécifique du corps (art. 501).

La bulle d'ailleurs ne doit pas être assez considérable pour
empêcher le corps de plonger en entier.

Si le corps est spécifiquement plus léger que l'eau, en
sorte qu'il n'y puisse pas plonger; alors, au lieu d'y joindre
une bulle pour lui servir de flotteur, on y joint un *poids* qui
le force à s'immerger en tenant compte et du poids et du
poids de l'eau que ce poids déplace; on procède d'ailleurs

de la même manière que précédemment, et l'on a de même la pesanteur spécifique du corps.

Si la substance dont on cherche la pesanteur spécifique est composée de petites pièces détachées, on suspend un disque métallique au bassin G, et après s'être assuré du poids de ce disque et de l'eau qu'il déplace, on place dessus les diverses pièces qui composent la substance, on prend le poids de l'ensemble de ces pièces, le poids de l'eau que cet ensemble déplace, ou *perdu* par l'immersion, et l'on procède comme dans les cas précédens.

Si la substance est soluble dans l'eau, on peut l'enfermer dans une boule de cire, après s'être assuré du poids de la cire et de celui de l'eau qu'elle déplace; on arrive ainsi, toujours de la même manière, à la pesanteur spécifique du corps, en soustrayant le poids de la cire de celui du tout, et le poids de l'eau déplacée par la cire de celui de l'eau déplacée par l'ensemble; puis divisant les deux restes l'un par l'autre.

On a trouvé que des substances de même espèce ont la même pesanteur spécifique, quels qu'en soient les échantillons soumis à l'examen 1). Ainsi chaque échantillon d'or pur, de fonte, placé dans la balance hydrostatique, a une pesanteur spécifique de 19,25, et chaque échantillon de cuivre a une pesanteur spécifique de 8,900. Mais si la substance est composée, alors la pesanteur spécifique du composé différera de celle de l'un et de l'autre des composans; la quantité de l'eau que déplace le composé n'étant plus la même que celle que déplaceraient séparément les mêmes poids de chacun des composans. Il s'ensuit que la balance hydrostatique peut servir à constater qu'une substance est alliée, pourvu que l'on connaisse sa pesanteur spécifique à l'état de pureté. C'est un des modes les plus utiles pour reconnaître si les métaux ont de l'alliage, ou s'ils sont purs; et l'on peut même établir ainsi assez exactement la quantité de l'alliage.

Tout le monde connaît l'histoire de Hiéron, roi de Syracuse, qui, s'étant fait faire une couronne d'or dans laquelle il soupçonnait que l'ouvrier avait introduit quelque alliage,

(1) Cette règle est générale pour la plupart des corps, dans les mêmes circonstances d'une même température.

soumit la question à Archimèdes. Ce savant étant un jour dans son bain, et considérant la nature du support que l'eau donnait à son corps, en lui enlevant une partie considérable de son poids, fut frappé de l'idée que cette force de support devait être précisément égale à la quantité d'eau que le trop plein de la baignoire avait fait répandre lorsqu'il s'était mis dedans; c'est-à-dire qu'elle devait être égale au poids de l'eau déplacée par son corps. Cette idée constitue le premier et le grand secret de la théorie des corps flottans. Le génie puissant d'Archimèdes le porta de suite à développer la série des raisonnemens qui font le sujet de ce chapitre; et leur application au problème de la couronne le frappant, il sortit du bain en s'écriant : « *Je l'ai trouvé! je l'ai trouvé!* » (1)

Archimèdes a découvert et fondé la théorie des corps flottans, branche fondamentale et la plus importante, en pratique, de la science de l'hydrostatique. Il a exposé cette théorie avec beaucoup de soins dans son traité « *de humido insidentibus.* »

La théorie du levier doit aussi son origine à Archimèdes; et cette théorie est à la statique ce qu'est la théorie des corps flottans à l'hydrostatique. Nous devons à cet admirable savant les découvertes les plus importantes de ces deux branches fondamentales de la science de la physique.

La balance que nous venons de décrire est calculée pour déterminer les pesanteurs spécifiques des corps, avec une *extrême* précision. Il y a des cas où il est de la plus grande importance de connaître *exactement* ces pesanteurs spécifiques à tout prix.

Le lecteur se sera sans doute aperçu de lui-même que lorsqu'on n'a pas besoin d'une très-grande exactitude, la balance peut se simplifier beaucoup. Une balance ordinaire, à laquelle on ajoute un appareil quelconque pour suspendre le corps sous un des plateaux, devient une balance hydrostatique d'une assez grande précision pour l'usage habituel.

304. *Méthodes de détermination des pesanteurs spécifiques des fluides.* — Pesons un vase vide, et pesons-le de nouveau

----

(1) On attribue cette exclamation au même savant lorsqu'il découvrit la démonstration du *carré de l'hypothénuse.*

après l'avoir rempli d'eau distillée. Le poids de cette eau qu'il contient sera dès-lors connu. Remplissons-le de nouveau du fluide dont on veut déterminer la pesanteur spécifique, et pesons-le ainsi rempli. Le poids de la quantité de ce fluide qu'il contient sera dès-lors connu.

Nous savons donc quel poids de l'eau distillée contient le vase, et quel poids de ce fluide ; c'est-à-dire que nous connaissons les poids de *volumes égaux* d'eau et du fluide ; divisant donc ces deux poids l'un par l'autre, nous aurons la pesanteur spécifique du fluide (art. 301).

Il existe un instrument appelé *hydromètre*, qui s'applique d'une manière plus simple encore et plus facile à la détermination des pesanteurs spécifiques des fluides.

305. *Hydromètre.* — On peut expliquer ainsi qu'il suit le principe de cet instrument. Un corps, quand il se maintient flottant dans un fluide, déplace une quantité de ce fluide précisément égale à son *propre poids*. Si donc le *même* corps est rendu flottant dans différens fluides, les quantités de ces fluides qu'il déplace, en s'y maintenant flottant, dépendront de leurs gravités ou pesanteurs spécifiques. Il doit donc déplacer plus du fluide le *plus léger* pour y flotter, que du fluide le *plus pesant*. Donc il plonge plus profondément dans le fluide le plus léger que dans le plus pesant.

Ainsi, à chaque fluide de pesanteur spécifique différente, correspond une profondeur différente de l'immersion du même corps. Or les pesanteurs spécifiques correspondantes aux degrés divers d'immersion peuvent être aisément calculées par des formules que le genre de cet ouvrage ne comporte pas que nous expliquions ici, mais que l'on trouvera dans l'appendice.

Un certain nombre des différentes profondeurs d'immersion étant marqué en divisions sur le côté du corps, avec la pesanteur spécifique correspondante à chaque, déterminée par la formule et annexée à la division, ou enregistrée dans une table qui l'accompagne ; on peut, en plaçant le corps dans un fluide quelconque, et observant à quelle division il se maintient dans son immersion, déterminer exactement la pesanteur spécifique du fluide.

306. *L'hydromètre de Sike,* qu'un acte du parlement ordonne d'employer pour l'impôt établi sur les spiritueux, est un instrument de ce genre (*fig.* 224). A est une sphère

creuse en bronze, et aux extrémités d'un même diamètre de cette sphère, sont fixés, dans son prolongement, deux systèmes F B et C D; le premier, de forme conique, ayant sa pointe à son extrémité supérieure vers la sphère, et long d'un *inch* et 1/8 (32 millim.), se termine en boule que l'on charge de manière à la rendre plus pesante que toute autre partie de l'instrument. Le but de ce lest est d'amener le centre de gravité de l'instrument aussi bas que possible, afin de l'éloigner le plus possible en dessous de son *métacentre* (art. 295), et que l'instrument puisse avoir la plus grande stabilité possible. La sphère A a pour objet de déplacer une assez grande quantité de fluide pour que, dans le fluide le plus léger, le poids du fluide déplacé, lors de l'immersion totale de l'instrument, soit égale au moins à son poids; le fluide, dans ce cas, affleurant exactement le haut C de la tige graduée C D. Cette tige est de bronze aussi, très-exactement calibrée tant à l'intérieur qu'à l'extérieur, et de 3 à 4 *inches* (75 à 100 millim.) de longueur.

On la divise de deux côtés en onze parties égales que l'on subdivise en deux également.

L'instrument est plongé dans le fluide dont on veut déterminer la pesanteur spécifique, jusqu'à ce qu'il soit mouillé d'abord jusqu'au plus haut degré de l'échelle, et qu'il se maintienne ensuite en équilibre. La division de l'échelle que marque l'intersection de la surface du fluide est alors notée, et l'on trouve, dans la table, la pesanteur spécifique correspondante à cette division. Une correction est nécessaire, pour la température, et elle se trouve indiquée également dans les observations sur l'emploi des tables.

Huit poids circulaires, dont un est représenté en E, accompagnent l'instrument. Une coulisse y est pratiquée et se termine par une ouverture circulaire; à l'aide de cette coulisse on fixe le poids sur la tige C D que l'on en coiffe, sans que le poids puisse glisser, parce que la tige s'élargit à partir du col où s'adapte le poids.

L'emploi de ces poids a pour but d'adapter l'instrument aux fluides dont la pesanteur spécifique serait trop grande pour qu'il y plongeât jusqu'au niveau de sa *plus basse* division; tandis qu'il y plonge étant ainsi chargé. Enfin une table différente de pesanteurs spécifiques est nécessaire pour chacune de ces surcharges de l'instrument.

La sensibilité de l'hydromètre est la variation de profondeur de son immersion que chaque différence de pesanteur spécifique du fluide produira. L'immersion est d'autant plus grande que le poids de la partie au-dessus de la tige est plus grand, et que la pesanteur spécifique du fluide est *moindre*, ainsi que la section de la tige. Elle est d'ailleurs d'autant plus grande que la longueur de la tige au-dessous du zéro de l'échelle est plus considérable. Un hydromètre doit donc avoir autant de poids et autant de longueur de tige mince que possible, afin que plongé dans le fluide, il s'y enfonce jusqu'à la plus grande profondeur convenable de sa tige.

307. *Aéromètre.* — Celui de M. *de Parcieux* n'est au fait qu'un hydromètre rendu d'une sensibilité extrême par la grande délicatesse de sa tige (*fig.* 225). C B est une fiole chargée en partie de plomb en grenailles, de manière à se maintenir facilement *debout*, parce que son centre de gravité est au-dessous de son métacentre (art. 295).

Au bouchon de la fiole est fixé un fil métallique très-délié, A B, d'environ 1/12 *d'inch* (2 millim.) de diamètre, et de 50 *inches* (76 centim.) de longueur, portant à son extrémité supérieure une coupelle A. La charge est ajustée de manière que l'instrument plongé dans l'eau d'une température moyenne, s'immerge jusqu'au point du fil servant de tige d'environ 1 *inch* (25 millim.) au-dessus de B. Placé dans un fluide plus léger, il continue à plonger, jusqu'à ce que l'immersion additionnelle de la tige produise un déplacement additionnel du fluide, et qu'enfin tout le poids du fluide déplacé soit égal au poids de l'instrument. Il est clair que plus la tige est mince, plus est grande la profondeur additionnelle à laquelle l'instrument doit plonger pour produire ce déplacement du fluide. Une échelle est placée sur le côté; et la division sur l'échelle, correspondante au bord de la coupelle, ou bien au sommet de la tige, donne, au moyen des tables, la pesanteur spécifique correspondante.

Cet instrument a été inventé pour comparer les pesanteurs spécifiques de différentes eaux. Telle est sa sensibilité, que la variation de densité produite par un rayon solaire sur l'eau, à la température moyenne, suffit pour l'enfoncer de quelques centimètres, et pour que la moindre addition d'une substance soluble dans l'eau s'y manifeste visiblement.

La coupelle sert à surcharger cet aéromètre, de manière

à ce qu'il s'enfonce toujours à la même profondeur, et il agit alors d'après le principe de l'*hydromètre* de *Fahrenheit* que nous allons décrire.

308. *Hydromètre de Fahrenheit.* — Le plus grand obstacle à l'usage de l'hydromètre simple, est l'inconvénient et la difficulté de calculer et de marquer la tige des divers instrumens, de manière à les rendre comparables, à moins d'une table et d'une échelle différentes pour chacun ; cette tige en outre est très-difficile à calibrer assez exactement pour des observations délicates (1).

Pour obvier à ces difficultés, *Fahrenheit* conçut l'idée de plonger l'*hydromètre* toujours à la même *profondeur*, à l'aide de poids de surcharge placés dans une coupelle surmontant la tige.

Supposons que l'on ait observé le poids nécessaire pour faire plonger un tel instrument jusqu'à une profondeur donnée, dans l'eau. Ce poids ajouté au poids de l'instrument luimême sera égal au poids de l'eau que l'instrument déplace, en y *flottant* à cette profondeur.

Plaçonsle maintenant dans un fluide dont la pesanteur spécifique soit à déterminer ; et mettons des poids de surcharge dans sa coupe, jusqu'à ce qu'il plonge à la même profondeur que tout-à-l'heure. Les poids placés dans la coupe, ajoutés au poids de l'instrument, donneront en somme le poids de tout le fluide déplacé. Mais en plongeant à la même profondeur dans l'eau et dans le fluide, il a déplacé d'abord autant d'eau qu'il déplace maintenant de fluide. Nous connaissons donc les poids de volumes égaux du fluide à examiner et de l'eau. Divisant donc (art. 301) l'un par l'autre, nous aurons la pesanteur spécifique du fluide.

Cet hydromètre de *Fahrenheit* a suggéré l'idée de l'instrument plus ingénieux, connu sous le nom de *Nicholson.*

309. *Hydromètre de Nicholson.* — Cet instrument sert à la fois à déterminer les pesanteurs spécifiques des *solides* et des *liquides.*

Son application aux pesanteurs spécifiques des liquides est

(1) Cette difficulté disparaîtrait si, après avoir fixé une échelle de pesanteurs spécifiques sur *un* instrument, on le prenait pour modèle en y conformant entièrement la forme, les dimensions et le poids des autres.

précisément celle de l'instrument que nous venons de décrire.

A (*fig.* 226) est un ballon creux, à l'extrémité de l'un des diamètres duquel est fixé un fil métallique très-mince B C, d'environ ¹/14 *inch* (moins de 2 millim.). A l'autre extrémité du même diamètre est fixé un étrier D F portant un disque pesant de bronze F. Le fil C B porte aussi à son sommet une légère coupelle B. Le poids du disque F est calculé pour maintenir la stabilité de l'instrument et pour qu'il s'immerge jusqu'au point K, marqué vers le milieu de sa tige, quand l'instrument est placé dans l'eau distillée à la température de 60° *Fahrenheit* (15°, 56 centig.), et chargée d'un poids de 1000 *grains* (64 gr., 75) dans sa coupe B.

Pour déterminer la pesanteur spécifique d'un solide avec l'hydromètre de *Nicholson*, supposons qu'on ait reconnu qu'il flotte dans l'eau distillée à la température de 60° *farh.* (15°, 56 centigr.). Plaçons le solide sur la coupelle supérieure, et chargeons-le d'assez de poids pour que l'instrument s'immerge jusqu'au point de division K. Ces poids ajoutés à celui du solide seront donc égaux à 1000 *grains* (64 gr. 75); car 1000 *grains* (64 gr., 75) suffisent pour que l'instrument s'immerge jusqu'en K; le poids du solide et les poids de surcharge, avec celui de l'instrument, l'ont fait plonger ainsi jusqu'en K; la somme des premiers est donc égale à la somme des seconds; et soustrayant le poids de l'instrument de chacune, il s'ensuit que le poids du solide et le poids de surcharge font ensemble 1000 *grains* (64 gr., 75).

Il s'ensuit dès—lors aussi que le poids du solide est 1000 *grains* (64 gr., 75) diminués des poids de surcharge. On a donc le poids exact du solide, en retranchant de 1000 *grains* (64 gr., 75) les poids de surcharge ajoutés en B pour faire immerger l'instrument jusqu'en K.

Maintenant plaçons le solide dans le disque inférieur; et faisons encore immerger l'instrument jusqu'en K par des poids de surcharge dans le disque supérieur. Cette surcharge ajoutée au poids, ou à la pression vers le haut du solide dans l'eau, sera de même égale à 1000 *grains* (64 gr., 75). Donc en diminuant ces 64 gr., 75 des poids de la surcharge mise dans le disque supérieur, on aura le poids du solide dans l'eau. La différence entre son poids dans l'eau et son poids effectif, sera le poids de l'eau qu'il déplace;

et le quotient de son poids dans l'air par le poids de l'eau qu'il déplace, est sa pesanteur spécifique (art. 301).

L'exactitude des résultats donnés par cet instrument dépendent de l'exactitude de la coïncidence observée entre le point de division K et la surface du fluide. Or le fil B.C est si délié qu'un *inch* (25 mill.) de sa longueur ne déplace qu'un dixième de *grain* (6 millig., 47) d'eau. Donc la centième partie d'un *grain* (0 milligr., 647) de plus ou de moins dans la coupe supérieure fait baisser ou élever la marque, par rapport à la surface de l'eau, d'un dixième d'*inch* (de 2 millim., 54). La coïncidence de K avec la surface de l'eau peut s'observer exactement à une moindre fraction que celle-là; et, au fait, l'exactitude que l'on peut atteindre avec cet instrument, est telle, que les pesanteurs spécifiques ainsi déterminées, avec les précautions convenables, peuvent être appréciées à un cent-millième près, ou avec cinq décimales. Il est difficile de reculer davantage les limites de l'erreur possible.

C'est d'après le même principe, qu'en mesurant les pesanteurs spécifiques des métaux, on peut s'assurer s'ils sont purs ou alliés; qu'on peut aussi reconnaître si les liquides sont adultérés, et dans ce cas fixer leur degré d'adultération.

C'est à cet usage que l'hydromètre s'emploie le plus habituellement. Toutes les variétés de spiritueux sont des mélanges d'alcool pur et d'autres ingrédiens, dont le principal est l'eau. Leur valeur dépend, presque toujours, de la quantité d'alcool qu'ils contiennent. C'est donc une chose de la plus haute importance pour le commerce et pour la perception des droits, qu'il y ait un mode facile de les déterminer; et l'hydromètre de *Sike* a été construit exprès.

310. L'exemple suivant, cité par M. *Dupin* dans sa *mécanique appliquée aux arts*, offre un exemple remarquable des avantages commerciaux qu'a procurés l'hydromètre.

Les eaux-de-vie ont des pesanteurs spécifiques moindres ou plus grandes, suivant qu'elles sont plus ou moins concentrées. Les Français, qui, les premiers, mesuraient ces degrés de concentration par leurs hydromètres, eurent l'avantage d'avoir constamment des eaux-de-vie des divers degrés de force ou concentration que l'on demandait sur les divers marchés qu'ils approvisionnaient. Les Espagnols, dont les

vins plus corsés sont éminemment propres à la distillation,
s'efforcèrent d'entrer en concurrence avec les Français pour
le commerce des eaux-de-vie. Mais comme ils ne savaient
pas mesurer les degrés de concentration, par l'hydromètre,
ils étaient obligés de se contenter d'une grossière et insuffisante épreuve que voici : On faisait tomber une goutte d'huile
sur la surface de l'eau-de-vie à examiner ; et suivant qu'elle
y plongeait à une moindre ou plus grande hauteur, on con-
cluait la force de l'eau-de-vie. Cette *épreuve* les trompait sans
cesse, et avait pour résultat que jamais la force de leur eau-
de-vie ne s'accordait avec celle que l'on demandait.

Les eaux-de-vie espagnoles ayant acquis ainsi une mauvaise
réputation dans les marchés, étaient achetées à vil prix par
les Français, qui les concentraient ensuite au degré voulu.
Par ce seul commerce, les Français, avant la révolution,
réalisaient un profit annuel de quatre millions.

Les Espagnols enfin apprirent à se servir de l'hydromètre, et portèrent eux-mêmes leurs eaux-de-vie au marché.

TABLE

DE PESANTEURS SPÉCIFIQUES.

Acides. — Acétique.		1,062
— Arsénique.		3,391
— Arsénieux.		3,728
— Benzoïque.		0,667
— Borique cristallisé.		1,479
— *id.* fondu.		1,803
— Citrique.		1,034
— Formique.		1,116
— Fluorique.		1.060
— Molybdique.		3,460
— Murialique (hydrochlorique).		1,200
— Nitrique.		1,271
— id. très-concentré.		1,583
— Phosphorique liquide.		1,558
— id. solide.		2,800
— Sulfurique.		1,850
Agate.		2,590

Alcool pur.	
— très-rectifié.	0,797
— du commerce.	0,809
Alun.	0,835
Ambre.	1,714
Ambre gris.	de 1,065 à 1,100
Améthyste ordinaire.	de 1,780 à 0,926
— Orientale.	2,750
Amianthe.	3,591
Ammoniaque liquide.	de 1,000 à 2,315
Ardoise (à dessiner).	0,875
Arragonite.	2,110
Barite. — Sulfate.	2,900
— Carbonate.	4,000 à 4,865
Basalte.	4,100 à 4,600
Beurre.	2,421 à 3,000
Béril oriental.	0,942
— occidental.	3,549
Bois. — Acajou.	2,723
— Brésil rouge.	1,063
— Buis de France.	1,031
— Buis d'Allemagne.	0,912
— Campêche.	1,328
— Cèdre sauvage.	0,913
— — de Palestine.	0,596
— — Indien.	0,613
— — Américain.	1,315
— Cerisier.	0,561
— Citronnier.	0,715
— Chêne dur de 60 ans.	0,726
— Cocotier.	1,170
— Cognassier.	1,040
— Coudrier.	0,705
— Cyprès espagnol.	0,600
— Ebène d'Amérique.	0,644
— — d'Inde.	1,331
— Epine mâle.	1,209
— — femelle.	0,550
— Erable.	0,498
— Frêne.	0,750
— Gaïac.	0,855
— Genevrier.	1,333
	0,556

Bois. —	Grenadier.	1,351
—	Hêtre.	0,852
—	If d'Allemagne.	0,788
—	If, nœud de 16 ans.	1,760
—	— d'Espagne.	0,807
—	Jasmin d'Espagne.	0,770
—	Laurier.	0,822
—	Lentisque.	0,849
—	Liége.	0,240
—	Limon.	0,705
—	Mûrier d'Espagne.	0,897
—	Néflier.	0,944
—	Noyer.	0,681
—	Olivier.	0,927
—	Oranger.	0,705
—	Orme.	0,671
—	Peuplier.	0,585
—	— blanc espagnol.	0,529
—	Pommier.	0,793
—	— Sauvageon.	0,765
—	Poirier.	0,166
—	Prunier.	0,785
—	Saule.	0,585
—	Sureau.	0,695
—	Sussafras.	0,428
—	Tilleul.	0,604
—	Vigne.	1,327

Borax.	1,714
Camphre.	0,988
Caout-chouc.	0,935
Calcédoine ordinaire.	2,600 à 2,650
Cornaline tachetée.	2,613
Chrysolite.	3,400
Charbons (houille).	1,020 à 1,300
Cinabre d'Almaden.	6,902
Cire d'abeilles.	0,964
— blanche.	0,968
— à frotter.	0,897
Colle de poisson.	1,111
Copal.	1,045

Corail rouge.	2,650 à 2,857
— blanc.	2,540 à 2,570
Corindon.	3,710
Craie.	2,252 à 2,637
Cristallin de l'œil.	1,000
Cydre.	1,018
Diamant oriental incolore.	3,521
— Variétés colorées.	3,523 à 3,550
— du Brésil.	3,444
— Brésil, variétés colorées.	3,518 à 3,550
Dolomite.	2,540 à 2,850
Ecaille.	2,922 à 3,652
— d'huîtres.	2,092
Eau distillée.	1,000
— de mer.	1,028
— de la mer morte.	1,240
Emeraude.	2,600 à 2,770
Esprit éprouvé (alcool faible).	0,925
Ether acétique.	0,866
— Muriatique (hydrochl.)	0,729
— Nitrique.	0,908
— Sulfurique.	0,632 à 0,775
Euclase.	2,900 à 3,300
Feldspath.	2,438 à 2,700
Flux noir.	2,582
Gamboge (gomme).	1,222
Gaz. — Air atmosphérique.	1,000
— Ammoniac.	0,590
— Acide carbonique.	1,527
— Chlore.	2,500
— Chlore carbonneux (acide).	3,472
— Chlore prussique (acide).	2,152
— Cianogène.	1,805
— Euchlorine.	2,440
— Fluoborique (acide).	2,371
— Fluosilicique (acide).	3,631
— Hydriodique (acide).	4,340
— Hydrogène.	0,069
— Hydrogène carboné.	0,972
— Hydrochlorique (acide).	1,284
— Nitrique (oxide).	1,041

Gaz. —	Nitrogène (azote).	0,972
—	Nitreux (oxide).	1,527
—	Oxide carbonique.	1,527
—	Oxigène.	1,111
—	Phosphoré (hydrogène).	0,902
—	Prussique (acide).	0,937
—	Sous-carboné (hydrogène).	0,555
—	Sous-phosphoré (hydrogène).	0,972
—	Sulfuré (hydrogène).	1,180
—	Sulfureux (acide).	2,221
Graisse de bœuf.		0,923
— de cochon.		0,936
— de mouton.		0,923
— de veau.		0,934
Granite.		2,613 à 2,956
Grenat précieux.		4,000 à 2,230
— commun.		3,576 à 3,700
Gomme arabique.		1,452
— du cerisier.		1,480
Gypse compact.		1,872 à 2,288
— cristallisé.		2,311 à 3,000
Héliotrope ou sanguine.		2,629 à 2,700
Hornblende ordinaire.		3,250 à 3,850
— Basaltique.		3,160 à 3,333
Hornstone (pierre cornée).		2,833 à 2,810
Huiles essentielles. — d'Ambre.		0,868
— d'Anis.		0,986
— Absinthe.		0,907
— de cassis.		0,904
— Cinnamome.		1,043
— Fenouil.		0,929
— Girofle.		1,036
— Lavande.		0,894
— Menthe commune.		0,898
— Térébenthine.		0,870
Huiles exprimées. — Amandes douces.		0,932
— Baleine.		0,923
— Chenevis.		0,926
— Lin.		0,940
— Noisette.		0,916
— Noix.		0,923 à 0,947

Huiles exprimées. — Olives.		0,915
—	Poisson.	0,925
—	Pavot.	0,959
—	Rabette.	0,913
Hyacinthe.		4,000 à 4,780
Indigo.		1,009
Ivoire.		1,825
Jais.		1,300
Jaspe.		2,558 à 2,816
Lait.		1,032
Lard.		0,947
Lazulite (outremer).		2,850
Magnésie-native (hydrol.)		2,350
—	Carbonate.	2,220 à 2,612
Malachite compacte.		3,572 à 3,994
Marbre de Carrare.		2,716
—	blanc italien.	2,707
—	blanc veiné.	2,704
—	de Paros.	2,560
Mastic (résine).		1,074
Mélanite ou grenat noir.		3,691 à 3,800
Mellite.		1,560 à 1,666
Métaux. — Antimoine.		6,702
—	Acier doux.	7,833
—	— recuit.	7,816
—	— trempé dur.	7,840
—	— trempé et recuit.	7,818
—	Argent.	10,47
—	— martelé.	10,51
—	— d'imit.	5,300 à 7,208
—	Bismuth.	9,880
—	Bronze.	7,824 à 8,396
—	Cadmium.	8,600
—	Chrome.	5,900
—	Cobalt.	8,600
—	Colombium.	5,600
—	Cuivre.	8,900
—	Etain cornouailles.	7,291
—	— recuit.	7,299
—	Fer fondu à canon.	7,248
—	En barre, trempé ou non.	7,788

Métaux. — Iridium martelé.		23,00
—	·Manganèse.	8,000
—	Mercure solide (19° 44 au-dessous de zéro centigrade).	15,61
—	— Au zéro centigrade.	13,61
—	— A 150 centigrades.	13,58
—	— Au-dessous de 100° centigrades.	13,37
—	Molybdène.	8,600
—	Nickel fondu.	8,279
—	— forgé.	8,666
—	Or fondu.	19,25
—	Or martelé.	19,35
—	Osmium et rhodium (alliage).	19,50
—	Palladium.	11,80
—	Platine.	21,47
—	Plomb.	11,35
—	Potassium (15°centigrades).	0,865
—	Rhodium.	10,65
—	Sélénium.	4,300
—	Sodium (15° centigrades).	0,972
—	Tellure.	5,700 à 6,115
—	Tungstène.	17,40
—	Urane.	9,000
—	Zinc.	6,900 à 7,191
Mica.		2,650 à 2,934
Miel.		1,450
Myrrhe (résine).		1,360
Nacre.		2,340
Naphte.		0,700 à 0,847
Nitre.		1,900
Obsidienne.		2,348 à 2,370
Opale précieuse.		2,414
— commune.		1,958 à 2,114
Opium.		1,356
Orpiment.		3,048 à 3,500
Outremer.		2,360
Perle orientale.		2,510 à 2,750
Petit lait de vache.		1,019
Pierre néphritique.		2,894
Pierre à chaux compacte.		2,386 à 3,000
Pierre ponce.		0,752 à 0,914

Pierre de Bristol.	2,510 à 2,640
— des couteliers.	2,111
— de meule.	2,142
— dure.	2,460
— Pavé.	2,415 à 2,708
— Portland.	2,496
— Rotten.	1,981
Phosphore.	1,770
Plombagine (graphite).	1,987 à 2,400
Plomb (galène de derbyshire).	6,565 à 7,786
Poix minérale (asphalte).	0,905 à 1,650
Poix sèche.	1,970 à 2,720
Poix (en charbon).	0,600 à 1,529
Porcelaine (Chine).	2,384
— (Sèvres).	2,145
Porphyre.	2,452 à 2,972
— Seltzer.	1,003
Poudre à canon — verte (molle).	0,836
— grainée humide.	0,952
— sèche.	1,745
Quartz.	2,624 à 3,750
Quinquina.	0,785
Réalgar.	3,225 à 3,558
Roche (cristal de).	2,581 à 2,888
Rubis oriental.	4,283
Sang humain.	1,055
— Caillot.	1,245
— Serum.	1,030
— Dragon (résine).	1,204
Saphir orientale.	4,000 à 4,200
Sardoine.	2,602 à 2,628
Scammonée de Smyrne.	1,274
— d'Alep.	1,235
Sel gemme.	2,143
Serpentine.	2,264 à 2,999
Smalt.	2,440
Soufre natif.	2,033
— fondu.	1,990
Spath fluor.	3,094 à 3,791
— Calcaire.	2,620 à 2,837
— double réfractaire de Castleton.	2,794

Spermacéti.	0,943
Spadumène ou triphane.	3,000 à 3,216
Stalactique.	2,323 à 2,546
Stéatite.	2,400 à 2,665
Stilbite.	2,140 à 2,500
Strontiane carbonate.	3,658 à 3,675
— sulfate.	3,583 à 3,958
Sucre.	1,606
Suif.	0,941
Suif minéral.	0,770
Talc.	2,080 à 3,000
Topaze.	4,010 à 4,061
Tourmaline.	3,086 à 3,362
Turquoise.	2,800 à 3,010
Uranite.	2,190
Vapeur d'eau.	0,481
Verre crawn.	2,520
— vert.	2,642
— flint.	2,760 à 3,000
— plat.	2,942
Vésuvienne.	3,500 à 3,575
Vinaigre.	1,013 à 1,080
Vin de Bordeaux.	0,993
— Bourgogne.	0,991
— Champagne blanc.	0,997
— Constance.	1,081
— Malaga.	1,022
— Porto.	0,997
Woodstone (sous espèce de).	2,045 à 2,675
Zéolite.	2,073 à 2,718
Zircone.	4,385 à 4,700

PNEUMATIQUE.

CHAPITRE PREMIER.

311. Atmosphère. — 317. Baromètre. — 325. Syphon.

311. Tous les fluides dont nous avons parlé jusqu'ici appartiennent à ceux de la classe qu'on appelle liquides. On les reconnaît tels, et ce sont ces substances matérielles desquelles sont tirées les notions ou l'idée qu'on se fait d'un fluide.

Mais il est une autre classe de fluides, dont les propriétés fluides ne sont pas si faciles à reconnaître, et dont il provient si peu de sensations du genre de celles que nous font éprouver les autres substances matérielles, qu'on a de la peine à admettre leur nature matérielle. On les appelle *airs*, ou *fluides aériformes;* et la science qui en traite se nomme *Pneumatique.*

L'un de ces fluides nous est pourtant aussi bien connu par toutes ses propriétés que toute autre substance; car nous sommes constamment enveloppés de ce fluide; il entre intimement dans la composition de notre corps, nous en avalons un grand volume à chaque *inspiration*, et c'est sur lui que paraît fondé le principe de la vie. L'un de ses élémens est en effet si nécessaire à soutenir la force de la vie, que cesser de respirer et cesser de vivre sont deux synonymes habituels. Ce fluide est l'atmosphère. Il entoure notre globe de toutes parts, lui formant une enveloppe sphérique, continue de vapeur, qui renferme la terre elle-même, comme sa partie solide ou noyau.

Si nous n'étions pas naturellement curieux *d'observer* les phénomènes qui nous entourent, et de *raisonner* sur nos sensations, nous pourions passer de l'enfance à l'âge mur, peut-être, tout en reconnaissant l'existence de ce fluide, sans distinguer aucune de ses propriétés.

Peu des sensations qui nous apprennent à reconnaître l'existence des objets extérieurs, nous paraissent venir de l'air.

Nous ne le voyons pas, nous ne le touchons pas, nous ne sentons pas son poids, comme nous le faisons pour d'autres matières; il ne nous paraît pas exiger de force pour le mouvoir, ainsi que nous sommes obligés d'en déployer pour mouvoir d'autres objets; enfin il *semble* qu'il n'y ait pas un seul de nos sens qui en soit spécialement affecté; et pourtant il n'est pas douteux qu'il entre pour beaucoup dans la constitution de chaque sensation.

Une grande cause de la déception qui nous travaille ainsi, c'est que nous sommes *nés* dans l'air. Nos sens sont continuellement sujets à ces affections qui, si l'esprit en prenait note, constitueraient les perceptions de son existence, à partir de cette période où l'on ne tient note de rien (1). Il y a d'ailleurs d'autres causes provenant des conditions d'équilibre des fluides, que nous avons expliqué dans les précédens chapitres, qui entrent pour beaucoup dans l'explication de ce mystère.

La première de toutes, c'est que, par la nature de cet équilibre, quand un corps solide, de quelque forme qu'il soit, est immergé dans un fluide pesant, la pression de ce fluide en repos ne produit sur ce corps aucune tendance à le mouvoir *horizontalement;* chaque pression horizontale d'un côté ayant une pression égale et opposée du côté opposé; en sorte que ces deux pressions se neutralisent l'une par l'autre. La pression *verticale* du fluide produit aussi dans le corps une tendance à se mouvoir vers le haut, égale seulement au poids du fluide qu'il déplace.

(1) Il semble que ce soit une loi de notre nature, que l'esprit ne tienne pas note de ces affections des organes des sens, qui sont répétées constamment, et à plus forte raison de celles qui sont *continuelles*. Les exemples en sont excessivement nombreux, et se présentent à l'esprit de chacun. Si ce n'était cette *habitude* de l'esprit, que de secrets de la nature nous seraient découverts ! N'est-il pas possible, par exemple, que toutes les opérations intérieures du corps humain, chacune affectant quelque nerf ou organe des sens, se présentassent, si l'esprit prenait note de chaque affection, aussi complètement à sa vue que les parties d'un mécanisme à nos organes extérieurs.

Il suit de ce qui précède, que l'air dans lequel nous sommes plongés, ne doit pas, à raison de sa pression, quand il est en repos, tendre à nous mouvoir *horizontalement* dans une direction plutôt que dans une autre. Il nous presse également en *toutes* directions, et il en est ainsi dans chaque position où nous mettons nos corps, pendant que nous changeons de position; aussi, la pression fluide se remet si vite en équilibre, que nous ne nous apercevons pas que cet équilibre ait été troublé un seul instant.

Mais, dira-t-on, quoique cette égalité de pression de l'air autour de nous soit suffisante pour nous rendre compte de ce que nous n'avons besoin de lui opposer aucun effort dans aucune *direction particulière*, et de ce qu'il n'oppose aucun obstacle à notre changement de position; cependant cela ne suffit pas pour nous rendre compte de ce que nous n'apercevons pas sa tendance à *presser* les différentes parties de nos corps ensemble et à les *écraser;* puisque les forces égales et opposées dont nous avons parlé précédemment, pendant qu'elles se neutralisent et se détruisent l'une l'autre, tendent, en même temps, à détruire l'organisation des parties entr'elles par la compression des ces parties. Ainsi la pression sur les côtés opposés de l'un des doigts pourrait, avance-t-on, tendre à détruire cette délicate ramification des artères, veines, nerfs et muscles qui couvrent les os du doigt; et la perception de cette pression devrait être transmise par les nerfs. De même la pression sur les côtés opposés du sommet du corps, doit tendre à empêcher les mouvemens des poumons et à les briser dans la cavité du thorax. Cette objection est d'une grande importance et demande une attention particulière, surtout en ce qu'elle conduit à une vue frappante de l'économie de la charpente humaine.

312. Les parties du corps sont creuses, chacune, comme un coffre; elles sont composées de parties solides ou os; de parties charnues ou musculaires; de nerfs et tendons; ou de vaisseaux *remplis* de fluide, comme les veines et les artères. Les parties appelées creuses ne le sont pas en réalité, mais elles sont remplies du même fluide, l'air, dans lequel est plongée toute la partie extérieure du corps; et cet air contenu dans l'intérieur a une communication directe, par le passage de la trachée artère, avec l'air extérieur; en sorte que l'air

contenu dans l'intérieur et l'air extérieur forment différentes parties d'un fluide continu.

Dès-lors, et d'après ce que nous avons dit précédemment, la pression de ce fluide horizontalement, sur une partie quelconque de la cavité du coffre, à partir du *dedans*, doit être précisément égale à celle sur une partie correspondante de la surface convexe des côtés, à partir du *dehors;* ces deux parties correspondantes forment, de fait, les *côtés opposés* d'un corps immergé dans un fluide. Ainsi la pression de l'air extérieurement sur les côtés, est toujours supportée par une pression correspondante de *l'air* en dedans; et aucune pression n'est ressentie tendant à altérer la forme de la cavité du coffre.

Si d'ailleurs nous exhalons une partie d'air hors du coffre, nous avons immédiatement la sensation d'une *diminution* de la pression intérieure vers le dehors et d'un *excès* de la pression extérieure ; le coffre devient oppressé; et par un mécanisme spécial, que la nature a disposé à cet effet, ses dimensions se contractent jusqu'à ce que l'air contenu soit de nouveau suffisant pour fournir la pression nécessaire à partir du dedans.

C'est par des raisons semblables à celles ci-dessus, que les plongeurs, quand ils vont à une grande profondeur, éprouvent une forte pression sur les côtés; la pression extérieure sur le coffre étant accrue par le grand poids de l'eau, qui lui fait excéder la pression interne opposée de l'air contenu.

Ces parties du corps qui ne communiquent pas avec l'air extérieur, et n'en sont pas remplies, sont toutes, quelle que soit leur nature, complètement saturées et imprégnées de fluides. Les os sont poreux, et les pores en sont partout occupés par certaines secrétions fluides; la partie musculaire du corps, ou la chair, est partout saturée par le sang; les nerfs et les veines sont des tubes qui servent de canaux et de conduits à un fluide.

On voit donc que la masse du corps humain peut être considérée comme une accumulation d'atomes solides, chacun immergé séparément dans un fluide. Ceci étant, il s'ensuit que la pression sur une partie quelconque de la surface externe du corps est propagée également dans toute la substance (art. 245) par l'intervention des fluides qui la baignent, et chaque particule solide supporte ainsi des pressions égales dans toute direction possible (art. 250); en sorte qu'à raison de ces pressions, elles ne peuvent avoir aucune tendance à se mouvoir, soit dans une direction, soit dans un autre. Les pressions sur chaque particule séparément se neutralisent l'une par l'autre; il s'ensuit que ces particules ne se pressent pas *l'une contre l'autre* (1). Nous voyons alors ainsi pour quelle raison la pression extérieure de l'atmosphère, qui est très-considérable, n'étant guère moins de 30000 *pounds* (13598 kilog.) pour chaque individu de l'espèce humaine, ne passe sur aucune des parties du corps, ni ces parties l'une contre l'autre, et ne produisant par conséquent aucun excitement sur nos nerfs, n'est pas sentie.

Nous voyons aussi pour quelle raison un corps plongé à une grande profondeur dans l'eau (par le moyen d'une cloche à plongeur ou autrement), supporte une pression extérieure devenue beaucoup plus grande que la pression atmosphérique; cependant comme cette pression se distribue également sur toute la surface du corps, à l'aide du milieu fluide dans lequel il est plongé, et que d'ailleurs la *transmission* de cette pression est égale dans tout le système par l'intervention du fluide que lui-même contient, et qui le pénètrent; il n'en résulte aucune pression sensible sur ces nerfs délicats qui s'entrelacent partout dans notre charpente, et que la moindre pression *inégale* suffit pour irriter.

Si l'énorme pression de l'atmosphère était appliquée à nos corps autrement que par l'intervention du fluide dans lequel nous respirons, il deviendrait absolument impossible que les mouvemens des parties du corps qui constituent la vie, pussent avoir lieu; le mécanisme le plus faible et le plus fragile de ses organes ne pouvant manquer d'être détruit. Mais par cette admirable propriété de la distribution égale de la pression fluide, non-seulement nous pouvons supporter le poids des 13598 kilog. de la pression atmosphérique sans la sentir, mais cette pression peut être *doublée* en plongeant le corps à 12 mètres sous l'eau, dans une cloche à plongeur, sans qu'aucun des nerfs les plus dé-

---

(1) On suppose d'ailleurs ici que les pressions externes dont on parle n'altèrent pas les formes extérieures du corps.

licats des millions de nerfs qui sont sur le corps, soit excité d'une manière sensible à raison de cette pression. Ces nerfs cependant sont d'une telle sensibilité qu'ils nous permettent d'apercevoir, d'apprécier, de mesurer et de comparer la moindre pression (alors inégale) qui tend à altérer la forme de la surface du corps. Le coffre même, dans ces circonstances, ne souffre aucune oppression, car la pression de l'eau étant transmise par l'intermédiaire de l'air, dans la cloche à plongeur, également pour les surfaces internes et externes du coffre, ces pressions internes et externes se neutralisent, quelque considérable que soit le poids de l'eau en dessus.

Tels sont les effets qui résultent de l'immersion du corps dans un fluide, et de ce que ses parties sont *empaquetées* dans des fluides, pour nous servir de l'expression de *Paley*.

Nous voyons donc pleinement comment l'air *peut être*, ainsi qu'il l'est réellement, un *fluide* ayant du poids, et pressant fortement sur nous, sans que nous nous ressentions de sa pression.

Nous pouvons d'ailleurs aisément soumettre la question à l'épreuve de l'expérience. Détruisons l'égalité de la pression atmosphérique dont nous venons de parler; éloignons l'air d'une partie quelconque du corps; nous éprouverons alors la certitude des pressions sur les autres parties et des grands avantages qui proviennent de notre immersion entière et absolue dans l'air. On peut enlever l'air de différentes manières; il y a une machine nommée pompe à air, que l'on emploie ordinairement et spécialement à cet usage, et dont nous expliquerons en détails, par la suite, l'action et les principes de construction. A l'aide de cette machine, l'air peut être enlevé d'une partie quelconque du corps; sa pression sur le reste s'aperçoit alors. Si, par exemple, la main est appliquée de manière à couvrir l'ouverture au sommet d'un vase dont la partie inférieure communique avec la pompe à air; et si l'on met la pompe en action, de manière à enlever l'air du vaisseau, et par conséquent de dessous la surface de la main, la pression de l'air sur la surface de la main se fera très-bien sentir alors; la main sera fortement pressée contre les bords du vase, et enfin il deviendra impossible de l'ôter; les vaisseaux sanguins seront distendus, le dos de la main se courbera en dedans, et

l'opération peut continuer jusqu'à ce que la pression produite soit égale au poids d'une colonne de 30 *inches* (76 centimètres), poids qui suffirait probablement pour la rupture
du mécanisme de la main.

Le procédé des ventouses est un exemple de cet enlèvement partiel de pression de la surface d'un corps. On met
un peu d'alcool dans le vase à ventouser et on l'enflamme;
par la chaleur ainsi produite, l'air qui remplissait le vase
est en grande partie chassé, et sa place est prise par une
vapeur bien plus légère d'alcool. Dans cet état, on applique
l'ouverture du vase sur la peau; la flamme s'éteint, la vapeur se condense en un liquide, l'air perd sa chaleur et avec
cette chaleur sa tendance à s'étendre; alors sa pression
sur la surface du corps que recouvre le vase, devient moindre qu'avant et moindre que la pression sur les autres parties du corps; le résultat de cette pression inégale est une
désorganisation immédiate de la surface sous le vase; la
chair et les parties musculaires s'enflent d'une manière
étonnante, les vaisseaux se distendent, et le sang enfin coule
des pores de la peau.

La succion présente un autre exemple frappant d'éloignement partiel de pression. Il y a une certaine opération
des muscles, par laquelle l'air peut être épuisé de la cavité
de la bouche; si cet épuisement a lieu quand les lèvres
sont appliquées à quelque partie de la peau, le résultat
est un éloignement de la pression de cette partie de la surface du corps, et par suite un déplacement de la peau en
dessous; la surface extérieure des lèvres supportant la
pression atmosphérique, tandis que la portion intérieure
en contact avec la peau en est débarrassée, cette partie interne des lèvres et la peau se trouvent en contact immédiat
et pressées fortement.

C'est ainsi que les limaçons s'attachent aux murs, aux
troncs et aux branches des arbres, et qu'on les voit se
traîner le corps en arrière et suspendu. La partie inférieure
de leur corps est garnie de muscles puissans, qui les rendent capables de former un espace creux ou cavité dans une
certaine partie de sa longueur. Leur mode de se fixer à quelque surface est d'élever leur corps dans cette cavité produisant un vide en dessous de cette cavité dont les bords sont

hermétiquement pressés sur la surface, et tout le corps y est suspendu par la pression atmosphérique extérieure. En attachant de cette manière diverses paries de leur corps, successivement, à diverses parties de la surface sur laquelle ils désirent se mouvoir, on les voit marcher suspendus, non-seulement comme à leur corps, mais encore à la coquille qui leur sert d'habitation, perpendiculairement contre les murs et même au plafond le plus uni d'un appartement. Il y a un jouet d'enfant, appelé le suceur, qui agit précisément d'après le principe que nous venons d'expliquer. Il consiste en un rond de peau, très-douce et très-souple, suspendu par son centre avec une ficelle. S'il est mouillé et appliqué à la surface d'une pierre, ou de quelque masse unie et pesante, et qu'ensuite on veuille l'enlever en tirant la ficelle, on éprouve une grande résistance, et plutôt que de céder, le suceur enlève avec lui la masse sur laquelle il est appliqué, quand cette masse est très-peu considérable.

La raison en est évidente. La ficelle étant tirée, la peau s'élève au centre, et la cavité qu'elle forme ainsi devient vide, l'air n'y pouvant pénétrer à raison du contact hermétique des bords de la peau unie avec la pierre. Ceci étant, la pression de l'air est écartée de la partie de la pierre qui est sous la surface de la peau; sa pression sur le côté opposé de la pierre n'est donc plus soutenue; la pierre est donc pressée contre le cuir par cette force qui n'a plus de contre-poids; la pression de l'atmosphère agit d'ailleurs aussi sur la surface *externe* du cuir et *la* presse contre la pierre. Le cuir et la pierre se trouvent donc ainsi attachés l'un à l'autre.

C'est précisément d'après ce principe que les mouches se fixent sur les surfaces verticales du verre et sur les plafonds. Elles ont à leurs pattes une mécanique qui les rend capables d'en élever les parties centrales, de même que le centre du suceur est élevé par la ficelle ; un vide étant ainsi formé sous la patte, elle se fixe sur la surface sur laquelle elle est appliquée.

315. On a prouvé que toute substance immergée dans un fluide pesant, outre ses pressions *horizontales* qui agissent également en directions opposées, ne produisant pas de mouvement horizontal, supporte encore certaines pressions *verticales* dont les effets ne sont pas ainsi neutralisés, et

qui y produisent un mouvement de tendance vers le haut, égal au poids du fluide qu'il déplace.

Nos corps étant immergés dans l'air supportent, chacun, une pression, vers le haut, égale au poids de l'air qu'il déplace ; pourquoi, dès-lors, peut-on dire, ne sentons-nous pas cette pression vers le haut ? La réponse est facile : c'est que le poids du corps excède celui de l'air qu'il déplace. La pression vers le bas excède donc celle vers le haut ; et par conséquent nous ne nous apercevons que du poids.

Ceci est d'ailleurs vrai, non-seulement pour les pressions vers le haut réunies sur différentes parties du corps, mais encore sur chacune en particulier. Si, par exemple, l'on imagine le corps divisé en un certain nombre de minces colonnes verticales ; alors la pression *vers le haut* sur cette partie de sa surface qui forme la base de chacune d'elles, sera égale au poids de la colonne d'air des mêmes dimensions précisément ; la pression vers le bas de la colonne sera égale à son *poids*, et par conséquent excèdera la pression vers le haut ; nous ne sentons ainsi aucune pression vers le haut sur la surface dont nous parlons ; et il en est de même pour chaque partie de la surface du corps.

On a vu aussi que lorsqu'un corps est *entièrement* immergé, la résultante des pressions du fluide sur lui passe nécessairement par son *centre de gravité* et agit dans une direction verticale ; la résultante des poids des parties agissant aussi *là*, *excède* sa résultante *vers le haut*; nous sentons donc l'existence de la dernière pression. Il n'en serait certes pas ainsi, si sa direction n'était pas toujours par le centre de gravité de notre corps ; elle serait certaine, et il y aurait certaines positions d'équilibre seulement, comme dans le cas des corps flottans ; et nos corps ne pourraient prendre d'autres positions que celles-là, sans une certaine dépense d'énergie musculaire. Quand nous inclinons le corps, par exemple, la pression de l'air, vers le haut, tendrait à ramener le dos dans sa première position, ou bien à l'en éloigner davantage ; et ce serait pour nous une source de continuel ennui.

314. Si nous pouvions, par quelque moyen, alléger la substance de nos corps, de manière à la rendre plus légère que l'air qu'elle déplace, nous nous élèverions de suite dans l'air et nous y flotterions. C'est ce qui a lieu en grande par-

tíe pour les oiseaux; leurs corps sont excessivement légers, probablement très-peu plus pesans que l'air qu'ils déplacent, et ils ont aussi probablement le pouvoir de les rendre encore plus légers en distendant la cavité du coffre, ou de quelques autres parties creuses, sans que l'air extérieur s'y puisse introduire en même temps (1).

Les oiseaux sont, sous ce rapport, presque de la même manière dans l'air que les poissons sont dans l'eau. Nous avons vu que ces derniers ont le pouvoir d'étendre certaines parties de leurs corps de manière à ce que la quantité d'eau qu'ils deplacent, excède les poids de la quantité du fluide déplacé, ou soit moindre, suivant qu'ils veulent s'élever à la surface ou plonger plus profondément. Quelques-uns semblent avoir le pouvoir de porter cette expansion encore plus loin, et de passer de l'eau dans l'air, en déplaçant une quantité d'air qui pèse moins ou presqu'autant que leur corps; ce sont les poissons volans. Il y a, de même, certains oiseaux qui peuvent contracter assez leurs dimensions pour plonger dans l'eau à toutes profondeurs.

On peut aisément construire des corps plus légers que l'air qu'ils déplacent; sa pression vers le haut sur de semblables corps excède leur poids, et le corps monte.

C'est ainsi que sont faits les ballons. Certains fluides peuvent être artificiellement produits qui sont beaucoup plus légers que l'air qu'ils déplacent. Ces fluides sont de l'espèce appelée élastique ou gaz, dont nous parlerons ailleurs d'une manière plus détaillée. Si un vaisseau léger, capable de contenir l'un de ces fluides — comme par exemple un sac de papier de soie ou d'étoffe légère — est rempli de ce fluide et abandonné à lui-même, il commencera de suite à monter, pourvu que le poids du vaisseau ne soit pas tel qu'en y ajoutant celui du fluide contenu, il égale ou il excède le poids de l'air qu'il déplace.

On peut obtenir des fluides plus légers que l'air d'une foule de substances diverses et d'une foule de moyens différens. Le gaz de l'éclairage des rues est un fluide de cette espèce, et de grands sacs de soie remplis de ce gaz déplacent une quantité d'air dont le poids est plus grand que le leur;

[1] Autrement cette admission d'air accroîtrait le poids précisément de la même quantité que l'air extérieur s'accroîtrait.

c'est pour cette raison qu'ils tendent à s'élever par la pression vers le haut de l'air. Ils peuvent emporter un poids presqu'égal à la différence entre leur propre poids et celui de l'air qu'ils déplacent ainsi.

Non-seulement, d'ailleurs, nous pouvons produire artificiellement d'autres liquides plus légers que l'air, mais nous pouvons rendre une portion de l'air plus légère que l'autre. Il suffit pour cela de le chauffer. Tous les corps étendent ou accroissent leurs dimensions par l'application de la chaleur (ainsi que nous l'expliquerons dans une autre partie de cet ouvrage), et de tous les corps l'air est probablement celui qui se montre le plus aisément expansif, ou le plus sensible aux variations de la chaleur. Si donc nous prenons une portion de l'air qui nous environne, qui est précisément de même nature que le reste, et qui déplace une partie de cet air *égale* à son propre poids; que nous rendions cet air expansif par l'application de la chaleur, ou occupant un plus grand espace, alors il déplacera une portion de l'air environnant *plus grande* que lui-même en volume; le résultat sera, comme nous l'avons expliqué, l'*ascension* de cet air chauffé. Cette expansion de certaines parties de l'air et l'ascension qui s'ensuit à travers l'air environnant, est un procédé que nous pouvons continuellement observer autour de nous. La fumée qui monte dans les cheminées est un air raréfié par la chaleur du feu et entraînant avec lui quelques parties légères de charbon non consumé. L'opération a lieu, d'ailleurs, sur une échelle bien autrement magnifique par l'influence du soleil. Dans les tropiques, où cette influence est la plus grande, l'air est continuellement raréfié et rendu ainsi plus léger que celui qui l'environne ; il est donc supporté et monte continuellement par la pression de cet air qui le remplace continuellement dans l'espace qu'il vient d'abandonner. A mesure que l'air chaud s'élève, il perd sa chaleur, se contracte par conséquent, et se mouvant vers les pôles il descend verticalement à la surface de la terre pour retourner de nouveau à l'équateur dans son mouvement. Il s'établit ainsi une circulation continuelle de l'air supérieur entre les régions polaire et équatoriale; en se combinant avec la rotation de la terre, elle constitue cette direction du vent qui l'emporte vers les tropiques, et que les marins connaissent si bien sous le nom de vents alisés.

De semblables effets produits à la surface de la terre par des variations locales de température constituent les vents. Ainsi une averse soudaine de pluie ou de neige, en quelqu'endroit particulier, peut assez y accroître le poids de l'air, pour le rendre plus pesant que l'air environnant; il en résultera des vents hauts, ayant sur la *surface* de la terre une *direction* à partir de l'endroit où la condensation a eu lieu.

315. Nous avons vu que l'air qui nous environne peut être un fluide pesant exerçant une grande pression sur les surfaces de nos corps; suivi de tous les phénomènes particuliers à ceux des autres cas de pression fluide, sans que cependant nous ressentions cette pression. Nous vivons au sein d'un océan d'air fluide, comme nous voyons le poisson vivre dans la mer, en recevant, à chaque instant, de grandes quantités dans nos corps, et les exhalant, comme nous voyons le courant d'eau passer à travers les ouies des poissons; et cependant nous n'apercevons que quelques-unes de ses propriétés, et à peine même sommes-nous sûrs de son existence. Aussi bien, des savans ont raisonné pendant deux mille ans au sujet de l'atmosphère, avant d'avoir découvert que c'était *un fluide matériel*, et qu'il avait du poids. On s'explique cela facilement, par la raison qu'il n'y a pas d'observations *directes* qui conduisent à la conclusion du poids de l'air. Il n'y a réellement que peu de chose, ou rien, dans les phénomènes qui établissent cette conclusion, en nous y guidant par la connexion de ces phénomènes avec le poids de l'air. Il y a un chaînon qui manque, et la théorie de la pression hydrostatique rétablit ce chaînon. Ainsi un homme ignorant des principes de l'hydrostatique ne peut apercevoir aucune relation entre l'ascension de l'eau dans un tube par la succion et le poids de l'air extérieur. Mais qu'il acquère la connaissance du principe *qu'un fluide pesant ne peut rester en repos qu'autant que la pression* sur chaque point *dans le même plan* horizontal est *la même*, et cette connexion s'établira de suite dans son esprit.

Ainsi ce fut en vain que des savans s'efforcèrent, pendant environ 2000 ans, de se rendre compte de l'ascension des fluides par la succion, jusqu'à ce que, désespérant de la solution, ils prononcèrent que c'était une *anomalie* — un écart de la nature, une antipathie inconcevable; enfin que la nature avait *horreur du vide*. Ils affirmaient, par exemple, que lorsque l'air était enlevé d'un tube, et que l'une de ses extrémités plongeait dans l'eau, la nature, *ayant horreur* du vide, forçait de suite l'eau à monter dans l'espace libre et à le remplir ; et cela, disaient-ils, malgré la tendance qu'a l'eau à retomber à raison de son propre poids.

Comme il arriva à des fontainiers de Florence de découvrir que l'eau ne s'élevait pas dans une pompe, où l'on faisait le vide tant qu'on voulait, au-dessus de trente-deux *fect* (9 m. 753472), ce principe de *l'horreur* du vide qu'avait la nature se trouva limité, et, suivant *Galilée*, la nature n'eut horreur du vide que jusqu'à 32 *fect* (9 m. 75).

316. *Toricelli*, disciple de *Galilée*, ayant des doutes sur l'explication de son maître, raisonna sur la question à-peu-près de cette manière : Puisque, par l'enlèvement absolu de l'air au-dessus, une colonne d'eau peut être supportée à la hauteur de 32 *fect* (9 m. 75), et pas plus haut, il semble que cette force qui la soustrait à cette hauteur, quelle qu'elle soit, sera précisément égale au poids d'une telle colonne ; par conséquent cette force n'eût probablement pas supporté une aussi haute colonne si elle eût été de quelqu'autre liquide plus pesant que l'eau ; en sorte que dans ce cas l'horreur de la nature pour le vide ne se fût pas même étendue jusqu'à trente-deux *fect* (9 m., 75). Il essaya avec du mercure, et il trouva que malgré qu'il eût fait un vide absolu au-dessus de sa surface, le mercure ne pouvait monter au-dessus de 28 à 30 *inches* (76 centimètres au plus). Il s'assura que cette colonne de mercure était précisément égale en poids à celle de même diamètre de trente-deux *fect* (9, 75) d'eau.

Il vit dès-lors que la cause, quelle qu'elle fût, était sujette à cette loi, qu'elle développait toujours une force égale au poids du liquide soulevé, quel que fût ce liquide. Cette horreur de la nature pour le vide n'était donc pas un écart, mais comme le développement de son énergie dans la matière inorganique, une loi fixe et invariable. Raisonnant ensuite son expérience et venant à lui appliquer certains principes d'hydrostatique, qui dans ce temps étaient connus, il entrevit enfin la connexion entre la pression extérieure et le poids de l'atmosphère, et parvint à sa véritable explication, qui lui fit construire le *baromètre*, instrument qui nous mit à même de *mesurer*, en tout temps, la pression exacte de l'atmosphère, sur une surface donnée, en un lieu quelconque où s'en fait l'observation; que nous le considérions sous le rapport de son importance et de la précision de ses indications, ou sous celui de la simplicité remarquable de sa constrution, nous devons toujours le ranger parmi nos instrumens les plus parfaits.

317. Voici la construction du baromètre : un tube B H (*fig.* 227) d'un peu plus de trente *inches* (plus de 76 centimètres), et fermé par l'une de ses extrémités, est rempli de mercure; en appliquant le doigt à l'ouverture, on empêche le mercure de s'échapper, et on renverse alors le tube dans un bain de mercure C D, en plongeant l'ouverture au-dessous de sa surface; on retire le doigt alors, et il s'établit une libre communication entre le mercure du tube et celui de la cuvette. On voit celui du tube descendre jusqu'à ce qu'il ait pris sa position d'équilibre entre 28 et 30 *inches* (de 70 à 76 centimètres) au-dessus du mercure de la cuvette.

Examinons maintenant les circonstances dans lesquelles l'équilibre a lieu.

On a vu (art. 254) que c'est une condition nécessaire de l'équilibre d'un fluide continu, que la pression sur chaque aire égale, dans le même *plan horizontal*, quelque part que cet équilibre s'établisse, soit *la même*. Alors, prenant le plan horizontal E F qui passe par l'extrémité inférieure B du tube, il s'ensuit que la pression sur chaque partie égale de ce plan est la même. Dès-lors il s'ensuit que la pression sur cette aire, ou sur cette portion de plan qui se trouve immédiatement à la naissance du tube, est la même que la pression sur une aire égale, quelque part qu'elle soit. Les pressions sur ces aires sont respectivement égales au poids des colonnes des fluides qui s'y trouvent contenues, en les continuant verticalement vers le haut, à partir de ces aires respectivement, jusqu'aux libres surfaces de ces fluides (art. 255). Or l'espace G H étant vide, la libre surface du fluide dans le tube est en G. Mais en *dehors* du tube, pour arriver à la libre surface du fluide, il faut continuer la colonne, à travers le mercure, jusqu'aux extrêmes limites de l'atmosphère.

Il s'ensuit donc que la colonne B G dans le tube est égale en poids à une autre colonne en dehors, ayant une base égale dans le même plan horizontal F E, et atteignant à travers le mercure jusqu'au sommet de l'atmosphère. Cette dernière

colonne est en partie composée d'air atmospérique et en partie
d'une colonne de mercure des mêmes dimensions que A B,
et ayant par conséquent le même poids. Prenant donc, à
partir de celles égales ci-dessus, le poids de la colonne A B,
il s'ensuit que le poids de la colonne A G dans le tube, au-
dessus de la surface du mercure dans la cuvette, est égal
au poids d'une colonne d'atmosphère de base égale, continuée
jusqu'à la surface réelle de l'atmosphère. Ainsi, à l'aide d'un
simple instrument qui n'a que 76 centimètres de longueur,
on mesure le poids précis d'une colonne d'atmosphère atteignant sa surface à une distance qui n'est certes guères moins
de 50 à 60 *milles* (81 à 97 kilomètres).

Ce fut ainsi que *Toricelli* expliqua la suspension du mercure dans son tube; il confirma la conclusion à laquelle il
était arrivé, en faisant porter son baromètre à une grande
élévation au-dessus de la surface de la terre, le sommet du
Puy-de-Dôme en Auvergne; on trouva que le mercure s'y
abaissait bien au-dessous du niveau qu'il prenait dans la
plaine. C'était une conséquence nécessaire de la théorie;
car en portant l'instrument au sommet de la montagne, la
hauteur de la colonne était sensiblement diminuée; et puisque la colonne de mercure soulevé ne pouvait se maintenir
en repos tant qu'elle n'avait pas le même poids qu'une telle
colonne d'atmosphère, elle devait descendre nécessairement,
puisque la colonne d'atmosphère avait diminué (1).

Ainsi, au sommet du Mont-St-Bernard, le baromètre n'ar-

---

(1) Si chaque partie égale de la colonne atmosphérique était du même
poids, quelle que fût la fraction dans son ascension dont l'observateur
diminuât la hauteur de cette partie de la colonne qui est au-dessus
de lui; la même fraction seule lui donnerait toute la hauteur dont la
colonne de mercure de son baromètre devrait *diminuer*. Ainsi, supposant la hauteur de l'atmosphère de 50 *milles* (80 kilomètres), un
baromètre porté à cette hauteur de 50 *milles* (80 kilomètres), qui est
probablement plus considérable qu'aucune de celles où l'on puisse le
porter, ne baisserait que d'un dixième de toute sa hauteur ou de trois
inches [76 millim.]. Mais la colonne atmosphérique n'est pas du
même poids partout; ses parties inférieures sont plus lourdes beaucoup que celles supérieures, et il arrive qu'en montant seulement à
une petite fraction du tout, comme par exemple au sommet du Mont-
Saint-Bernard, nous en avons traversé la partie la plus pesante, de
manière à diminuer le poids de la colonne en dessus, et conséquemment
la hauteur du baromètre de plus de moitié.

rive qu'à 14 *inches* (35 centim.), tandis qu'au niveau de la mer il est ordinairement de 28 *inches* (70 centim.) de hauteur.

318. Le baromètre a, depuis, été appliqué, d'après ce principe, à la détermination des hauteurs des montagnes. Par des méthodes que nous expliquerons ailleurs, l'élévation précise au-dessus de la surface de la terre, correspondante à chaque hauteur de la colonne de mercure dans le tube, peut être calculée. Ainsi, en emportant avec soi un baromètre au sommet d'une montagne, et observant la hauteur à laquelle le mercure s'y maintient, on peut savoir, après avoir fait les calculs convenables, quelle est exactement la hauteur de la montagne. On a donné des formules et construit des tables qui facilitent beaucoup ce calcul.

La détermination des hauteurs par le baromètre est certainement le mode le plus simple et le plus facile connu; peut-être même est-ce le plus exact.

Il faut, d'ailleurs, prendre de nombreuses précautions pour obtenir cette exactitude. D'abord il faut déterminer la hauteur précise de la colonne au-dessus de la surface du mercure dans la cuvette; ce qui n'est pas facile. Il est clair qu'une échelle de division, placée comme elle l'est ordinairement à côté du tube, et comptée de la surface du fluide dans la cuvette *vers le haut*, ne servirait pas à mesurer cet effet exactement; car la surface du mercure dans la cuvette varie continuellement de position, suivant qu'il s'en élève plus ou moins dans le tube. Si donc, à une certaine hauteur de la colonne, le zéro, ou la première division de l'échelle, coïncide avec la surface du mercure dans la cuvette, il peut n'en être pas ainsi pour une autre hauteur.

Diverses méthodes ont été inventées pour remédier à cet inconvénient. La suivante est probablement l'une des meilleures. La cuvette de mercure est construite avec soin de forme cylindrique (*fig.* 227); son fond qui est tourné pour remplir exactement la surface du cylindre, l'est de manière à ce qu'un mouvement très-lent puisse lui être communiqué par une vis de rappel, élevant ou abaissant la masse de mercure qui se trouve au-dessus de lui dans la cuvette. Il y a un index d'ivoire, tourné en pointe fine vers le bas, qui est fixé précisément au niveau de la première division de l'échelle. Quand on veut sé servir de l'instrument, on tourne la vis de rappel (1) jusqu'à ce que la surface du mercure dans la cuvette soit amenée juste jusqu'à la pointe d'ivoire. Ceci fait, la hauteur que donne l'échelle est exactement celle du sommet de la colonne au-dessus de la surface du mercure de la cuvette.

319. Non-seulement la hauteur du mercure dans le baromètre varie quand on le *transporte* à diverses hauteurs au-dessus de la surface de la terre, mais aussi quand on le laisse au même endroit ; car il est à peine deux instans de suite à la même hauteur exactement. Cela a lieu non-seulement quand l'air est en mouvement, mais aussi quand il semble en repos ; les hauteurs du baromètre, dans ces circonstances, sont différentes en différentes heures du jour et en différens temps de l'année. Par une comparaison faite sur un grand nombre d'observations, et avec beaucoup de soin à l'observatoire royal de Paris, M. *Bouvard* a présenté les conclusions générales suivantes.

Si l'on divise le jour en deux périodes, dont la première s'étend de 9 h. du matin à 5 h. après-midi, et la seconde de 5 h. après-midi à 9 h. du soir ; on trouvera que le baromètre *baisse* pendant ces deux périodes ; mais que la quantité dont il baisse pendant la *première* période est beaucoup plus grande que celle dont il baisse pendant la *seconde*. Par rapport à la première période, il y a une régularité considérable dans les variations du baromètre, aussi bien d'une année à l'autre, que d'un mois à un autre. Par un relevé de onze ans, il semble que la baisse moyenne du baromètre entre 9 h. du matin et 5 h. de l'après-midi, soit 0,2976 d'*inches* (7 à 8 millimètres).

Une comparaison des variations de la *première* période, de mois en mois, a donné le résultat remarquable que voici : durant les trois mois de novembre, décembre et janvier, ces variations sont beaucoup moindres que pendant les autres mois

_____

(1) Le mécanisme d'un fond mobile pour la cuvette ne semble pas indispensable ; toute disposition qui permet de déplacer une portion du fluide sert également à en régler le niveau. On peut, par exemple, n'avoir qu'une vis près du fond, et la faire *saillir* dans la cuvette, ou l'*en retirer* en partie, de manière à régler le niveau constant du mercure.

de l'année; et elles sont beaucoup plus grandes pendant les mois de février, mars et avril. Les variations pendant les six autres mois de l'année sont intermédiaires, mais ne paraissent suivre aucune loi.

Quant aux variations de la *seconde* période, elles ne présentent aucune loi; cependant elles sont ordinairement moitié moindres que celles de la période précédente.

Une comparaison des variations diurnes du baromètre en différens lieux de la terre, semble montrer qu'elles sont les mêmes en tous lieux entre les tropiques, et que c'est là seulement qu'elles sont plus grandes; qu'elles diminuent rapidement à mesure que la latitude s'accroît, et qu'il n'y en a plus de sensibles à 74° nord.

Il est à regretter qu'aucunes observations n'aient été faites en Europe sur les variations barométriques pendant la nuit.

On a observé que les variations diurnes du baromètre sont sujettes à l'influence du vent; qu'elles sont à peine sensibles par les vents du sud, et qu'elles atteignent leur maximum par les vents du nord.

520. Le poids de la colonne de mercure soulevée dans le tube étant toujours égal à celui d'une colonne d'atmosphère, il s'ensuit qu'une variation de la première ne peut avoir lieu que lorsqu'il survient une variation correspondante dans la dernière. Ces variations en poids de la colonne atmosphérique, en un lieu quelconque, sont supposées indiquer des changemens de temps, et on a coutume de les observer avec soin; la différence entre la moindre et la plus grande hauteur du mercure dans le baromètre n'excède pas 5 *inches* (76 millim.). Pour préserver le tube contre tout ce qui pourrait le heurter, à l'exception des 76 mill. dans lesquels a lieu la variation, on le renferme dans un tube de cuivre, auquel est fixée l'échelle, dont les divisions n'ont lieu que pour ces 76 millim. A côté de certaines de ces divisions sont inscrits les mots *beau*, *pluie*, *variable*, etc., spécifiant le temps que l'on suppose indiqué par les variations correspondantes de la colonne de mercure. D'ailleurs ces indications ne reposent sur aucunes données précises d'expérience, et encore moins sur aucune théorie fondée en principe. Il n'y a pas de raison pour que les états particuliers de la densité de l'atmosphère

soient nécessairement suivis d'états particuliers du temps ; et il est certain que lors même qu'il en serait ainsi, les baromètres tels qu'on les construit maintenant, étant sans aucun rapport avec l'élévation des lieux où ils sont placés, donneraient de fausses indications. Ainsi deux baromètres, construits de la même manière, placés l'un au haut de St-Paul et l'autre au niveau de la Tamise, puisqu'ils différeraient presque de 12 millimètres dans leur hauteur, pourraient l'un être au beau, tandis que l'autre serait à la pluie ; et cependant le temps serait le même dans les deux lieux d'observation. Les seules indications du baromètre qui puissent être relatives au temps sont ses changemens ; et les règles suivantes sont les résultats de l'observation.

1º Le baromètre en *s'élevant* indique l'approche du beau temps ; en *s'abaissant*, il indique l'approche du mauvais temps.

2º En temps chaud, la baisse du baromètre indique de l'orage ; et eu hiver son élévation présage la gelée. Pendant la gelée, sa baisse est signe de dégel, et son élévation signe de neige.

3º Si le changement du temps suit *soudain* un changement du baromètre, on peut s'attendre que cela ne durera pas. Ainsi, quand le beau temps survient de suite avec l'élévation du baromètre, il est de courte durée ; de même, si le mauvais temps suit immédiatement la baisse du baromètre, il ne durera pas.

4º Si le beau temps continue plusieurs jours, pendant lesquels continue la baisse du thermomètre, une longue série de mauvais temps s'ensuivra probablement ; et réciproquement, si le mauvais temps continue, et que le baromètre monte constamment, il y a probabilité de plusieurs beaux jours.

5º Une variation fréquente du baromètre est un indice de temps variable.

6º Il est une autre règle fondée sur les principes de l'hydrodynamique, et qui peut dès-lors être près du vrai, si elle n'est pas absolument dans le vrai, et que voici : une baisse continue du baromètre indique que les vents du haut règnent, à peu de distance du lieu d'observation.

324. Une colonne du mercure ayant un *inch* (25 mill.) carré et une hauteur de 50 *inches* (76 centim.), pèse environ 15

pounds (6 kil., 798). Or en supposant que le baromètre reste à 30 *inches* (76 centimètres), la pression de l'atmosphère sera juste suffisante pour supporter une semblable colonne, et sera par conséquent égale à son poids. Dans ces circonstances, la pression atmosphérique est juste alors de 15 *pounds* (6 kil. 798) pour chaque *inch* (25 mill.) carré de surface. Supposant donc que la surface d'un homme soit de 2000 *inches* (50 mètres) carrés, il s'ensuit que la pression atmosphérique sur lui sera du poids énorme de 3000 *pounds* (13596 kilogrammes).

322. Il survient, dans l'usage du baromètre, beaucoup de difficultés résultant de l'extrême petitesse des variations dans la hauteur du mercure correspondant à chaque changement de la pression atmosphérique.

Tout l'espace dans lequel cette variation a lieu correspondant aux cas extrêmes de densité et de raréfaction de l'air à la surface de la terre, ne comprend que trois *inches* (76 millimètres). Il est donc évident que l'infinie variété des états intermédiaires, sensiblement différens l'un de l'autre, ne peut être indiquée que par de petites fractions d'un *inch* (25 millim.), dans la variation de la hauteur de la colonne de mercure.

Pour obvier à cette difficulté, on a inventé diverses formes de baromètre.

323. L'une des plus simples et des plus ingénieuses se nomme le *baromètre diagonal*. C'est un simple baromètre dont le tube est recourbé (*fig.* 228), un peu au-dessous du point le plus bas où descend ordinairement le mercure. Ce tube étant rempli, comme celui d'un baromètre ordinaire, avec du mercure dont la surface reste en un point quelconque Q de la partie courbe A B C, chaque variation de densité de l'atmosphère se trouvera indiquée par un mouvement beaucoup plus considérable du mercure dans le tube incliné que si le tube restait vertical.

Ceci s'explique aisément. La pression sur la base C de la colonne n'est pas égale au poids de toute la colonne courbe Q B C, mais à celui qu'aurait la colonne B C prolongée en direction verticale jusqu'au niveau P Q de la surface Q.

Ainsi elle est égale au poids de la colonne de mercure qui remplirait le tube P C. Si donc la colonne de l'atmosphère change quelque chose à son poids, soit d'une quantité égale en poids à une colonne de mercure allant de P en P', en sorte que son poids soit maintenant égal à celui de la colonne C P', alors la surface du mercure en A B est au même niveau que P', ou bien en Q'; elle a donc varié d'un espace QQ', plus grand que PP', et qui peut être d'autant plus grand que lui, que l'on accroîtra davantage l'inclinaison de A B.

Ainsi le mouvement de la surface du mercure dans le tube A B, pour une variation donnée dans le poids de l'atmosphère, est beaucoup plus grand que dans un baromètre droit ordinaire.

324. Le *baromètre à roue* est un autre appareil fait dans le même but. A B F (*fig.* 229) représente le tube courbé en B, de manière que les deux branches A B et F B soient verticales. Ce tube est rempli de mercure et placé comme on le voit dans la figure. Il est évident que le mercure s'y tiendra en repos quand la pression atmosphérique sur la surface E sera égale au poids de la colonne de mercure F K, qui reste dans l'autre branche du tube au-dessus du niveau E. Or toute baisse de la surface E produira une hausse égale de la surface F; et la surface E étant baissée, tandis que F sera haussée de la même quantité, la distance de ces deux surfaces, ou la différence de leurs niveaux, s'accroîtra du double de cette quantité. Ainsi donc la variation de la colonne F K est double de celle de la position de la surface E. Mais F K est la hauteur du baromètre, cette colonne étant égale en poids à la colonne atmosphérique correspondante. La variation dans la position de E est donc moitié de la variation dans la hauteur du baromètre.

Pour mesurer cette variation dans la position de E, on a adopté le mode suivant. Une petite balle de fer flotte (1) sur la surface du mercure. A cette bulle est attaché un cordon qui passe sur la circonférence d'une roue ou poulie Q, et qui porte à son autre extrémité un poids R moindre que celui de la balle de fer. La roue Q porte un indicateur H des divisions égales du grand cercle L.

Il est évident que, par la baisse de la surface E, la balle de fer s'immergeant à une moindre profondeur dans le fluide,

(1) Une masse de fer plongée dans le mercure en déplace un volume dont le poids excède le sien. Le fer donc *flotte* sur le mercure.

y sera moins supportée (art. 283) qu'avant; et puisqu'elle était en équilibre par le poids R, dans le cas du support complet, l'équilibre sera détruit, la balle de fer descendra, et le cordon entraînera avec lui la circonférence du cercle et l'index. Par la distance que donne l'index on peut déterminer la baisse de la surface du mercure.

Supposons, par exemple, que la circonférence de la roue Q soit d'un *inch* 1/4 (31 millim. 7437); une baisse de la surface E de cette quantité (31 millim.) faisant que le cordon se meut à cette distance, produira une révolution *complète* du cercle et de son indicateur. Si donc l'on divise la circonférence du cercle extérieur en 500 parties égales, un mouvement de l'indicateur d'une quelconque de ces parties dénotera un mouvement de la surface de 1/500me d'un *inch* 1/2 (31 millimètres), ou de 1/200me d'un *inch* (25 millim.). Mais ce mouvement de la surface E correspond au double de cette variation du baromètre, c'est-à-dire qu'elle correspond à une variation barométrique de 1/100me d'*inch* (0 mill., 25). Cette légère variation peut donc être aperçue à l'aide du baromètre à roue. Il y a d'ailleurs des causes nombreuses d'erreur introduites par le mécanisme de cet appareil, et l'instrument a moins d'exactitude qu'un simple baromètre.

La hauteur effective de la colonne K F est influencée par le poids de la balle de fer en E. Mais les variations de sa hauteur, dans les usages ordinaires de ce baromètre, n'en sont pas influencées.

Le baromètre à roue est ordinairement connu sous le nom de cadran du temps. Des positions particulières de l'index sont supposées liées à des temps particuliers dont les noms correspondent aux diverses divisions du cercle. Ces indications du temps peuvent se ranger avec les pronostics des almanachs. Il n'est rien dans la position de l'indicateur qui ait rapport au beau et au mauvais temps; et ce sont seulement ses variations qui peuvent les indiquer.

325. Le *Syphon*. — C'est un autre instrument d'une excessive simplicité; son application d'ailleurs n'est pas, comme celle du baromètre, bornée à des objets scientifiques, mais aux usages les plus ordinaires de la vie. A l'aide de cet instrument, un fluide semble monter de lui-même du vase qui le contient et par-dessus ses bords, puis descendre pour remplir un autre vase adjacent. Tout ce qu'il faut pour cela,

c'est que le niveau du fluide dans l'un des vases soit au-dessous de son niveau dans l'autre.

Le tube courbé A F B (*fig.* 250) est un syphon. On le remplit d'abord du fluide, et l'on ferme ensuite ses deux ouvertures. L'une d'elles A est alors plongée dans le fluide du vase C H qu'on veut vider, et l'autre passe dans I K que l'on veut remplir. Les deux extrémités du tube étant alors ouvertes, le fluide coule de suite de l'un dans l'autre.

On en comprend aisément la raison. La pression du fluide dans la branche du tube F A sur la section inférieure A, tendant à la faire sortir du tube, est égale au poids d'une colonne A P allant de A à la partie *supérieure* du tube; la pression du fluide externe en A tendant à le faire couler *dans* le tube, est égale au poids d'une colonne de la hauteur A C, plus celle de l'air en dessus; il s'ensuit donc que, pour le tout, le fluide est pressé en A, en dedans, par le poids de la colonne atmosphérique diminuée du poids de la colonne de fluide C P. On sait de même qu'en B le fluide est pressé dans le tube par le poids de la colonne atmosphérique, diminuée du poids de la colonne de fluide D Q. Alors, tant que la colonne D Q est plus grande que la colonne C P, le fluide est pressé dans l'extrémité A du tube avec une force plus grande qu'il n'est pressé dans l'extrémité B. A raison de ces pressions inégales, il doit donc se mouvoir dans le tube, suivant la direction A F B, jusqu'à ce que la surface C arrive au même niveau que D.

Les pressions en A et en B tendant toutes deux à forcer le fluide *dans* le tube, maintiennent ses parties ensemble en leur faisant former une colonne continue. Cette continuité se rompra d'ailleurs quand la colonne aura plus de 30 *inches* (76 centim.) de hauteur, si le fluide est du mercure, et plus de 35 *feet*. (10 m. 363), si le fluide est de l'eau. Car si C P excède ces limites, dans les circonstances que nous supposons, son poids excèdera celui de la colonne d'air atmosphérique; et par conséquent on voit, d'après ce que nous avons dit précédemment, que l'aggrégation de pression sur la section en A ne sera plus *dans*, mais *dehors* du syphon. De plus sa tendance en B sera d'être *hors* du syphon, puisque Q B est plus grand que P A. Le fluide tendant alors à couler hors du syphon par ses deux ouvertures, la colonne sera séparée, et le syphon cessera d'agir. Ainsi l'on ne peut faire un syphon pour élever de l'eau à plus de 34 *feet* (10 m., 363), ou du mercure à plus de 30 *inches* (76 centim.); ou pour rien élever dans le vide.

Après avoir rempli le syphon, nous avons supposé que ses *deux* extrémités étaient fermées avant d'être plongées sous la surface du fluide dans les deux vases. Il est nécessaire seulement d'en fermer une. La pression atmosphérique étant suffisante, dans ces circonstances, pour supporter la colonne dans l'autre branche, même quand elle est renversée.

Dans les syphons dont on se sert ordinairement pour transvaser des liqueurs, il y a un robinet qui ferme à volonté l'une des extrémités, et on peut ainsi le tenir constamment plein.

326. Le syphon de **Wurtemberg** est une autre disposition plus simple encore pour maintenir ainsi le tube plein et prêt à s'en servir. Il se compose de deux branches qui sont précisément les mêmes, et qui se *relèvent en haut* à leurs extrémités ; les pressions sur les surfaces des fluides, dans les petites parties du tube ainsi relevé en haut aux extrémités de ses deux branches, sont, quand les branches sont tenues dans une position verticale, précisément les mêmes. Le fluide reste donc en repos dans le tube. Mais quand l'une des extrémités est plongée dans un fluide, dont le niveau est au-dessous de celui du fluide dans l'autre branche du tube, l'inégalité dont nous avons parlé se reproduit immédiatement, et le fluide coule dans le syphon. La théorie en est la même que celle du simple syphon.

~~~~~~

CHAPITRE II.

528. *Elasticité de l'air prouvée par expérience.* — 530. *Son élasticité proportionnelle à sa densité.* — 531. *Le condensateur.* — 532. *La jauge.* — 533. *Le fusil à vent.* — 534. *La pompe d'épuisement.* — 537. *La pompe à air, machine pneumatique.* — 538. *Expérience avec la pompe à air.* — 542. *Pompe aspirante.* — 543. *Pompe levante.* — 544. *Pompe foulante.* — 547. *Pompe à feu.*

527. *Elasticité de l'air.* — Les propriétés des fluides dont nous avons parlé jusqu'ici, résultent exclusivement de leur fluidité, et sont, par conséquent, communes à toutes. Les fluides, d'ailleurs, sont de deux espèces ; ceux *inélastiques* ou *liquides*, et ceux *élastiques* ou *gaz*. A cette dernière classe appartient l'air atmosphérique ; et quoiqu'il partage, ainsi que nous l'avons dit, toutes les propriétés des autres fluides, et que tous les phénomènes qui en résultent leur soient communs, il y a une autre classe de phénomènes résultant de leur fluidité, qui lui sont particuliers et égaux au moins en importance, sinon supérieurs aux premiers.

Tous les phénomènes atmosphériques dont nous nous sommes occupé jusqu'ici, se présentent absolument de la même manière qu'il se présenteraient si l'air qui nous enveloppe était un liquide comme l'eau, au lieu d'être un fluide très-élastique et très-expansif, comme nous le savons. Nous allons examiner maintenant les propriétés qui résultent de son élasticité.

528. Nous pouvons d'abord, par une expérience très-concluante, nous convaincre de l'élasticité de l'air. A B C (*fig.* 231) est un tube recourbé, à l'extrémité C duquel est fixé un robinet. Ce robinet étant ouvert, une petite quantité de mercure E B E', mise dans le tube, s'établit au même niveau E E' dans les deux branches ; la pression atmosphérique en E et E' étant la même ; et ces parties d'un fluide duquel des surfaces égales supportent des pressions égales, étant dans le même plan horizontal nécessairement (art. 254).

Maintenant, que l'on ferme le robinet C. On verra qu'en le fermant, quoique la pression de la colonne atmosphérique sur celle contenue dans la partie E C du tube soit supprimée, cependant la résistance de l'air à la tendance vers le haut de la surface E (s'élevant hors de la pression atmosphérique sur E') reste sans altération; car E ne change pas. Or cela aurait absolument lieu de la même manière, si le fluide contenu dans E C était un liquide comme de l'eau, ou même un solide; mais que l'on mette plus de mercure dans la branche A B du tube, et l'on verra la différence entre les deux cas. Supposons que le mercure ajouté dans le tube A B ait sa surface en D. La pression sur E se sera accrue du poids de la colonne D E'. Or si B C eût contenu un liquide, cette pression additionnelle, quelque grande qu'elle eût été, n'eût produit aucun mouvement sur la surface E; le liquide fournissant toujours une résistance qui s'accroît d'une quantité précisément égale à celle dont s'accroît la pression. Mais C E contenant de l'air, ne se trouve plus capable de fournir cet accroissement de résistance, dans l'état actuel; il cède immédiatement à la pression qui s'est accrue, la surface E monte, et le fluide en E C se trouve n'avoir pas acquis un pouvoir de résistance égal à cette nouvelle exigence, tant que l'espace qu'il occupe ne s'est pas considérablement diminué. Or il y a un rapport remarquable entre ce pouvoir accru de résistance et cete diminution de volume qui le fait acquérir. C'est que la proportion dans laquelle le volume du fluide est diminué est celle précisément dans laquelle le pouvoir de résistance s'est accru. Ainsi quand le volume diminue de moitié, le pouvoir de résistance est doublé; si le fluide se contracte du tiers, son pouvoir de résistance est triplé, et ainsi de suite.

Ainsi, dans notre expérience, si l'on ajoute du mercure dans le tube A B, en accroissant par là la pression sur la surface E, on verra que cette surface monte continuellement, comprimant l'air au-dessus; quand cette compression a été continuée jusqu'à ce que l'espace E C soit diminué de moitié, ou F C, on trouvera que le mercure se maintient à une telle hauteur dans l'autre bras A B, qu'il *double* la pression sur la surface E. La surface E se maintient aussi en F. Le fluide en F C fournit donc une résistance double de sa première résistance; ou bien *son pouvoir de résistance est dou-*

blé. Or nous savons que la pression sur E est doublée quand la hauteur de la colonne D F ' entre les niveaux des deux surfaces égale la hauteur à laquelle le baromètre se tient pendant l'expérience. En effet, avant l'*addition* du mercure dans le tube, la pression sur E était celle de l'atmosphère, et par conséquent égalait le poids de la colonne barométrique; maintenant-elle est *accrue* du poids de D F '; si donc le poids de D F ' égale celui de la colonne barométrique, il est doublé.

De même, en faisant la colonne F ' D trois fois la colonne barométrique, on *triplera* la pression sur E, et l'espace E D se trouvera diminué du tiers de sa première dimension, et ainsi de suite.

Il s'ensuit dès-lors que le volume d'une portion quelconque donnée d'air est diminué à mesure que la pression sur elle est augmentée; et que ce rapport de pression et de volume est régi par cette loi remarquable, que l'accroissement de pression est exactement proportionnel à la diminution de volume.

329. Maintenant la réciproque est également vraie; c'est-à-dire que le volume d'une portion quelconque donnée d'air est *accrué*, à mesure que la pression est diminuée, et la diminution de pression est précisément égale à l'accroissement de volume. Pour le prouver, laissons le robinet ouvert, et après avoir ôté du tube une partie du mercure employée dans l'expérience précédente, renversons-le après avoir d'abord fermé le robinet (*fig.* 232). La pression sur E' ne s'accroîtra plus davantage maintenant, elle diminuera au contraire par le poids de la colonne E'D; la pression sur E étant ainsi diminuée, cette surface se mouvra dans une direction opposée à son premier mouvement dans le tube, l'air en E C s'étendant lui-même dans le tube, de manière à y occuper un plus grand espace. Si la quantité de mercure dans le tube est telle que l'air en E C *double* ainsi l'espace qu'il occupait avant, on verra que la hauteur de la colonne est telle maintenant qu'elle produit sur E une pression juste moitié de celle qu'elle exerçait avant; c'est-à-dire que la surface E se sera mue jusqu'au point F ; en sorte que la longueur de la colonne F'D sera juste la moitié de la hauteur de la colonne barométrique. De même, si la quantité de mercure contenue dans le tube est telle que l'espace C F soit triplé, la distance F'D entre les niveaux de ses deux surfaces, se trouvera être les deux tiers

de la colonne barométrique, montrant que la pression sur F a été diminuée d'un tiers, et ainsi de suite.

Il suit de là, par conséquent, qu'à mesure que l'on diminue la pression sur une masse d'air, cet air augmente de volume, la diminution de la pression étant exactement proportionnelle à l'accroissement de volume.

Cette force d'expansion de l'air, qui le fait résister à la pression qui lui est appliquée, avec les conditions que nous venons de formuler, s'appelle son *élasticité*.

Alors, en général, l'élasticité d'une portion d'air s'accroît à mesure que son volume est diminué, et réciproquement.

330. La densité de l'air est la quantité d'air contenue dans un espace donné. Or, à mesure que le volume d'une quantité donnée d'air est *diminué*, la quantité de cet air contenue dans un espace donné, une centimètre cube par exemple, est *augmentée*. Cette diminution et cet accroissement sont dans un rapport *exact*. Il s'ensuit dès-lors que l'élasticité de l'air s'accroît exactement dans la même proportion que sa densité s'accroît, et *vice versâ*.

Ces propriétés de l'air qui permettent de le comprimer dans un petit espace, ou de le laisser s'épandre dans un espace plus grand, entrent pour beaucoup dans l'explication d'une variété infinie de phénomènes atmosphériques qui nous arrivent journellement; elles ont, de plus, suggéré la construction de quelques-uns des instrumens les plus utiles que la science ait appliqués aux arts. Nous allons en décrire quelques-uns.

331. Le *condensateur*.—C'est un instrument destiné à forcer, dans un certain espace, une plus grande quantité d'air que n'en contiendrait cet espace sous la pression ordinaire de l'atmosphère.

La *fig.* 253 présente une coupe de cet instrument. EF est un cylindre creux; A une masse solide métallique, circulaire, qui remplit exactement la surface intérieure du cylindre, et peut s'y mouvoir librement.

Le fond du cylindre communique avec le réservoir D, dans lequel on veut comprimer l'air. Sous la petite ouverture C, par laquelle ce tube communique avec le réservoir, est fixé, y jouant, un morceau de soie huilée, s'étendant beaucoup au-delà des bords de l'ouverture. Ce morceau de soie s'appelle soupape en soie; et nous allons expliquer en peu de mots son usage.

Le piston A est percé d'un petit canal dont la surface inférieure est aussi garnie d'une soupape en soie, semblable à celle en C.

Supposons maintenant que le piston s'abaisse; l'air en dessous sera comprimé, et la force nécessaire pour le retenir sous cette compression sera nécessairement accrue (art. 550) et excèdera l'élasticité de l'air en D; la soupape couvrant l'ouverture C sera donc pressée inégalement en dessus et en dessous et cèdera en s'ouvrant, de manière que l'air comprimé du cylindre arrivera par cette voie dans le réservoir.

Pendant que l'air passe ainsi librement du cylindre dans le réservoir par l'ouverture C, observons qu'il ne peut s'échapper par B. La force élastique de l'air comprimé sous le piston, au lieu de soulever l'obstacle opposé par la soupape qui couvre B, ne fait que tendre la soie en pressant ses bords contre la surface inférieure du piston et lui faisant clore plus hermétiquement l'ouverture. Il s'ensuit que lorsque le piston a *achevé* sa descente, tout l'air contenu dans le cylindre a été forcé de passer dans le réservoir. Quand le piston remonte, si la soupape C restait ouverte et celle B fermée, la pression étant de nouveau diminuée, ainsi qu'elle s'était accrue, cet air, à raison des propriétés que nous lui avons reconnues (art. 529), se répandrait de nouveau dans l'espace qu'il occupait avant, retournant du réservoir dans le cylindre; et les choses reviendraient dans l'état où elles se trouvaient avant que le piston eût été mis en mouvement. Mais il n'en est pas ainsi; quand la pression sur le piston est un peu diminuée, elle ne suffit plus pour résister au pouvoir expansif de l'air condensé dans le réservoir; la pression sur la soupape C redevient inégale, mais celle de *dessous*, au lieu de celle en *dessus*, a maintenant la prépondérance. Le résultat est que les bords du morceau de soie sont pressés fortement contre la surface interne du réservoir, et la soupape ferme hermétiquement l'ouverture. Ainsi le retour de l'air du réservoir dans le piston est rendu impossible. Après que le piston a très-peu remonté, la petite portion d'air qui était contenue tant dans la partie supérieure du tube entre le piston et le réservoir, que dans celle entre le piston et le fond du cylindre, s'épand dans un espace si large, que son élasticité devient moindre que celle de l'atmosphère hors du condensateur. La soupape B est donc alors pressée *vers le bas* avec plus de force qu'elle n'est pressée *vers le haut*. Elle se détache donc de l'ouverture, et l'air du *dehors* s'introduit par là dans le cylindre, et *facilite* ainsi l'ascension du piston.

Quand le piston a été remonté à son point le plus haut, et que le cylindre en dessous a été rempli d'air, l'opération peut être répétée ; ainsi des volumes successifs d'air, égaux chacun au contenu du cylindre, peuvent être comprimés dans le réservoir ; la densité de cet air comprimé s'y accroît continuellement, et par suite son *élasticité* (art. 330).

332. *La jauge.* — A B D *(fig.* 234) est un tube recourbé, ayant un robinet en A, et communiquant par la branche A avec l'intérieur du réservoir. Une petite quantité de mercure est contenue dans la partie B C F du tube B C D. Le robinet A étant ouvert avant la condensation, les surfaces B et F restent au même niveau et le conservent après que le robinet est fermé, aussi long-temps que la densité, et par conséquent l'élasticité de l'air dans le réservoir est la même que celle de l'air extérieur, ou que celle de la branche C D, qui est la même que celle de l'atmosphère. Mais aussitôt que l'air du réservoir devient plus dense, et par conséquent plus élastique (art. 330) que celui en F D, l'égalité des pressions sur les deux surfaces B et F se trouve détruite ; la surface F remonte, jusqu'à ce que l'élasticité *augmentée* de l'air ainsi *comprimé* dans l'espace F D, jointe au poids de cette portion de la colonne C F qui est au-dessus du niveau de B, égale la force élastique de l'air en A B, ou dans le réservoir.

Observant la hauteur à laquelle la surface F arrive ainsi, on peut aisément calculer quelle est l'élasticité de l'air condensé. Ainsi quand F arrive à une hauteur telle que l'air comprimé au-dessus de lui n'occupe que moitié de l'espace primitif, on voit que son élasticité a été doublée, et qu'elle doit, par conséquent, être devenue égale au poids d'une colonne de mercure double de la hauteur du baromètre ; et déduisant de cette hauteur la différence entre les niveaux de B et de F (qui est deux fois l'élévation de la dernière surface, ou la dépression de la première), on voit que le reste est la hauteur d'une colonne de mercure dont le poids égale la pression en B, ou l'élasticité de l'air dans le réservoir.

La jauge peut être graduée de manière que ces résultats soient visibles à la seule inspection.

333. Le *fusil à vent.* — C'est une machine qui, ainsi que l'indique son nom, lance des balles au moyen de l'air condensé. On construit un fort réservoir sphérique qui se visse soit à la culasse du fusil, soit à l'extrémité d'une pompe de condensation. Par l'action de cette pompe, on condense un grand volume d'air dans le réservoir, qu'on fixe ensuite à la culasse du fusil. Le canon du fusil communique dès-lors à volonté avec le réservoir, au moyen d'une détente qui en ouvre la soupape, et l'air s'échappe avec assez de force pour chasser violemment le projectile qui s'oppose à sa sortie. Au moyen d'un mécanisme très-simple, un nouveau projectile est introduit de nouveau, un second coup peut être répété, et ainsi de suite, jusqu'à l'épuisement du réservoir.

La force d'impulsion n'a évidemment d'autres limites que le degré de la condensation qu'on peut obtenir, et la *force* du réservoir. La forme la plus forte du réservoir est celle sphérique, qui, sous un volume donné, est contenue avec le moins de surface possible.

334. *Pompe d'épuisement.* — Si les soupapes E et C, décrites pour le condensateur, ouvrant *vers le bas* et fermant *vers le haut*, sont disposées de manière à *fermer* vers le bas et à *ouvrir* vers le haut, comme on le voit (*fig.* 255); la machine, au lieu d'être une pompe à *condenser*, devient une pompe à *épuiser.*

Son action se comprend de suite. Supposons que le piston soit au fond du cylindre, et levons-le; l'air en dessous fera *expansion;* son élasticité sera diminuée ainsi et rendue moindre que celle de l'air extérieur. La pression sur la soupape E *du dehors* sera alors rendue plus grande que celle *du dedans;* elle se fermera donc et empêchera l'air d'entrer par l'ouverture qu'elle recouvre. L'air dans le cylindre étant de nouveau rendu plus rare que dans le réservoir A, la pression sur la soupape C de dessous excèdera celle de dessus, et la soupape s'ouvrira; l'air du réservoir passant dans le cylindre et s'y *épandant*. Quand le piston a *achevé* de monter, l'air en A s'est épandu dans tout l'intérieur du cylindre et du réservoir à la fois. Ainsi, en supposant que le cylindre et le réservoir soient égaux, l'élasticité et la densité de l'air auront diminué de moitié.

Supposons maintenant que le piston redescende. Aussitôt que l'espace en dessous de lui, dans le cylindre, est diminué, l'élasticité de l'air contenu s'y accroît, et y excède celle de l'air du réservoir ; la soupape C se trouve donc pressée vers le bas avec une plus grande force qu'elle n'est pressée vers le haut, et par conséquent elle se ferme, tandis que l'air s'y trouve en expansion ou dans l'état raréfié, auquel il avait été amené à l'instant où le piston était à sa plus grande hauteur. A mesure que le piston continue de descendre, l'air qui se trouve en dessous se comprime de plus en plus, jusqu'à ce qu'il se condense à la même densité et par conséquent avec la même élasticité que l'air extérieur. Quand cela arrive, la soupape E est également pressée du dedans et du dehors ; mais, comme la condensation continue, par la descente ultérieure du piston, cette égalité cesse, et la pression de dessous excède celle de dessus ; la soupape s'ouvre, l'air s'échappe, et le piston descend librement jusqu'au fond du cylindre ; l'opération de l'épuisement peut être répétée par une nouvelle ascension du piston, et l'on peut ainsi *théoriquement* continuer la raréfaction de l'air dans le réservoir, sans limite. Mais, *dans la pratique*, il se trouve une limite opposée à cet épuisement continuel, par le poids des soupapes.

335. Il est clair que pour lever chaque soupape, la pression de dessous doit excéder celle de dessus d'une quantité plus grande que le poids de la soupape. Or quand l'épuisement a été poussé très-loin, il *peut* devenir, et il *devient*, dans la pratique, impossible d'amener le piston assez complètement en contact avec le fond du cylindre pour que l'élasticité de l'air en dessous de lui soit, par ce moyen, plus grande que celle de l'air *extérieur*, ou du moins égale.

Il y a une source semblable d'erreur provenant du poids de la soupape C.

Si donc les soupapes n'avaient *aucun poids* du tout, il n'y aurait pas de limites à l'épuisement, et la limite est d'autant plus reculée que le poids est moindre.

Le grand point à atteindre dans la construction d'une pompe d'épuisement est donc, ainsi qu'on le voit d'après ce qui précède, que les poids des soupapes soient aussi légers que possible, et que, lorsque le piston est à son point le *plus bas*, l'espace qui peut être occupé par l'air en dessous soit le moindre possible.

336. Il y a de nombreuses dispositions pour remédier à ces difficultés et étendre les limites auxquelles l'épuisement peut être porté. L'une des meilleures est probablement d'opérer sans l'une des soupapes C , E. Cette disposition (*fig.* 236) sera facilement comprise à l'aspect seul du dessin. Le piston A y est *solide.* Le sommet F du cylindre est fermé, et la verge du piston s'y meut dans un collier qui ajuste hermétiquement. Une ouverture K fournit une communication entre la partie supérieure du cylindre et le réservoir, et au fond du cylindre est une soupape *ouvrant vers le bas.*

Supposons le piston au fond du cylindre et forcé de remonter, un vide se produit sous lui, ou bien entre la surface inférieure du piston et le fond du cylindre, la soupape E étant fermée par la pression de l'air extérieur ; l'élévation du piston étant continuée jusqu'à ce qu'il ait dépassé l'ouverture K, une communication s'établira par l'ouverture entre le vide et l'air contenu dans le réservoir ; ce dernier se répandra dans tout l'espace qu'il occupait avant et dans celui où le piston était ; lequel, quand le piston est entièrement descendu jusqu'au fond, est *tout* le cylindre. Le piston redescendant de nouveau, la communication entre l'air contenu dessous lui dans le cylindre et dans le réservoir, sera fermée quand il aura passé l'ouverture K , et la densité de l'air dans l'espace A C s'accroîtra continuellement, jusqu'à ce qu'enfin elle surpasse celle de l'air extérieur ; la soupape E au fond du cylindre s'ouvre alors, et l'air sous le piston s'échappe. En répétant l'opération, on obtient chaque fois un nouveau degré d'épuisement, jusqu'à ce qu'enfin la raréfaction soit si grande que l'air contenu dans le cylindre, après que le piston a monté, étant comprimé par sa descente dans ce petit espace qui ne peut manquer d'exister entre sa surface inférieure et le fond du cylindre, ne soit pas d'une élasticité suffisante pour faire descendre la soupape. Cette difficulté est quelquefois écartée en partie, en plaçant *sur* cette soupape un réservoir lié à une autre pompe d'épuisement par laquelle une partie de la pression atmosphérique sur la surface inférieure de la soupape peut être enlevée. Le piston solide est certes, à tous égards, un grand perfectionnement à la pompe ordinaire d'épuisement. Cette pompe que nous venons de décrire est peut-être le mécanisme le plus simple connu pour épuisement. Il y a, d'ailleurs, diverses méthodes par lesquelles on peut le modifier de manière à faciliter et à étendre ses applications à des objets scientifiques.

En premier lieu, l'épuisement peut être rendu plus rapide par l'usage de deux cylindres au lieu d'un. D'abord on peut donner le mouvement au piston, de manière à ce que la force que l'on applique, le soit avec son plus grand avantage mécanique; et ensuite on peut produire l'épuisement dans un réservoir susceptible de se mouvoir, de manière que l'appareil de toute expérience qu'on désire faire dans le vide, y soit facilement introduit par-dessous.

La *fig.* 237 représente le corps d'une pompe à air qui jouit de toutes ces propriétés, et qu'on appelle *machine pneumatique*.

557. B et B' sont deux cylindres dont les sommets sont fermés, à l'exception de l'ouverture dans laquelle se meuvent les verges des pistons F E et F' E dans des colliers qui ne laissent pas passer d'air.

P et P' sont des pistons solides, mobiles dans ces cylindres, avec lesquels ils sont ajustés très-exactement, de manière à ne laisser passer d'air nulle part. Les verges de ces pistons sont terminées par des crics EF et E' F', qui sont appliqués de chaque côté de la circonférence d'une roue dentée W, mobile à l'aide d'une manivelle H W. Aux fonds des cylindres sont de petites ouvertures closes par des soupapes V et V' qui s'ouvrent vers le bas. Près de leurs extrémités supérieures, elles communiquent par des orifices O et O', sur leurs côtés, avec un système de tube T T T' formant communication avec le réservoir R. Ce réservoir est de verre ordinairement; sa forme est cylindrique, avec une calotte se terminant en boule, et qui sert à le manier. Sa partie inférieure est ouverte de manière à former une espèce de bouche dont les bords sont parfaitement dressés, bien adoucis et dans le même plan. Ce réservoir repose sur une plaque horizontale de bronze SS', dont la surface est également dressée avec le plus grand soin. Si les bords du réservoir et la surface de la plaque sont bien dressés et parfaitement unis, de manière à ne faire qu'un seul et même plan d'ajustage, leur contact sera hermétique. L'exactitude du contact peut s'accroître en graissant de suif les bords du réservoir.

Ces précautions étant prises, supposons que l'on tourne la roue, un des pistons P montera et l'autre descendra. Par l'ascension de P un vide sera produit dans le cylindre au-dessous; la soupape V étant fermée par la pression de l'air extérieur. Quand P a passé l'ouverture O, l'air du réservoir communique avec ce vide. Il se répand ainsi sur le cylindre B, *en plus* de l'espace qu'il occupait avant. Le piston P', pendant ce temps, a été forcé de descendre jusqu'au fond du cylindre B', dans lequel il se meut. Supposons maintenant que l'on tourne la roue en sens inverse; l'opération d'épuisement alors se fera par le piston P', ainsi qu'elle s'était faite par le piston P; et en continuant à tourner ainsi la roue alternativement en avant et en arrière, l'épuisement continuera jusqu'à ce que tou l'air raréfié, contenu dans chaque cylindre, étant, quand le piston arrive à son fond, condensé dans le petit espace entre le fond du piston, le fond du cylindre et la surface de la soupape, n'ait plus assez d'élasticité pour ouvrir la soupape ou surpasser la pression de l'air extérieur, quoique la tendance de l'élasticité à surmonter cette pression, y soit accrue par le poids de la soupape.

La *fig.* 238 donne la *perspective* de la machine pneumatique ainsi construite, et en représente *toutes* les parties.

H L est la jauge; c'est un simple tube de verre dont l'extrémité supérieure communique avec le réservoir, et dont l'extrémité inférieure plonge dans une cuvette de mercure. Quand l'air est raréfié dans le réservoir, sa force élastique étant diminuée, la partie de la surface du mercure de la cuvette qui est *dans* le tube, supporte une moindre pression que celle qui est en *dehors*. L'équilibre est donc détruit (art. 254), et le mercure monte dans le tube jusqu'à ce que l'égalité voulue de pression soit rétablie; le poids de la colonne soulevée de mercure et la pression élastique de l'air au-dessus d'elle égalant maintenant la pression de l'air en dehors, c'est-à-dire égalant le poids de la colonne barométrique. Il s'ensuit, dès-lors, que si l'on diminue la hauteur de la colonne barométrique de la hauteur du mercure soulevé dans le tube, le reste sera la hauteur de la colonne de mercure qui serait soutenue par l'élasticité de l'air du réservoir.

338. *Expériences avec la machine pneumatique.* — L'état dans lequel existe chacune des choses qui nous environnent, et la manière dont chaque action se passe, sont plus ou moins influencés par le fait de notre immersion constante dans l'atmosphère. Pour nous en assurer, il suffit de retirer

l'air à l'aide de la machine que nous venons de décrire, et d'observer l'état dans lequel les mêmes corps existent, et les mêmes choses se passent, dans *le vide.*

339. Un vase qui nous paraît vide, est réellement plein d'un fluide pesant ; et quand nous le pesons, ne croyant peser qu'un vase vide, nous pesons cependant le fluide qu'il contient.

Pour nous en convaincre, nous n'avons qu'à en épuiser l'air ; ce qui se fera aisément, si le vase a un col avec robinet et qu'il puisse se visser à l'orifice K de la pompe à air, en épuisant l'air qu'il contient, ainsi que d'un réservoir. Si l'on pèse le vase après y avoir fait le vide, on le trouvera beaucoup plus léger qu'avant.

L'air presse sur chaque partie des parois d'un vase, et quelque fragile qu'en soit la matière, il ne la brise pas, parce que l'air occupe à la fois le dedans et le dehors du vase, pressant de dehors en dedans avec autant de force précisément que de dedans en dehors.

340. Pour rendre ceci évident, soient deux sphères creuses (*fig.* 239) ayant des bords bien dressés et polis, de manière à ce qu'elles puissent être en contact hermétique. Que l'une ait un tube de communication qui puisse se visser sur l'orifice K de la pompe à air, et faisons le vide dans l'intérieur de la sphère que forment les deux hémisphères en contact. On trouvera que bien qu'il fût facile de les séparer avant, maintenant que la pression de l'air extérieur n'est plus contrebalancée par celle de l'air intérieur, les hémisphères tiennent si fortement qu'on ne peut plus les séparer ; et qu'en supposant une sphère de six *inches* (15 centim.) seulement, un poids de 400 *pounds* (181 kilog.) ne suffirait pas pour opérer cette séparation. C'est la célèbre expérience des hémisphères de Magdebourg, et l'une des plus anciennement faites avec la machine pneumatique. *Otto Guericke*, l'inventeur de cet instrument, construisit une paire d'hémisphères d'un *fect* (30 cent.) de diamètre et qui exigeaient une force de 1700 *pounds* (760 kil.) pour se séparer. Si, le vide étant fait dans les hémisphères, on les enlève de l'orifice K de la machine pneumatique, après avoir fermé le robinet de leur tube de communication, afin d'empêcher tout accès de l'air extérieur dans l'espace qu'elles renferment, puis qu'on les mette sur le plateau TT' de la machine, en y plaçant le récipient

par-dessus ; alors, en faisant marcher la machine pour opérer le vide aussi bien en dehors qu'en dedans des deux hémisphères, elles se sépareront d'elles-mêmes.

341. Non-seulement l'air est un fluide pesant, mais c'est
un fluide élastique qui tend constamment à s'épandre et à s'é-
chapper, par conséquent, de tout vase qui le renferme. Nous
ne nous apercevons ni de cette tendance, ni d'aucun de ses
effets, parce que la pression extérieure de l'air sur le vaisseau est justement égale à cette tendance élastique de l'air
contenu, et la neutralise. Pour s'assurer de ce fait, on n'a
qu'à prendre une fiole qui ne contienne que de l'air, et la
boucher hermétiquement, fixant le bouchon par un fil de fer
ou autrement, et placer cette fiole d'air sous le récipient de
la machine ; tant qu'elle se trouve entourée par l'air dans le
récipient, la tendance à briser les parois de verre ne s'aperçoit pas ; mais dès que le vide a lieu , la fiole se brise en
morceaux.

Une prodigieuse variété d'expériences d'un grand intérêt
peuvent se faire avec la machine pneumatique. On les trouvera dans les *Manuels de Physique et de Chimie* qui font partie de cette collection.

342. *Pompe aspirante.* — La *fig.* 240 représente la coupe
d'une pompe aspirante ordinaire.

A B D est un cylindre appelé le corps de pompe, dans lequel un piston A est mobile à l'aide d'une verge A L qui se
lie en dessus avec l'extrémité d'un levier formant la manivelle de la pompe. Dans le piston est une soupape s'ouvrant
vers le haut comme dans la pompe d'épuisement, avec laquelle tout l'appareil ressemble beaucoup tant pour la forme
que pour le principe. E est une seconde soupape fermant le
fond du corps et s'ouvrant vers *le haut.* Du fond du corps,
un tube E D, appelé tube d'aspiration, va dans le puits ou
dans le réservoir dont on veut élever l'eau.

Supposons que le corps et le tube ne contiennent que de
l'air et mettons en mouvement le piston A. Il est évident que
d'après le principe de la pompe d'épuisement, une partie de
l'air, à chaque coup de piston, sera épuisée du tube B D.
L'élasticité de l'air sur cette partie de l'eau du puits qui est
dans le tube, deviendra moindre alors qu'en *dehors.* L'é-
quilibre qui exige que la pression sur le même plan horizon-

tal soit la même, sera donc détruit, et l'eau montera dans le tube, jusqu'à ce que son poids et l'accroissement de l'élasticité de l'air au-dessus, réduit maintenant à un moindre espace, rétablissent l'égalité de pression dans le même plan, elle reste enfin en quelque point P du tube d'aspiration. Un autre coup de piston produira un nouvel épuisement, et détruira de nouveau l'égalité de pression sur des parties égales du plan MDN, en dedans et en dehors du tube; il en résultera une plus grande élévation de l'eau dans le tube, jusqu'à qu'enfin elle soit amenée au sommet du tube et qu'ello passe dans le corps de pompe.

Il y a maintenant ici une nouvelle opération de la pompe; à la descente du piston, la soupape E se ferme, et le fluide est retenu dans le corps au-dessous, occupant une partie de l'espace AE, jusqu'à ce que le piston continuant de descendre, il soit enfin plongé dans le fluide, et ce dernier forcé d'y passer par la soupape. Il occupe maintenant une partie du corps de pompe *au-dessus* du piston. Par la prochaine ascension du piston, il s'élevera jusqu'au niveau du tuyau P de décharge; l'espace au-dessous du piston se remplissant continuellement d'eau à mesure qu'il monte, et cette eau passant à sa surface supérieure, quand il redescend, pour passer dans le tuyau de décharge, comme avant.

Si le vide parfait était formé par l'action du piston au-dessus de la surface de l'eau, dans le tube d'aspiration, elle ne pourrait s'élever jusqu'à son sommet, et par suite dans le corps, si le tube avait plus de 34 *fect* (10 m. 462) de long. En effet elle est élevée par la pression de l'air sur la surface de l'eau dans le puits, et cette pression, dans nos pays, ne supporte qu'une colonne de mercure de 30 *inches* (76 centim.) de haut; or une telle colonne est égale en poids à celle de 34 *fect* (10 mètres d'eau).

Mais le piston et le corps de pompe, quelque bien qu'ils soient construits, ne produisent jamais un vide parfait; et l'eau, dans une pompe, ne peut guère dès-lors s'élever qu'à 30 *fect* (9 m. environ).

Quand on veut l'élever d'une plus grande profondeur, comme dans les mines, on se sert d'une série de pompes; chacune décharge dans un réservoir où la prend un nouveau tuyau d'aspiration.

343. *Pompe levante.* (*fig.* 241). — **AB** représente un cy-

lindre immergé verticalement dans un réservoir dont on veut élever l'eau. CB est un tuyau communiquant avec ce cylindre par lequel l'eau doit passer ; en B, où ils se réunissent, est une soupape s'ouvrant vers le haut. Dans le cylindre une tige de piston A joue à l'aide d'un cadre DEFG auquel est fixée la tige du piston. Dans le piston est une soupape A, s'ouvrant vers le haut.

On voit aisément le jeu de cette pompe ; par l'ascension du piston, le fluide au-dessus dans le cylindre est forcé de passer, à travers la soupape B, dans le tuyau C. A mesure que le piston descend, la résistance de l'eau sur sa surface inférieure lève sa soupape, et l'eau vient au-dessus dans la partie supérieure du cylindre ; tandis que le retour de l'eau du tube refoulant CB est empêchée, parce qu'il ferme la soupape en B. Une nouvelle ascension du piston renouvelle les mêmes circonstances.

La force nécessaire pour mouvoir le piston est évidemment (art. 255) égale au poids d'une colonne verticale d'eau de même aire, s'élevant à la hauteur où elle atteint.

344. *Pompe foulante.* — Cette pompe (*fig.* 242) est une combinaison des pompes d'aspiration et levante ; elle élève l'eau d'un réservoir *au-dessous* de son niveau, d'après le principe de la pompe d'épuisement ou de succion, puis elle l'élève au-dessus de ce niveau, d'après le principe de la pompe levante.

BF est un tube d'aspiration passant dans le réservoir d'où l'eau doit s'élever. AB est un cylindre vertical dans lequel joue un piston solide A. Entre ce cylindre et le tuyau d'aspiration est une soupape B, s'ouvrant vers le haut ; et à côté du cylindre passe un tuyau d'embranchement CD, par lequel l'eau doit être forcée de s'élever à un niveau plus haut et qui contient la soupape C.

Pour comprendre l'action de cette pompe, supposons d'abord que le tube d'aspiration BF ne contienne que de l'air, et que le piston monte ; l'air au-dessous de lui dans l'espace B et dans le tuyau d'embranchement DC au-dessous de C prendra alors de l'*expansion ;* son élasticité devenant moindre alors que celle de l'air extérieur, la soupape C se maintiendra fermée, et le fluide montera dans le tube d'aspiration.

A mesure que le piston descend, la soupape B se referme, et quand l'air en CDB a acquis, par la contraction de l'es-

pace dans lequel il est renfermé, une densité et par conséquent une élasticité plus grande que celle de l'air extérieur,
la soupape C se lève, une partie de l'air est chassée, et la
nouvelle ascension produira encore une plus grande raréfaction de l'air, et par suite une plus grande ascension de l'eau
dans le tube d'aspiration, jusqu'à ce qu'enfin il trouve à s'é-
chapper par la soupape B dans l'espace CDB. Quand une
fois cela a lieu, la *descente* du piston refoule l'eau du cylindre AB dans le tube CD, et chaque nouvelle ascension
amène plus d'eau dans le cylindre, qui, chaque fois, est re-
foulée dans le tube CD, à travers la soupape, et qui arrive
enfin au niveau où se termine le tube refoulant.

Ce n'est qu'à la *descente* du piston que l'eau monte dans
le tube refoulant, et par conséquent son cours est *intermittent*.

545. Il existe une disposition ingénieuse qui rend le cours
de l'eau *continu*, quoique ce ne soit pas toujours avec
la même force. L'arrangement du tube d'aspiration, du cylindre, piston, etc., est précisément le même ; mais la branche du
tube refoulant CK communique immédiatement avec un réservoir fermé hermétiquement, au sommet duquel est inséré
le tuyau où l'eau doit définitivement s'élever, et qui est près
du fond du réservoir. L'eau étant forcée, par l'action de la
pompe, dans le réservoir, comprime l'air dans l'espace au-
dessus de la surface et le rend ainsi plus élastique que l'air
extérieur. Dès-lors la pression sur cette partie de la surface
du fluide qui est *dans* le tuyau, devient moindre que celle
d'une égale portion en *dehors*. L'équilibre est donc détruit
(art. 254), et l'eau monte dans le tube. Plus on force d'eau
dans le réservoir, plus l'air s'y trouve comprimé, et plus il
réagit par son élasticité pour élever l'eau dans le tube. Maintenant l'air comprimé dans le réservoir tend à faire *continuellement* expansion, et non pas seulement au moment où
la nouvelle compression a lieu par l'entrée de l'eau dans le
réservoir; donc l'eau passe *continuellement* dans le tube foulant. C'est sur ce principe qu'est construite la *pompe à feu*,
ou machine à vapeur.

346. *Pompe à feu.* — Cette machine dont on voit une
coupe (*fig.* 245), se compose de deux pompes foulantes AD,
BE, dont les pistons A, B, jouent alternativement par la
bascule du même levier, aux extrémités duquel sont attachées
leurs tiges. Ces pompes foulantes communiquent avec le même

réservoir d'air **H**, à partir duquel s'élève un tube vertical **IK**, terminé par un tube flexible de plomb, ou chausse, comme on l'appelle.

Par l'intervention de ce tube, l'eau est forcée dans le réservoir à air par les pompes, et continuellement pressée de là dans le tube par l'élasticité de l'air qui s'y comprime au-dessus, pour être envoyée ensuite partout où l'on veut, à une distance considérable, et au-dessus de son niveau.

La grande objection contre l'usage du réservoir à air, est qu'à raison de la grande force avec laquelle l'air est comprimé au-dessus de l'eau, il s'y *absorbe* par degrés, en sorte que l'air, par degrés, sort du réservoir avec l'eau, et que le réservoir n'est plus *rempli* que d'eau.

347. Une pompe très-ingénieuse, construite par le docteur *Lardner*, donne un courant continu, sans réservoir à air, et par conséquent n'est pas sujette à l'objection que nous venons de rapporter.

Le piston solide A (*fig.* 244) joue dans un cylindre qui communique avec un système de tube, tel qu'on le voit dans la figure. D est le tube d'aspiration, et C le tube foulant. Il y a des soupapes en P, Q, R, S, ouvrant comme l'indique la figure. Supposons le tout rempli d'eau et le piston dans sa *descente* ; en *dessous de lui* la pression sera diminuée, et en dessus elle sera augmentée ; les soupapes en S et en Q se fermeront donc, et les soupapes en P et en R s'ouvriront. La pression atmosphérique fera monter l'eau dans le tube aspirant, et, par la soupape P, dans le cylindre au-dessous du piston ; tandis que l'eau au-dessus du piston sera *forcée*, en même temps, de passer par la soupape R en dessus dans le tube C.

A la descente du piston, les soupapes R et P se fermeront, pendant que celles S et Q s'ouvriront. La tendance du piston à produire un vide au-dessus de lui, fera encore, comme avant, monter l'eau dans le tube aspirant, et sa direction ne sera plus à travers la soupape S, mais en dessus du tube DS, suivant SB, puis dans le cylindre au-dessus du piston.

L'eau sous le piston sera chassée vers le bas et le long du canal QR, puis, par suite, dans le tube foulant. Ainsi la pompe, au même instant et à chaque instant, agit comme aspirante et foulante, et l'eau en sort par un jet *continu*, toujours de la même force. C'est un très-beau mécanisme.

APPENDICE.

Les dix premières propositions de cet appendice contiennent la démonstration mathématique des principes suivans de statique : — 1. Le parallélogramme des forces. — 2. L'égalité des momens. — 5. La théorie des forces parallèles.

Le principe du parallélogramme des forces est celui sur lequel nous avons fait reposer, dans notre ouvrage, toute la science de la statique. C'est bien réellement sa base legitime, surtout parce qu'il établit cette relation des forces *inégales* qui est nécessaire à leur équilibre dans le cas le plus simple où l'équilibre de forces inégales est possible, c'est-à-dire celui de trois forces agissant sur un point.

Le principe du parallélogramme des forces se démontre aisément *par expérience*. Nous n'avons donc trouvé aucune difficulté à le poser comme un *premier principe* dans la recherche des conditions générales d'équilibre que nous voulions établir en nous appuyant *sur l'expérience*.

Mais le cas est différent quant à la recherche théorique des principes de la science de la statique.

La recherche directe du principe du parallélogramme des forces, d'après les données mathématiques, offre des difficultés qui, sans doute, eussent rebuté, dès d'abord, le plus grand nombre des lecteurs à qui cet ouvrage est spécialement destiné, et auxquels d'ailleurs quelques connaissances des *principes mathématiques* de la statique seraient de la plus grande importance pour la pratique.

Dans ces circonstances, nous avons jugé convenable de ne pas commencer les recherches mathématiques de cet appendice sur la théorie de la statique, par la démonstration du parallélogramme des forces, mais d'arriver à cette démonstration à l'aide de celle de l'équilibre de trois forces parallèles agissant sur un corps rigide, en un point quelconque, dans le même plan; cas d'équilibre qui, dans l'ordre mathématique, devrait dépendre du parallélogramme des forces.

PROPOSITION 1. — *La résultante de deux forces paral-*
lèles agissant sur un corps rigide, passe par un point
d'entr'elles autour duquel leurs momens sont égaux.

Soient (*fig.* 245) P et P' deux forces parallèles agissant
sur les points P et P' d'un corps rigide. La position de la
résultante des forces P et P', par rapport à l'une d'elles,
est évidemment la même, en quelque direction que ces forces
soient appliquées, pourvu qu'elles restent à la même distance
et qu'elles soient toujours parallèles l'une à l'autre. Supposons-les donc disposées suivant une direction *verticale*: menons une ligne MM' perpendiculaire à leurs directions et
les rencontrant l'une en M et l'autre en M'.
Or les forces P et P' produisent le même effet que si elles
étaient appliquées en M et M' (art. 5); supposons-les donc
appliquées en ces points.
Quelles que soient les forces P et P', on peut encore
prendre deux *poids* qui leur soient *équivalens*. Prenons ces
deux poids et façonnons-les en deux verges *uniformes*, A B
et B C, de même épaisseur partout exactement, et de telles
longueurs qu'étant suspendues en M et M' de leurs milieux,
leurs extrémités adjacentes se *rencontrent* en B. Les verges
A B et B C étant suspendues par leurs *points milieux*, seront évidemment suspendues dans une position *horizontale*;
car il n'y a pas de raison pour qu'elles inclinent plus d'un
côté que de l'autre. La *ligne* A B C est donc une ligne *droite*
horizontale.
Or nous avons vu (art. 158) que, quelles que soient les
conditions d'équilibre d'un système rigide et continu, les
mêmes conditions subsistent pour l'équilibre du même système quand sa forme lui permet de varier; mais alors avec
d'autres conditions de plus, provenant de la nature de la
variation à laquelle il est soumis, et *réciproquement.*
Il s'ensuit que, quelles que soient les conditions d'équilibre
qui existent entre les deux verges A B et B C, quand elles
sont jointes en B, de manière à former une verge continue,
ces conditions subsistent quand les verges sont séparées.
Or si A B et B C forment une verge continue, la résultante de leurs poids passera évidemment au point milieu
R de cette verge, puisque cette verge balancerait sur son

point milieu. Il s'ensuit dès-lors, aussi, que lorsque les deux verges sont *séparées*, la résultante de leur poids passe toujours par le point R qui coupe en deux également la ligne A C.

Or si l'on divise le poids de A B par le nombre de ses unités de longueur, nous aurons le poids de chacune de ses unités ; mais le poids de AB est égal à la force P, donc

$$\frac{P}{AB} = \text{poids de chaque unité de A B ; et de même}$$

$$\frac{P'}{BC} = \text{poids de chaque unité de B C.}$$

Les verges étant toutes deux de même épaisseur, chaque unité de l'une a le même poids que chaque unité de l'autre ; donc

$$\frac{P}{AB} = \frac{P'}{BC}, \text{ d'où } P \times BC = P' \times AB.$$

Or R C = ½ A C et M M' = ½ A C, et par conséquent R C = M M'.

Otant R M' de chaque côté, on a

$$MR = M'C = \tfrac{1}{2}\, BC ;$$

Et de même R A = M M' ; d'où, supprimant de chaque côté R M qui est commun, on tire

M'R = A M = ½ AB ou 2 M R = B C, et 2 M'R = A B ;

Et par suite

$$P \times 2\,MR = P' \times 2\,M'R ;$$

d'où $P \times MR = P' \times M'R$.

C'est-à-dire que le point R par lequel passe la résultante des deux forces P et P', est tel que les momens de ces forces autour de ce point sont égaux (art. 45).

Cette démonstration s'applique à tout cas possible de forces parallèles.

PROPOSITION 2. — *La résultante de deux forces dont les directions sont obliques l'une à l'autre, passe par un point d'entr'elles autour duquel leurs momens sont égaux.*

Soient P et Q (*fig.* 246) les deux forces agissant obliquement dans le même plan. Leur résultante R passera par un point S autour duquel leurs momens seront égaux.

Par le point S menons des perpendiculaires S N et S M sur les directions de P et de Q, et prenons sur le prolongement de la droite S M, S N' égale à S N. En N' appliquons les forces Q et Q', en directions opposées, perpendiculaires à S N' et égales l'une à l'autre. Ces forces égales et opposées ne changeront pas les conditions de l'équilibre des forces P et Q, et la direction de leur résultante restera la même. (note de l'art. 35.)

Or les forces P, Q, R, Q', Q'', étant en équilibre, il est évident que la résultante de Q', Q'' et R passe par le même point que la résultante de P et de Q'. Mais la résultante de Q, Q'' et R passe évidemment en S. En effet, les deux forces Q et Q'' sont égales; leur résultante partage donc en deux parties égales l'angle qu'elles forment entr'elles; mais une ligne coupant cet angle en deux parties égales passe par S; R passe aussi par S; donc la résultante de Q, Q'' et R passe par S.

Il suit de ce qui précède que la résultante des forces parallèles Q' et P passe par S; donc, en vertu de la proposition précédente, $P \times SM = Q' \times SN'$;

$$\text{mais } Q' = Q \text{ et } S N' = S N;$$

$$\text{donc } P \times S M = Q \times S N;$$

et par conséquent, les momens des forces P et Q autour de S sont égaux.

PROPOSITION 3. — *Si dans la direction de la résultante de deux forces, P et Q agissant sur un point R, on prend un point S, et que l'on complète le parallélogramme P R Q S, dont R S est la diagonale, alors P R et Q R sont l'une à l'autre dans le même rapport que les forces P et Q. (fig. 247.)*

En effet le triangle S P R égale le triangle S Q R; d'où

$$PR \times SM = QR \times SN;$$

mais, d'après la proposition précédente,

$$P \times SM = Q \times SN;$$

et divisant ces équations, il en résulte

$$\frac{PR}{P} = \frac{QR}{Q}; \text{ d'où } \frac{P}{Q} = \frac{PR}{QR};$$

c'est-à-dire que PR et QR sont en raison des forces P et Q.

PROPOSITION 4. — *La réciproque a lieu évidemment; c'est-à-dire que si PR et QR (fig. 247) sont prises en raison des forces P et Q, et qu'un parallélogramme PSQR soit achevé, alors la diagonale SR sera dans la direction de la résultante des forces P et Q.*

PROPOSITION 5. — *La résultante de P et Q est représentée non-seulement en direction, mais encore en grandeur, par SR. (fig. 248.)*

Achevons, en effet, le parallélogramme SRP'Q dont RQ est la diagonale, et SR un des côtés. Substituons à la force P, supposée agissant dans la direction RP, une autre force P' agissant en P'R. L'équilibre alors subsistera évidemment dans les mêmes circonstances qu'avant.

Ainsi les forces P' et Q, avec leur résultante R agissant dans la direction RS, sont en équilibre. Q par conséquent est la résultante de P' et de R. RQ est la diagonale du parallélogramme SRP'Q; donc, en vertu de la *prop. 5*, P'R et SR sont proportionnelles à P' et R; ou bien, en d'autres termes, à quelque échelle que P' soit représentée en grandeur par P'R, R sera représentée à cette même échelle par RS. Mais P'R est égale à SQ, c'est-à-dire à PR; elle représente donc P' en grandeur, à la même échelle que RP représente P. Donc à la même échelle où les forces P et Q sont représentées en grandeur par RP et RQ, R est représentée par SR.

Lemme. Si d'un point quelconque, des lignes sont tirées aux extrémités des côtés adjacens et aux extrémités de la diagonale d'un parallélogramme, de manière à former trois triangles ayant les côtés adjacens et la diagonale respectivement pour leurs bases (1) ; le triangle ayant la diagonale pour sa base, sera égal à la somme ou à la différence des deux autres, suivant que le point sera *dans* les angles verticaux formés par les côtés adjacens et prolongés du parallélogramme, ou *hors* de ces angles.

Soit P R Q S (*fig.* 249) un parallélogramme, et O un point quelconque que nous supposerons d'abord hors des angles compris par P R et Q R , ou leurs prolongemens. Joignons le point O aux points P, Q et S; alors

Triangle O S R = triangle O P R + triangle O Q R.

Joignons O R, et menons O L perpendiculaire à O R, et P M, Q N, S L parallèles chacune à O R; alors on a

P R = Q S, O M = N L, O L = O M + O N; d'où

½ O L × O R = ½ O M × O R = ½ O N × O R;

et

triangle O S R = triangle O P R + triangle O Q R.

Si le point O se trouvait *dans* l'un des angles formés par le prolongement de R P et de R Q (*fig.* 250 ; en faisant la même construction, on voit que

P S = R Q, M L = O N, L O = M O — O N; d'où

½ L O × O R = ½ M O × O R — ½ N O × O R; et

triangle O S R = triangle O P R — triangle O Q R (2).

Par conséquent, en général, le triangle sur la diagonale est égal à la somme ou à la différence des triangles sur les côtés, suivant que le point est en dehors ou en dedans des angles verticaux formés par les côtés prolongés de chaque côté.

Si P R et Q R sont dans les directions de deux forces agissant toutes deux vers R, ou à partir de R, il est évident que, suivant que O se trouve en dehors ou en dedans des angles P R Q et P'R Q', les deux forces tendent à faire tour-

---

(1) Ce lemme est vrai pour les triangles ayant pour bases des lignes situées quelque part en P R, Q R et S R prolongées, et respectivement égales à ces lignes.

(2) La même démonstration s'appliquerait au cas dans lequel O serait dans l'angle compris par P R et Q R prolongées vers P' et Q'.

ner le système dont elles forment partie, dans la même direction, ou en directions opposées, autour de Q.

Appliqué au parallélogramme des forces, ce lemme nous donne la propriété importante qui suit.

PROPOSITION 6. — *Deux forces composantes et leur résultante étant représentées en grandeur et en direction par ces lignes, et un point étant pris pour sommet des trois triangles ayant ces trois lignes pour leurs bases; le triangle ayant pour sa base la résultante, sera égal à la somme ou à la différence des triangles ayant pour bases les forces composantes, suivant que ces dernières agissent pour faire tourner le système dans le même sens ou en sens inverse.*

PROPOSITION 7. — *L'aire de chacun des triangles ainsi décrits (prop. 6) est égale à la moitié du moment de la force qui forme sa base. Il s'ensuit alors que, dans le cas d'équilibre des trois forces, le moment de la résultante autour d'un point quelconque est égal à la somme ou à la différence des momens des composantes.*

PROPOSITION 8. — *Le moment de la résultante d'un nombre quelconque de forces agissant dans le même plan, est égal à la somme des momens des composantes; le point autour duquel les momens sont comptés étant où l'on voudra, et les momens pris négativement pour les forces qui tendent à faire tourner le système dans un sens opposé à celui où tendent à le faire tourner les autres.*

Soient P, P_1, P_2. P_3, etc. (*fig.* 251), les forces du système, et O un point quelconque autour duquel les momens sont mesurés. Soient R_1 la résultante de P et P_1, R_2 celle de R_1 et de P_2, R_3 celle de R_2 et de P_3, R_4 celle de R_3 et P_4; alors, en vertu de la proposition précédente :

Moment de $R_1 =$ Mom. $P +$ Mom. P_1 (1).

Mom. $R_2 =$ Mom. $R_1 +$ Mom. P_2.

Mom. $R_3 =$ Mom. $R_2 +$ Mom. P_3.

. . . .

Mom. $R_n =$ Mom. $R_{n-1} + P_n$.

(1) On suppose que les momens de toutes les forces qui tendent à faire tourner le système dans une direction opposée, sont pris négativement.

Et en ajoutant ces équations

Mom. R n = Mom. P + Mom. P₁ +. . . . .

. . . . . + Mom. P n.

R n est évidemment la résultante de toutes les forces du système. Il s'ensuit, dès-lors, que le moment de la résultante est, dans tous les cas, égal à la somme des momens des composantes.

Si les forces sont en équilibre, leur résultante est égale à zéro; la somme de leurs momens autour d'un point quelconque est donc zéro.

La démonstration de cette proposition s'applique à tous les cas possibles de forces, dans le même plan, et par conséquent au cas des forces parallèles. Mais, dans ce cas, la même ligne tirée du point autour duquel les momens sont mesurés, est perpendiculaire à *toutes* les forces du système.

Ainsi (art. 45, *fig.* 23) la ligne M m_1 est perpendiculaire aux directions de toutes les forces P₁, P₂, P₃, P₄. En sorte que dans le cas des forces parallèles, on n'a qu'à mener, du point autour duquel les momens doivent être comptés, une ligne perpendiculaire à l'une des forces du système; et l'on obtient alors le moment de chaque force, en la multipliant par sa distance du point mesuré sur cette ligne.

Nous aurons aussi, en vertu de cette proposition, si R est la résultante de toutes les forces, et si elle coupe la ligne M m_1 prolongée en un point que nous appellerons r

$$R \times M r = P_1 \times M m_1 + P_2 \times M m_2 +$$
$$P_3 \times M m_3 - P_4 \times M m_4 - P_5 \times M m_5;$$

d'où

$$M r = \frac{P_1 \times M m_1 + P_2 \times M m_2 + P_3 \times M m_3 - P_4 \times M m_4 - P_5 \times M m_5}{R}$$

formule dans laquelle les momens de P₄ et de P₅ sont pris négativement, parce qu'ils tendent à faire tourner le système en sens contraire du reste.

Dans le cas des forces parallèles, la résultante R est égale aussi à la somme des composantes (art. 45); en observant que l'on doit prendre aussi, négativement, les momens des forces dont la tendance, quand elles sont toutes appliquées en M, est opposée à celle du reste. Ainsi

$$R = P_1 + P_2 + P_3 - P_4 + \text{etc.}$$

et

$$M r = \frac{P_1 \times M m_1 + P_2 \times M m_2 + P_3 \times M m_3 - P_4 \times M m_4 - P_5 \times M m_6}{P_1 + P_2 + P_3 - P_4 - P_5}$$

Ainsi la direction précise de la résultante R d'un nombre quelconque de forces parallèles, dans le même plan, peut être déterminée.

On peut donc, par ce moyen, trouver aisément le *centre de gravité* d'un nombre quelconque de corps situés dans le même plan.

En effet, le centre de gravité est un point par lequel passe la résultante des poids de toutes les parties du corps, dans quelque position qu'il se trouve.

Or, comme en altérant la position du corps on altère les *directions* du poids de ses parties, par rapport à lui (centre de gravité) ou par lui, sans altérer la valeur de ces poids;

Le cas est, par conséquent, celui d'un système de forces parallèles agissant sur un corps et qui changent leurs directions (quoique restant parallèles), sans altérer leurs valeurs ni leurs points d'application.

On a vu, dans ce cas (art. 51), que la résultante passe toujours par le *même* point. Pour trouver la position de ce point, on n'a donc qu'à trouver *deux* directions de la résultante, et il se trouve à leur intersection.

PROPOSITION 9. — *Les positions du centre de gravité d'un nombre quelconque de corps pesans, situés dans le même plan, peuvent être trouvées, en supposant que leurs poids agissent dans deux directions quelconques, différentes, par rapport aux parties du corps, et prenant leurs résultantes dans les deux cas. Le centre de gravité sera le point d'intersection des deux résultantes.*

Supposons que les forces parallèles P_1, P_2, etc., soient appliquées aux points M_1, M_2, etc., dans le même plan, et que d'un point quelconque O (*fig.* 252), on mène O *x* perpendiculaire à leurs directions. La direction de leur résultante R se trouvera alors par ~~tte formule :

$$ON = \frac{P_1 O m_1 \cdot - P_2 O m_2 + \text{etc.}}{P_1 + P_2 + \text{etc.}}$$

Supposons maintenant que les directions de toutes les forces soient tournées de manière à devenir perpendiculaires à celles qu'elles avaient d'abord ; et menons Oy perpendiculaire à Ox ; cette ligne sera dès-lors perpendiculaire aux forces dans leurs nouvelles directions $P'M_1$, $P'M_2$, etc.; et dès-lors la position de la résultante R', dans cette direction des forces, sera déterminée par la formule :

$$ON' = \frac{P_1 O m'_1 + P_2 O m'_2 + \text{etc.}}{P_1 + P_2 + \text{etc.}}$$

Ayant ainsi les valeurs de ON et de ON', on a la position du point G où les résultantes R et R' se coupent. Ce point est le centre de gravité.

$$O m'_1 = M_1 m_1 , \; O m'_2 = M_2 m_2, \text{ etc.}$$
$$O N' = N G ;$$

d'où

$$NG = \frac{P_1 M_1 m_1 + P_2 M_2 m_2 + P_3 M_3 m_3 + \text{etc.}}{P_1 + P_2 + P_3 + \text{etc.}}$$

et de même

$$N'G = \frac{P_1 M_1 m'_1 + P_2 M_2 m'_2 + P_3 M_3 m'_3 + \text{etc.}}{P_1 + P_2 + P_3 + \text{etc.}}$$

Il s'ensuit que la distance N G du centre de gravité d'un nombre quelconque de corps dans le même plan, à partir de la ligne Ox, dans ce plan, s'obtient en prenant la somme des produits de tous les corps composant le système, chacun multiplié par sa distance de cette ligne, et divisant cette somme par la somme des corps eux-mêmes.

Maintenant, il y a une propriété précisément analogue à celle-ci pour le centre de gravité d'un nombre quelconque de corps qui ne sont pas dans le même plan.

PROPOSITION 10. — *Pour un nombre quelconque de corps, situés d'une manière quelconque dans l'espace, la distance de leur centre de gravité, à partir d'un plan quelconque, est égale à la somme des produits qu'on obtient en multipliant chaque corps par sa distance de ce plan, divisée par la somme du corps.*

Soient P_1, P_2, P_3, etc. (*fig.* 235), les corps situés d'une manière quelconque dans l'espace, et $y O x$ un plan quelconque. Menons par chacun des deux corps P_1 et P_2, et par leur centre de gravité G_1, des perpendiculaires $P_1 p_1$, $P_2 p_2$, et $G_1 g_1$ sur le plan $x O y$.

Puisque $P_1 P_2$ et la ligne $P_1 P_2$ sont dans le même plan $P_1 p_1 P_2 p_2$, il s'ensuit, en vertu de la proposition précédente, que

$$G_1 g_1 \, \overline{P_1 + P_2} = P_1 \, \overline{P_1 p_1} + P_2 \, \overline{P_2 p_2}$$

Supposons les corps P_1 et P_2 *réunis* à leur centre de gravité G_1, et que G_2 soit le centre de gravité de ces corps, ainsi réunis, et de P_3;

Conséquemment, et précisément comme dans le cas précédent, on voit, puisque G_1 et P_3 et la ligne $g_1 p_3$ sont dans le même plan, que l'on a

$$G_1 g_2 . \overline{P_1 + P_2 + P_3} = \overline{P_1 + P_2} . \overline{G_1 g_1} + P_3 \overline{P_3 p_3}.$$

Et dès-lors on a, en y substituant les valeurs tirées de l'équation précédente,

$$G_1 g_2 . \overline{P_1 + P_2 + P_3} = P_1 \overline{P_1 p_1} + P_2 . \overline{P_2 p_2} + P_3 . \overline{P_3 p_3}$$

et ainsi de suite; de sorte que si $G g$ représente la distance du centre de tout le système, à partir du plan $y O x$, alors

$$G g = \frac{P_1 . \overline{P_1 p_1} + P_2 . \overline{P_2 p_2} + P_3 . \overline{P_3 p_3}}{P_1 + P_2 + P_3 + \text{etc.}}$$

Le plan $x O y$ étant quelconque, on peut donc, par les moyens ci-dessus, trouver la distance du centre de gravité de chacun des trois plans $y O x$, $z O x$, $z O y$. Ces trois distances détermineront sa position exacte.

Si , au lieu d'un système composé de corps détachés dans le même plan , on veut déterminer le centre de gravité d'un corps pesant continu, dont toutes les parties sont dans le même plan , on peut opérer de la manière suivante :

Prenons deux lignes Ox et Oy perpendiculaires l'une à l'autre (*fig.* 234), et divisons l'une d'elles Ox en parties égales $m_1 m_2$, $m_2 m_3$, $m_3 m_4$. Menous les lignes $M_1 p_1$, $m_2 p_2$, etc., en divisant la figure en autant de parties distinctes ou élémens $m_1 p_2$, $m_2 p_3$, etc. Alors si les lignes $M_1 M_2$, etc., sont très-petites $m_1 p_2$, $m_2 p_3$, etc., peuvent être considérées comme ne différant pas d'un rectangle, d'une manière appréciable ; chacune d'elles pourra être considérée comme ayant son centre de gravité à son centre de hauteur.

Divisons en deux également $m_1 p_1$, $m_2 p_2$, etc., en g_1, g_2, etc., et considérons ces points comme les centres respectifs de gravité des élemens. On peut donc supposer que les poids de ces élémens sont rassemblés en ces points.

Or les masses et les poids des élémens sont représentés par les produits

$$\overline{m_1 m_2} \times \overline{P_1 m_1}, \; \overline{m_2 m_3} \times \overline{P_2 m_2}, \text{etc.}$$

Si donc les poids sont supposés agir perpendiculairement à Ox, et que G soit le centre de gravité, on a

$$ON = \frac{\overline{m_1 m_2}.\, \overline{P_1 m_1}.\, \overline{O m_1} + \overline{m_2 m_3}.\, \overline{P_2 m_3}.\, \overline{O m_2}}{\overline{m_1 m_2}.\, \overline{P_1 m_1} + \overline{m_2 m_3}\, \overline{P_2 m_2} + \dots}$$

ou puisque $m_1 m_2 = m_2 m_3 = m_3 m_4$ etc.

$$ON = \frac{\overline{P_1 m_1}.\, \overline{O m_1} + \overline{P_2 m_2}.\, \overline{O m_2} + \dots}{\overline{P_1 m_1} + \overline{P_2 m_2} + \dots}$$

et supposant que les poids des élémens agissent perpendiculairement à Oy,

$$ON' = \frac{\overline{m_1 m_2}.\, \overline{P_1 m_1}.\, \overline{O n_1} + \overline{m_2 m_3}.\, \overline{p_2 m_3}.\, \overline{O n_2}}{\overline{m_1 m_2}.\, \overline{p_1 m_1} + \overline{m_2 m_4}.\, \overline{p_2 m_2} +}$$

d'où , en observant que

$$O\, n_1 = m_1\, g_1 = {}^1\!/2\, m_1\, p_1$$
$$O\, n_2 = m_2\, g_2 = {}^1\!/2\, m_2\, p_2$$

et que $m_1\, m_2 = m_2\, m_3 = $ etc.

$$ON' = {}^1\!/2\, \frac{\overline{p_1\, m_1}^2 + \overline{p_2\, m_2}^2 + \overline{p_3\, m_3}^2 + \cdots}{p_1\, m_1 + p_2\, m_2 + p_3\, m_3 + \cdots}$$

Cette dernière formule fournit une règle-pratique facile pour trouver le centre de gravité d'une *aire* de forme quelconque, quelqu'irrégulière qu'elle soit ; et il est facile de se la rappeler.

Divisons, comme ci-dessus, les élémens par des lignes équidistantes , appelées ordonnées, perpendiculaires à un axe donné. Prenons la somme des carrés de ces ordonnées, et divisons-la par leur somme. La moitié du quotient sera la distance du centre de gravité à partir de l'axe.

Si l'on suppose maintenant que les forces agissent perpendiculairement à quelqu'autre axe perpendiculaire au premier, la distance du centre de gravité, à partir de *cet* axe, peut aussi se trouver, et sa position effective se *déterminer* ainsi :

Sur la direction de la résistance d'une surface. (note sur l'art. 72.)

Représentons par f le coefficient du frottement, et soit $P\,M\,P' = \theta$ (*fig.* 55) ; la force $P\,M$ ou P est équivalente à $Q\,M$ et $P'M$.

or $Q\,M = P\,M\ \sin. \theta$

$P'M = P\,M\ \cos. \theta$

Donc décomposées suivant les directions $Q\,M$ et $P'M$, les valeurs de P sont : $P\ \sin. \theta$ et $P\ \cos. \theta$.

Or le pouvoir de résistance produit par le frottement est égal au produit du coefficient de frottement f, par la force perpendiculaire en $P'M$. Il est donc égal à $f\,P\ \cos. \theta$

La force tendant à mouvoir le corps est la force suivant la

direction Q M et égale à P sin. θ. Conséquemment le corps se mouvra, ou ne se mouvra pas, suivant que

$$P \sin. \theta \left\{ \begin{array}{c} \text{est} \\ \text{ou n'est pas} \end{array} \right\} > f P \cos \theta ;$$

ou suivant que

$$\text{tang.} \; \theta \left\{ \begin{array}{c} \text{est} \\ \text{ou n'est pas} \end{array} \right\} > f.$$

Soit F l'angle dont la tangente est f. Le corps se mouvra donc, ou ne se mouvra pas, suivant que

$$\text{tang.} \; \theta \left\{ \begin{array}{c} \text{est} \\ \text{ou n'est pas} \end{array} \right\} > \text{tang. F} ;$$

ou suivant que

$$\theta \left\{ \begin{array}{c} \text{est} \\ \text{ou n'est pas} \end{array} \right\} > F$$

F est appelé l'angle limite de résistance, et par conséquent le corps restera en repos tant que la direction de P ne sera pas inclinée, par rapport à la verticale, sous un angle plus grand que F.

Le fait d'expérience que le frottement est toujours (pour le même corps) la même fraction de la pression perpendiculaire, quoiqu'une grande approximation de la véritable loi du frottement ne peut pas être prise exactement pour formuler cette loi.

On voit par les expériences de M. *Rennie*, que le rapport du frottement à la pression perpendiculaire est un peu plus grand pour les hautes que pour les basses pressions. Cette variation de la loi du frottement ne paraît d'ailleurs pas assez considérable pour prendre place dans la discussion de la question, tant que la pression n'excède pas une certaine limite. *Coulomb* a trouvé que pour les pressions variant de 400 à 1300 kilogrammes, le coefficient de frottement de chêne sur chêne variait seulement de $\dfrac{1}{2,36}$ à $\dfrac{1}{2,40}$

La véritable loi de frottement serait peut-être mieux ex—

primée en considéran! le coefficient de frottement, comme
une fonction de la pression perpendiculaire, qui, étant développée, a, pour les coefficiens de ses termes, après le premier, d'excessivement petites quantités.

Le Plan incliné. (NOTE sur l'art. 80.)

Représentons par θ l'inclinaison de P Q à la verticale, et
soit i égal à l'élévation du plan, F étant égal à l'angle limite
de résistance. Alors quand la masse M est sur le point de
glisser en *bas*, puisque l'angle que fait G c avec la perpendiculaire à A C (art. 80) est égal à l'angle F, et que l'angle
que fait GH avec la perpendiculaire à A C est égal à i;
l'angle *cad* qui est, dans ce cas, la différence de ces angles, est
égal à $i - F$. De même, quand la masse M est sur le point de
glisser *vers le haut* (*fig.* 58), l'angle *cad* est égal à $i + F$.

Donc, en général,

$$c\,a\,d = (i \pm F).$$

Le double signe étant, pour les deux cas, où la masse est
supposée sur le point soit de *descendre*, soit de *remonter* en
glissant;

Or, dans le triangle $a\,b\,d$,

$$\frac{a\,b}{a\,d} = \frac{\sin. \ a d b}{\sin. \ a b d}$$

Et aussi $a\,d\,b = c\,a\,d = (i \pm F)$ $a\,b\,d = \pi - c\,a\,b =$
$\pi - (i \pm F \times \theta)$; et comme $a\,b$ et $a\,d$ (art. 80) représentent
les poids de M et de N,

$$\frac{N}{M} = \frac{\sin. \ (i \pm F)}{\sin. \ (i \pm F + \theta)}$$

$$N = M. \ \frac{\sin. \ (i \pm F)}{\sin. \ (i \pm F + \theta)}$$

Et aussi

$$\frac{d\,b}{a\,d} = \frac{\sin. \ \theta.}{\sin. \ (i \pm F + \theta)}$$

Et comme db et ad représentent la résistance S et le poids M,

$$S = \frac{M \sin. \theta}{\sin. (i \pm F + \theta)}$$

Si l'on veut que la force N agisse dans une telle direction que la moindre force possible puisse faire mouvoir le corps; il est clair que l'on doit prendre θ de manière que $\sin.$ $(i \pm F + \theta)$ soit le *plus grand* possible; ou, en d'autres termes, que θ soit tel que

$$i \pm F + \theta = \frac{\pi}{2};$$

$$\text{ou } \theta = \frac{\pi}{2} - i \pm F$$

Les deux états où M se trouve sur le point de glisser vers le haut, ou vers le bas, sont dits ses deux états voisins du mouvement.

Si l'on suppose que la direction de la résistance soit *perpendiculaire* à la surface du plan, comme dans le cas de l'essieu de roue (art. 83), il faut alors, dans les expressions pour N et S, faire $F = 0$, et l'on aura

$$N = \frac{M \sin. i}{\sin. (\theta + i)}$$

$$S = \frac{M. \sin. \theta}{\sin. (\theta + i)}$$

Si la force N agit dans une direction parallèle au plan

$$\theta = \frac{\pi}{2} - i \text{ et } \theta + i = \frac{\pi}{2};$$

D'où

$$N = M \sin. i \text{ et } S = M \sin. \theta$$

Le Coin.

La démonstration suivante de la théorie du coin sera peut-être mieux comprise que celle du texte (art. 87 et 89). Elle nous servira d'ailleurs d'exemple et de vérification du principe de *moindre pression.*

Soit P *fig.* 255 la force agissant sur le dos du coin, et Q Q' les *résistances* sur ses côtés. Par le principe de moindre pression, Q et Q' doivent être le moins possible sujettes à la condition que leur résultante soit P. Il est évident que pour satisfaire à cette condition, ces forces doivent avoir une direction *parallèle* à la direction de P, ou du moins aussi *peu inclinée que possible,* par rapport à cette direction.

Si donc les surfaces en contact en Q et Q' sont telles qu'elles produisent des résistances à ces points *parallèlement* à P; alors le système sera un système de forces parallèles, et les points Q et Q' seront situés semblablement par rapport à P A, chacun supportant moitié de la force P. Mais si, à raison de la nature des surfaces en contact en Q et Q', elles sont incapables de faire résistance en directions parallèles à P A, alors les directions de Q et de Q' seront celles que les surfaces donneront le *plus près* de la direction P A.

Or, comme on l'a vu (art. 72), il y a une certaine direction telle qu'entr'elle et la perpendiculaire à la surface à chaque point, si l'on applique une force quelconque, les surfaces fourniront une résistance opposée à cette force; mais si la force est appliquée plus loin de la perpendiculaire que cette direction, alors il *n'y a plus* de résistance égale apportée par les surfaces dans une direction *opposée.* L'angle que cette direction fait avec la perpendiculaire est appelé *l'angle limite de résistance.* Les résistances Q et Q' auront évidemment leurs directions inclinées à P A, sous les *moindres angles* possibles, quand elles sont effectivement dans les directions ci-dessus, et font, chacune avec la perpendiculaire à son point d'application, un angle égal à l'angle limite de résistance. Telles sont alors, par le principe de moindre pression, les directions actuelles de pression en Q et Q'.

Considérons maintenant quelles sont les conditions d'équi-

libre résultant de cette conclusion. Soit F égal à l'angle limite de résistance, 2 i égal à l'angle A du coin.

L'angle que fait Q avec le côté du coin est $\dfrac{\pi}{2}$ — F; et par

conséquent l'angle Q m A, qu'il fait avec P A, est

$$\frac{\pi}{2} - \text{F} - i.$$

Et par suite, cette partie décomposée de Q dans la direc—
tion P A est

$$\text{Q. sin. (F} + i).$$

Et le coin étant symétrique par rapport à P A, la partie
décomposée de Q est la même. D'où

$$2\,\text{Q sin. (F} + i) = \text{P};$$

Et
$$\text{Q} = \frac{\text{P}}{2\,\text{sin. (F} + i\,)}$$

Si
$$\text{F} + i = \frac{\pi}{2},\ \text{Q} = \tfrac{1}{2}\,\text{P}.$$

C'est le cas dont nous avons parlé, lorsque les directions
de Q et Q' sont parallèles.

On peut arriver à ces résultats par un autre raisonnement
tout-à-fait indépendant.

Soient P et P' égaux chacun à la moitié de P, et appli-
quons-les immédiatement au-dessus des points Q et Q'; ils
peuvent alors remplacer P sans altérer en rien les circonstances de l'équilibre. Or si la direction de P'Q est *dans* les
limites de résistance des surfaces en Q, la pression P' sera
toute *entière* supportée par cette résistance, et la direction
de la force Q sera en même ligne droite avec P'Q; le coin
ne supportant aucune pression latéralement, ou en direction
perpendiculaire à P A. Mais si la direction de P' Q est *hors*
des limites de résistance en Q, alors quelqu'autre force en Q
doit suppléer au maintien de l'équilibre. Cette force peut ré-
sulter seulement de l'action de la force P'' en Q'. Elle agit
donc dans la ligne Q' Q, et par conséquent dans une direction perpendiculaire à P A. Cette force résultant de la tendance du coin à se mouvoir en Q'', est simplement égale à
cette tendance; ou bien, en d'autres termes, elle est égale

à la moindre force qui maintiendrait ce point en repos. Puisqu'alors elle est égale à la moindre force qui maintiendrait le point Q' en repos, elle est égale aussi à la moindre force qui tiendrait le point Q en repos ; or la moindre force qui tiendrait Q en repos est évidemment celle qui amène la direction de la résistance en Q juste dans l'angle limite de résistance en ce point. On voit ainsi que les directions de Q et de Q' sont inclinées aux perpendiculaires en ces points sous des angles dont chacun est égal à l'angle limite de résistance. C'est précisément ce même résultat qui nous était donné par le principe de moindre pression.

La Balance. (Note sur l'art. 103.)

Pour déterminer les conditions mathématiques de l'équilibre de la balance,

Supposons que les poids mis dans les plateaux de la balance ne diffèrent que de la petite quantité m, l'un étant représenté par M, et l'autre par $M + m$.

Puisqu'alors la résultante de ces forces passe par K (art. 50), on a

$$M \times SK = \overline{M + m} \times S'K;$$

ou bien

$$M.SK' + KK' = \overline{M + m}.SK' - KK'$$

faisons

$$SK' = S'K' = a; \text{ alors}$$

$$M.\overline{a + KK'} = \overline{M + m}.\overline{a - KK'}$$

$$KK'.\overline{2M + m} = m\,a$$

$$KK' = \frac{m\,a}{2M + m}$$

Maintenant si l'inclinaison de SS' à l'horizon est égale à i, on voit aisément que

$$Fm = KK'\cos.i + FK'\sin.i$$

faisons $FK' = k$ et $FG = h$; alors

$$Fm = \frac{m\,a\cos.i}{2M + m} + k\sin.i$$

et aussi

$$\mathrm{F}\,n = h \sin. \; i$$

Soit le poids de la balance $= \mathrm{B}$;

$$\mathrm{F}\,m \times \overline{2\mathrm{M} + m} = \mathrm{F}\,n \times \mathrm{B}$$
$$m\,a \cos. \; i + \overline{2\mathrm{M} + m}. \; k \sin. \; i = \mathrm{B}\,h \sin. \; i$$

$$\mathrm{tang.} \; i = \frac{m\,a}{\mathrm{B}\,h - (2\mathrm{M} + m). \; k}$$

On voit par cette formule que l'inflexion i du fléau, produite par une différence m dans les poids que contiennent les plateaux, est d'autant *plus grande* que la quantité

$$\mathrm{B}\,h - (2\mathrm{M} + m). \; k$$

est *moindre*.

Or cette inflexion est une mesure de la sensibilité de la balance.

Cette sensibilité est donc la plus grande, quand les deux termes de l'expression précédente approchent le plus de l'égalité. Cette approche de l'égalité peut être amenée en diminuant continuellement les deux termes à la fois ; car si deux quantités sont très-petites, leur différence est évidemment excessivement petite.

Pour peser alors le même poids M, la sensibilité de la balance est d'autant plus grande que k est *moindre*, et que B et h, l'un ou l'autre, ou tous deux, sont moindres ; c'està-dire que l'on peut accroître la sensibilité de la balance en amenant la ligne S S' qui joint les points de suspension, continuellement plus près du point d'appui F ; pourvu qu'en même temps on diminue continuellement soit le poids B du fléau, soit la distance F C du centre de gravité G, du point d'appui F.

Quelles que soient la forme et la grandeur du fléau, ainsi que la position du point d'appui, on peut accroître indéfiniment la sensibilité en prenant une position des points de suspension telle que la différence de

$$\mathrm{B}\,h \; \mathrm{et} \; (2\mathrm{M} + m). \; k$$

soit la moindre possible, ou k presque

$$\mathrm{égal\ à} \; \frac{\mathrm{B}\,h}{2\mathrm{M} + m}$$

La grande difficulté que l'on trouve, dans la pratique, à donner une extrême sensibilité à la balance, c'est qu'en accroissant la sensibilité de l'instrument on diminue la *rapidité* de ses oscillations.

Frottement sur un essieu. (Note sur l'art. 109.)

Supposons que la force P soit la résultante de deux autres forces parallèles Q et Q' agissant aux extrémités d'un levier, ou sur les circonférences de deux roues ayant un axe commun F E P (*fig.* 91).

Soit C E $= r$, et représentons par a et par a' les bras du levier. Supposons aussi que l'angle

$$F C E = P E C = \theta.$$

Or, dans ce cas, $P = Q Q'$ et la distance perpendiculaire de C, à laquelle elle agit, est $r \sin. \theta$; d'où

$$Q \, a \pm (Q + Q') \, r \sin. \theta = Q' \, a'$$

$$Q = Q' \frac{a' \pm r \sin. \theta}{a \pm r \sin. \theta}$$

Le signe supérieur ou inférieur étant pris suivant que Q'a' est plus grand, ou que c'est Qa.

Quand le levier est immédiatement sur le point de se mouvoir, θ est égal à l'angle limite de frottement. (art. 109.)

$$Q = Q' \frac{a' \pm r \sin. F}{a \pm r \sin. F}$$

Le signe supérieur ou inférieur étant pris suivant que Q' ou Q est sur le point d'avoir la prépondérance.

Soit Q₁ la valeur de Q, dans l'hypothèse qu'il n'y a point de frottement, ou que $F = 0$

$$Q_1 = \frac{Q' a'}{a}$$

$$Q - Q_1 = Q' \frac{a' \mp r \sin. F}{a \pm r \sin. F} - Q' \frac{a'}{a}$$

$$= \frac{\mp Q' r (a + a') \sin. F}{a (a \pm r \sin. F)}$$

Formule qui représente, en prenant le signe supérieur, la quantité dont Q peut être diminuée, sans mettre le système en mouvement; et qui, avec le signe inférieur, représente la quantité dont il peut s'accroître pour communiquer le mouvement. En tout, cette formule donne l'effet du frottement sur un axe.

Si l'on suppose que les deux forces Q et Q' agissent à égales distances de l'axe comme dans la poulie,

$$Q - Q_1 = \frac{\mp 2 Q' \, r \sin. F}{(a \pm r \sin. F)}$$

Dans ce qui précède nous avons supposé que les deux forces tendant à faire tourner le système autour d'un axe restaient toujours *parallèles* l'une à l'autre, et à distances perpendiculaires a et a' de l'axe. Si les forces ne restaient pas parallèles, comme dans le cas du *vindas*, du *cabestan*, etc., etc., les formules que nous venons de donner ne seraient plus applicables.

Dans le cas du vindas et du cabestan, l'effet des forces P et Q (*fig.* 98) est le même que si elles agissaient sur les circonférences de deux cercles concentriques A P et B Q, dont le centre commun est celui de l'axe C (*fig.* 256). Si l'on suppose qu'il n'y a pas de frottement, la résultante des forces P et Q passera par C. C P et C R étant en rapport inverse des forces P et Q, C Q représentera P à la même échelle à laquelle C P représente Q; et ces lignes sont inclinées l'une à l'autre précisément comme elles l'eussent été, si elles étaient perpendiculaires aux directions des forces qu'elles représentent *respectivement;* c'est-à-dire que si C Q était perpendiculaire à P et C P à Q. Il s'ensuit (note de l'art. 145) que la résultante de P et de Q est représentée en grandeur par P Q. Pour déterminer la direction de la résultante de P et de Q, on n'a qu'à prolonger leurs directions jusqu'à R où elles se rencontrent et à joindre C R. La résultante agit à la fois par ces deux points C et B, et conséquemment suivant la droite C R

Il est évident que la direction et la grandeur de cette résultante varient suivant les positions relatives de P et de Q. Elle est *la plus grande* quand P C et Q C sont dans la même ligne droite, étant alors égale à leur somme et parallèle à toutes les deux. Elle est *la plus petite* quand P est dans la ligne Q R et coïncide avec P'. Dans ce cas elle est représentée en grandeur par P' Q et égale à $\sqrt{Q^2 - P^2}$.

Si l'on prend en compte le frottement de l'axe, il est évident qu'il ne peut s'ensuivre de mouvement, à moins que la résultante R r de P et de Q ne coupe la circonférence de l'axe en un point r, tel que l'angle qu'elle fait avec Cr excède l'angle limite de résistance.

Conditions de l'équilibre de roues dentées, en tenant compte du frottement des dents. (NOTE sur l'art. 124.)

Soient t la longueur des dents sur chaque roue, et a, a', les rayons des roues.

Joignons les points C et C' avec Q. Quand le mouvement est prêt à s'ensuivre — la roue dont le centre est en C mouvant l'autre — l'angle que QM' fait avec la perpendiculaire à $C'Q$ est égal à l'angle limite de résistance F. Mais cet angle est égal aussi à l'angle $QC'M'$. Par conséquent, le mouvement est sur le point d'avoir lieu, dans ces circonstances,

$$C'M' = (a' + t)\ cos.\ F.$$

Les roues étant supposées en contact à leurs extrémités, les longueurs des lignes CQ et $C'Q$ sont respectivement

$$a + t\ \text{et}\ a' + t ;$$
$$CC' = a + a' + t.$$

Connaissant les trois côtés CQ, $C'Q$, et CC' du triangle $CC'Q$, on peut trouver son angle $CC'Q$. Supposons-le trouvé et égal à G; l'angle

$$CC'M' = F - G$$
$$CM + C'M' = CC'\ cos.\ CC'M'$$
$$= (a + a' + t)\ cos.\ (F - G);$$
$$CM = (a + a' + t)\ cos.\ (F - G) - (a' + t)\ cos.\ F;$$
$$\text{Si, (art. 124), } C'A' = b'\ \ CA = b.$$

$$P = \frac{b' (a + a' + t)\ cos.\ (F - G) - (a' + t)\ cos.\ F\ W.}{b (a' + t)\ cos.\ F.}$$

Cette formule donne le vrai rapport entre P et W dans les roues dentées, le frottement des roues étant pris en compte, et celui sur les axes négligé. On peut la mettre sous la forme

$$P = \frac{b'}{b} \left\{ \left(1 + \frac{a}{a' + t} \right) \frac{cos.\ (F - G)}{cos.\ F} - 1 \right\} W.$$

$$= \frac{b'}{b} \left\{ \left(1 + \frac{a}{a' + t} \right) (cos.\ G + tang.\ F\ sin.\ G - 1 \right\} W.$$

ntenant si les dents sont petites, comparées aux rayons des roues, G est excessivement petit, et cos. G peut être pris = 1. D'où l'on tire, en réduisant

$$P = \frac{b}{b \cdot (a' + t)} \left\{ a + (a + a' + t) \sin. G \tan. F \right\} W.$$

La Vis. (NOTE sur l'art. 132.)

On a vu dans une partie précédente de cet appendice, que les conditions de l'équilibre dans le coin, ou plan incliné mobile, sont

$$q = \frac{Q}{\sin. (F + i)}$$

Dans lesquelles i est l'inclinaison du plan, q la résistance, et Q la force appliquée au dos du plan parallèle à sa base.

Or, dans la vis, Q (*fig.* 118) est fournie par l'action de la force P à l'extrémité d'un levier P L.

Soit P L = a, LN = B
P. a = Q. b.

$$q = \frac{P a}{b \sin. (F + i)}$$

NOTE sur l'art. 181

Les conditions de l'équilibre d'un système de corps en contact ont été complètement discutées dans un mémoire de l'auteur (*Camb. phil. soc.* octobre 1833), d'après les principes établis chap. XV; ainsi que ceux de la théorie de *l'arche* qui en dépendent et qui ont été *publiés* pour la première fois dans ce mémoire.

La théorie de l'arche présente un autre exemple du principe de moindre pression. Les pressions sur les surfaces des pieds droits et de la pierre de clef doivent, d'après ce principe, être chacune un minimum, sujet à cette condition, qu'il suffise pour supporter la demi-arche, si elle était formée d'un solide continu, et que la clef fût *horizontale*. Or le poids de la demi-arche étant donné, à mesure que la pression sur la clef diminue, celle sur le pied droit diminue aussi. La pression sur la clef tendant à supporter chaque demi-arche, résulte de la tendance de la demi-arche opposée à se mouvoir, et se trouve justement égale à cette tendance. Elle est donc égale à la moindre force que supporterait la demi-arche; ou

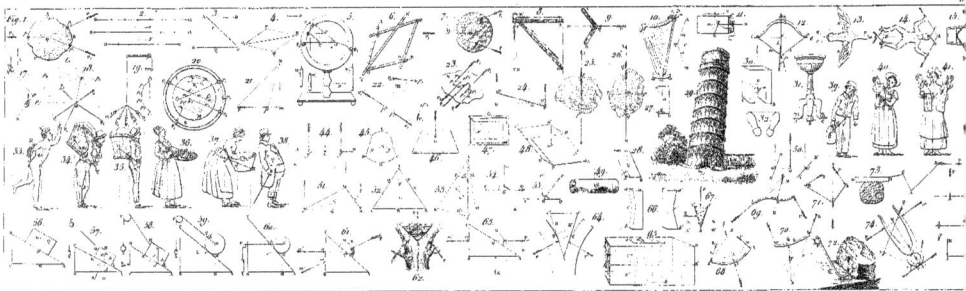

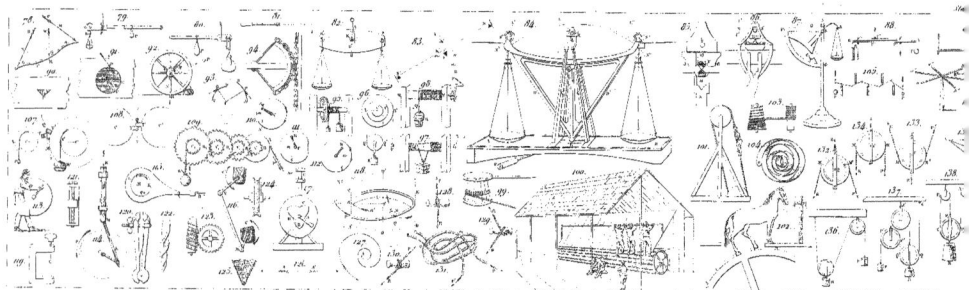

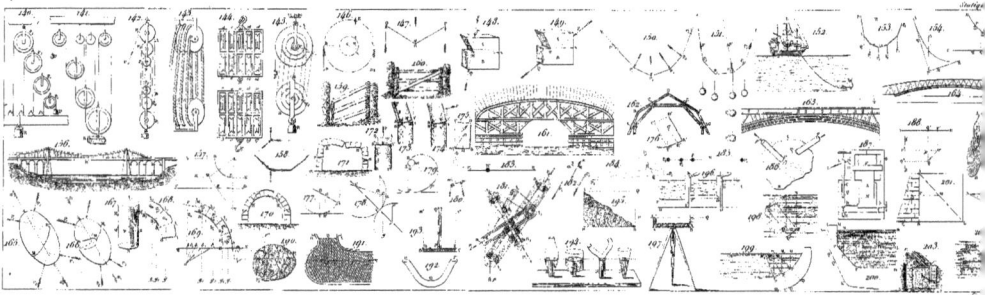

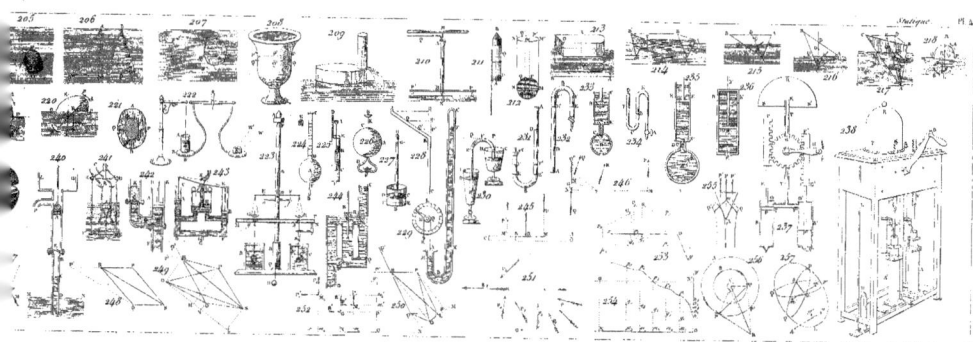

bien, c'est un minimum sujet aux conditions, et par conséquent la pression sur le pied-droit est un minimum aussi.

NOTE sur l'art. 271.

Supposons toute la surface divisée en petites parties représentées par $P_1, P_2 P_3$, etc., et leurs profondeurs par $\overline{P_1 \, p_1}, \overline{P_2 \, p_2} \ldots$, alors la somme des produits de ces forces par leurs profondeurs sera

$$\overline{P_1 \, p_1} . \, P_1 + \overline{P_2 \, p_2} . \, P_2 +$$

et appelant $G g$ la profondeur du centre de gravité, le produit de cette profondeur par toute la surface sera

$$\overline{G g} . \, P_1 + P_2 + P_3 + \ldots$$

Mais, par la *prop.* 10 de cet appendice,

$$\overline{G g} . \, \overline{P_1 + P_2 + P_3 +} . = P_1 \, p_1 . \, P_1 \times P_2 \, p_2 \, P_3,$$

qui est le principe du texte.

NOTE sur l'art. 296.

Soient PQ et P'Q' les positions du plan de flottaison ; P L Q et P' L Q' étant les parties immergées correspondantes à ces positions.

Soit (*fig.* 257) g le centre de gravité de P L Q, et g' celui de P' L Q'. Soit encore m le centre de gravité de P a P', et m' celui de Q a Q'. Joignons $m m'$, et par g menons $g h$ parallèle à $m m'$. Mom. de P' L Q' autour de $g h$ = Mom. Q a Q' + mom. Q L P — mom. P a P. Or mom. de Q L P = o, puisque g est dans cette ligne, et

Mom. P' L Q' = mom. Q a Q' — mom. P a P'.

Les centres de gravité m et m' de P a P' et Q a Q' sont équidistans de $g h$, et les volumes P a P' et Q a Q' sont *égaux* aussi l'un à l'autre, puisque P L Q est égale à P' L Q' ; il s'ensuit dès-lors que les momens de ces volumes sont égaux, et par conséquent que le moment de P' L Q' autour de $g h$ est égal à zéro. Le centre de gravité g' de P' L Q' est donc en $g h$.

Or que l'angle fait par P Q et P' Q' vienne à diminuer indéfiniment, les points g V g' se rapprocheront indéfiniment l'un de l'autre, et le plan dans lequel ils sont étant parallèle à $m m'$, sera enfin parallèle au plan P Q ou P' Q'. Mais ces plans sont horizontaux ; le plan dans lequel se trouvent g et g' est donc, dans sa dernière position, un plan horizontal. Ce plan est évidemment un plan tangent à la surface dont parle le texte.

TABLE
PAR ORDRE ALPHABÉTIQUE.

—

Articles.   *Pages.*

507 — Aéromètre de Parcieux.   235
327 — Air.   272
528 — Son élasticité expérimentée.   id.
550 — Son élasticité proportionnelle à sa densité.   275
179 — Arche de bois.   122
184 —   —   de pierre ; sa théorie.   125
186 —   —   sa ligne de pression.   126
189 —   —   ses points de rupture.   128
192 —   —   son établissement.   150
191 —   —   sa chute.   128
195 —   —   son histoire.   152
311 —   Atmosphère.   248
312 —   —   pourquoi l'on ne s'aperçoit pas de
                   sa pression.   250
314 —   —   ascension des corps dans l'atmos-
                   phère.   256
321 —   —   valeur de sa pression sur le corps
                   humain.   266
296 — Analogie entre les conditions de l'équilibre d'un
       corps flottant et celles d'un corps reposant sur
       un plan uni.   222
174 — Assemblage de charpente.   120
109 — Axe d'un levier.   80
211 — Axe neutre d'un fléau.   146
103 — Balance.   74
104 —   —   employée à la détermination de l'étalon
             de capacité.   76
102 — Balance danoise.   73
105 —   —   à levier courbé.   78
305 —   —   hydrostatique.   228
105 —   —   ordinaire ; sa théorie mathématique.   74

Articles.   *Pages.*

316 — Baromètre.   260
319 —   —   sa variation.   264
323 —   —   diagonal.   267
324 —   —   à roue.   268
117 — Cabestan.   86
164 — Chaînette.   115
 51 — Centre de gavité.   43
 54 —   —   sa détermination.   44
 55 —   —   exemples.   45
266 — Chaussées.   196
266 — Chaussées et culées. — Leur meilleure forme.   *Idem*
201 — Composition des forces.   138
152 — Combinaison de poulies.   109
209 — Compression ou extension directe.   145
210 —   —   —   oblique.   146
248 — Composition et décomposition de la pression fluide.   181
272 —   —   —   d'un fluide pesant.   201
 87 — Coin.   62
 88 —   —   Son angle ne doit pas excéder l'angle limite de résistance.   63
 89 —   —   Circonstances dans lesquelles il ne peut ressortir.   *Idem*
 90 —   —   Exemples de son usage.   64
331 — Condensateur.   275
181 — Contact.—Equilibre des corps solides en contact.   123
141 — Corde. — Sa flexibilité.   101
142 —   sa tension.   102
143 —   son frottement.   103
127 — Cric.   93
 20 — Décomposition des forces.   27
248 —   —   de pression fluide.   181
272 —   d'un fluide pesant.   201
  1 — Définition de la force.   21
241 —   —   d'un fluide.   174
330 — Densité proportionelle à l'élasticité.   275
  2 — Direction de force.   21
 81 —   —   la meilleure pour soutenir une masse sur un plan incliné.   59
193 — Dômes.   131

Articles.			Pages.
203 —	Ductilité.		140
207 —	—	jusqu'où elle peut être développée.	142
197 —	Elasticité.		136
199 —	—	sa loi déterminée par torsion.	Idem
208 —	—	sa mesure.	143
208 —	—	son module.	Idem
327 —	Elasticité de l'air.		272
328 —	—	expérimentée.	Idem
330 —	—	proportionnelle à sa densité.	275
5 —	Egalité de pression.		22
4 —	Equilibre de pression.		21
21 et 22 —	—	trois forces agissant sur une masse solide.	27
32 —	Equilibre d'un nombre quelconque de forces sur un point.		34
35 —	—	— dans le même plan.	36
47 —	—	de forces parallèles.	42
158 —	Equilibre d'un système de forme variable.		115
252 —	—	d'un fluide pesant.	184
283 —	—	de corps flottans.	211
272 —	—	— par stabilité.	218
174 —	—	d'un assemblage de cordes.	120
129 —	Excentrique.		94
23 —	Exemples du parallélogramme des forces.		29
55 et 57. —	— du centre de gravité.		45 et 46
34 —	— du polygone des forces.		55
141 —	Flexibilité.		101
241 —	Fluide. — Sa définition.		174
243 —	—	distribution égale de pression.	175
279 —	—	Effet produit en enlevant les parois d'un vase contenant un fluide.	206
304 —	—	Mode de détermination des pesanteurs spécifiques.	232
1 —	Force. — Sa définition.		21
2 —	—	Sa direction.	Idem
3 —	—	Son effet, le même en un point quelconque de sa ligne de direction.	Idem
4 —	—	Son équilibre.	Idem
5 —	—	Son égalité.	22
8 et 9 —	—	Unité.	Idem

Articles.   *Pages.*

10 — Force. — Mesure.   22

14 —   —   Représentée par des lignes pour sa grandeur et sa direction.   23

17 —   —   Parallélogramme des forces.   24

20 —   —   Composition et décomposition.   27

33 —   —   Polygone des forces.   35

47 —   —   Parallélisme.   42

49 —   —   La résultante passe toujours par le même point, si elles conservent leur parallélisme dans toutes les positions du corps auquel elles sont appliquées.   *Idem*

70 — Frottement.   52

124 —   —   de roue dentée.   90

143 —   —   d'une corde.   103

121 — Fusée.   88

333 — Fusil à vent.   278

51 — Gravité. — Centre de gravité.   43

54 —   —   Mode-pratique pour le déterminer.   44

55 —   —   Exemples.   45

284 —   —   des corps flottans et de la partie immergée dans la même verticale.   212

245 — Hydrostatique. — Presse.   178

303 —   —   Balance.   228

305 —   —   Hydromètre.   253

306 —   —   de Sike.   *Idem*

308 —   —   de Fahrenheit.   236

309 —   —   de Nicholson.   *Idem*

111 — Irrégularité dans l'action d'une force appliquée à l'extrémité d'un levier, quand sa direction passe toujours au même point, — et moyen d'y remédier.   83

292 — Instable. — Equilibre.   218

332 — Jauge.   277

95 — Levier.   67

96 et 108 — Réaction de son point d'appui.   69 et 80

97 —   —   Applications.   69

99 —   —   Effets de son poids.   72

103 —   —   Balance à levier courbé.   78

106 —   —   Composé.   *Idem*

109 —   —   Son axe.   80

Articles.   *Pages.*

Articles		Pages
130 — — De la presse Stanhope.		95
186 — Ligne de pression.		126
10 — Mesure de forces.		22
208 — — d'élasticité.		143
208 — Module d'élasticité.		*Idem*
281 — Moulin de Barker.		207
282 — Mouvement des fusées.		209
148 — Moufle espagnol.		107
309 — Nicholson. — son hydromètre.		236
17 — Parallélogramme des forces.		24
23 — — exemples.		29
47 — Parallélisme des forces. — leur équilibre.		42
297 — Pesanteur spécifique. — Son unité.		223
301 — — Règle pour la trouver.		227
302 — — Appliquée aux solides.		*Idem*
306 — — Appliquée aux liquides.		233
310 — — Table.		239
100 — Peson. — Romaine.		72
101 — — ordinaire.		75
107 — Peson. — Machine bascule.		79
79 — Plan incliné.		58
86 — — mobile.		61
201 — Plomb. — Son élasticité.		138
311 — Pneumatique.		248
33 — Polygone des forces.		35
34 — — exemples.		*Idem*
162 — — suspendu de verges.		114
169 — — debout.		118
283 — Poids. — Du corps flottant, égal à celui du fluide qu'il déplace.		211
108 — Point d'appui d'un levier.		80
96 — sa réaction.		69
189 — Points de rupture de l'arche.		128
337 — Pompe à air.		281
338 — — Expérience.		282
342 — — Aspirante.		284
343 — — Levante.		285
344 — — Foulante.		286
346 — — A feu.		287
177 — Ponts de bois.		122

Articles.		Pages.
184 — — de pierre.		125
144 — Poulie.		104
145 — — une seule fixe.		105
147 — — une seule mobile.		106
150 — — 1er système de poulies.		107
151 — — 2e système de poulies.		109
156 — — Sméaton.		111
157 — — de White.		112
245 — Presse hydrostatique.		178
186 — Pression. — Ligne de.		126
268 — — Centre de.		196
269 — — Valeur totale de la pression d'un fluide sur une surface.		197
272 — Pression. — Composition et décomposition de la pression d'un fluide.		201
273 — — Horizontales d'un fluide sur un corps pesant immergé; se détruisent l'une par l'autre.		202
274 — — leur valeur.		203
311 — — atmosphérique.		248
321 — — sur le corps humain.		266
226 — Principe des vitesses virtuelles.		160
258 — — de moindre résistance.		172
290 — Prisme flottant. — Son équilibre.		216
291 — Pyramide flottante. — Son équilibre.		217
96 — Réaction d'un point d'appui.		69
131 — Renvoi de mouvement.		95
14 — Représentation des forces par des lignes.		23
70 — Résistance d'une surface.		52
70 — — angle limite de		Idem
234 — — théorie de résistance statique.		168
100 — Romaine. — Balance.		72
282 — Rockets. — Fusées. —Leurs mouvemens.		209
83 — Roue de voiture.		60
112 — — et essieu.		84
118 — — de tour marche-pieds.		87
120 — — de tour avec chevaux.		Idem
122 — — dentée.		89
324 — — Baromètre à roue.		268
189 — Rupture. — Points de		128

134 — Sergent. 98
242 — Seringue. — Pompe aspirante. 284
500 — Sikes. — Son hydromètre. 255
525 — Syphon. 269
156 — Sméaton. — Sa poulie. 111
181 — Solides en contact ; conditions de leur équilibre. 125
297 — Spécifique. — Pesanteur. 225
500 — — — des solides. 226
504 — — — des fluides. 252
510 — — — Table de. 259
213 — Stabilité. — De l'équilibre des corps pesans sur un plan, ou base courbe. 148
218 — — Des solides à surfaces planes. 154
219 — — — à surfaces courbes. 155
292 — — des corps flottans. 218
130 — Stanhope. — Levier de presse. 95
253 — Statique. — Résistance ; difficulté de déterminer sa valeur par expérience. 167
204 — Structure. — Altération permanente de 140
342 — Succion. — Pompe aspirante. 284
211 — Surface neutre. 146
210 — — courbe. — Stabilité du corps y restant. 155
221 — — non en repos. 156
158 — Système. — Equilibre, s'il est rigide. 115
158 — — — s'il est variable. Idem
122 — — de roues dentées. 89
316 — Toricelli. — Sa découverte du baromètre. 260
8 et 9 — Unité de force. 22
519 — Variation du baromètre. 264
116 — Vindas. 86
152 — Vis. — Sa théorie. 97
134 — de rappel. 98
137 — de Hunter. 99
158 — sans fin. 100
140 — conique. Idem
226 — Vitesses virtuelles. 160
195 — Voûte en arc de cloître. 151

FIN.

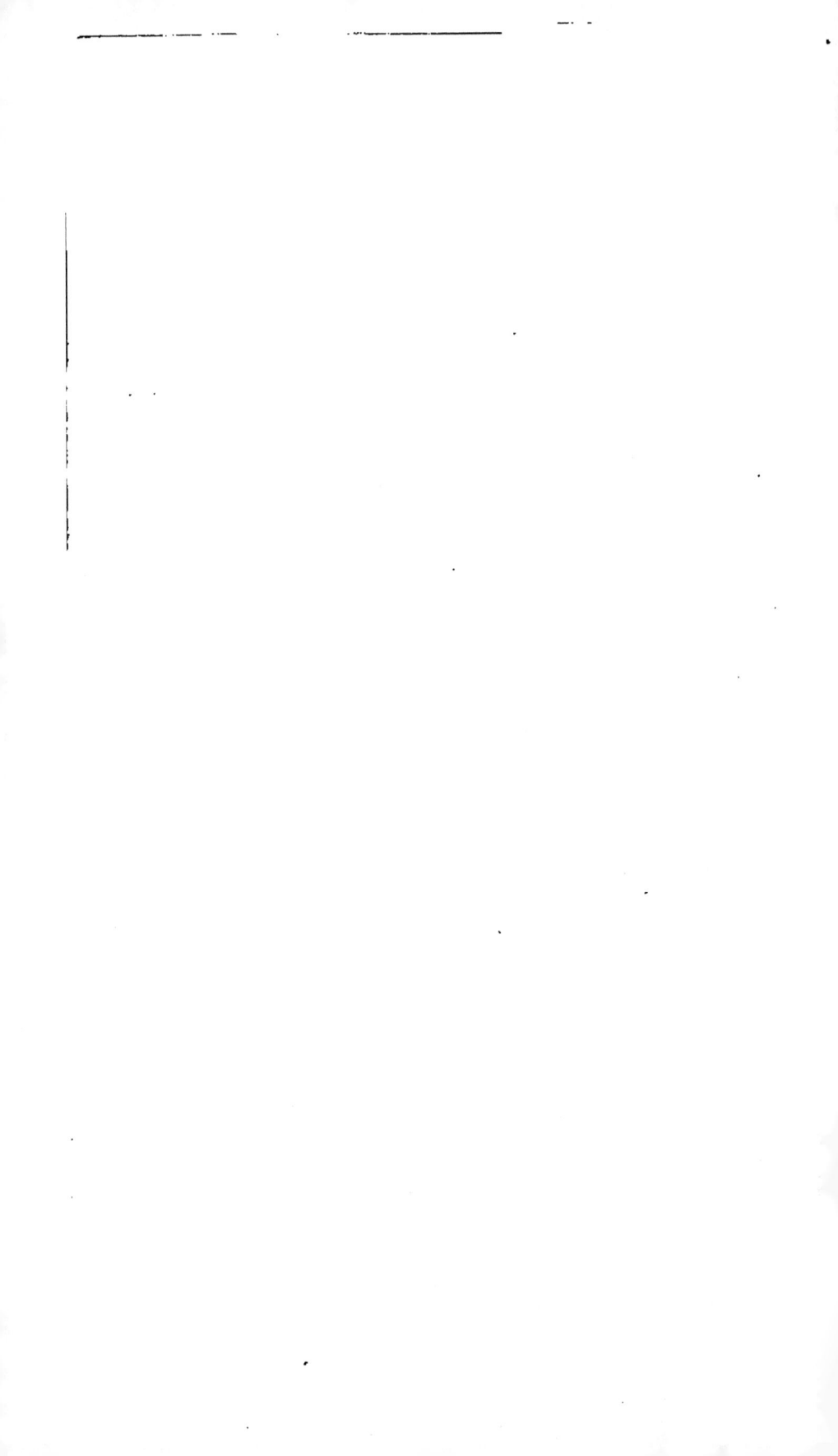